U0168393

陕西师范大学中央高校基本科研业务费专项资金项目
陕西师范大学优秀学术著作出版基金
陕西师范大学一流学科建设基金
资助出版

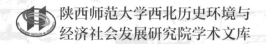陕西师范大学西北历史环境与
经济社会发展研究院学术文库

史红帅　著

明清民国时期
西安城墙修筑工程研究

中国社会科学出版社

图书在版编目（CIP）数据

明清民国时期西安城墙修筑工程研究／史红帅著. —北京：中国社会科学出版社，
2020. 12

（陕西师范大学西北历史环境与经济社会发展研究院学术文库）

ISBN 978 - 7 - 5203 - 7372 - 2

Ⅰ.①明…　Ⅱ.①史…　Ⅲ.①城墙—建筑史—研究—西安—1368 - 1949

Ⅳ.①TU - 098.12

中国版本图书馆 CIP 数据核字（2020）第 189476 号

出 版 人　赵剑英
责任编辑　张　林
特约编辑　梁　钰
责任校对　刘　娟
责任印制　戴　宽

出　　　版　中国社会科学出版社
社　　　址　北京鼓楼西大街甲 158 号
邮　　　编　100720
网　　　址　http://www.csspw.cn
发 行 部　010 - 84083685
门 市 部　010 - 84029450
经　　　销　新华书店及其他书店

印　　　刷　北京明恒达印务有限公司
装　　　订　廊坊市广阳区广增装订厂
版　　　次　2020 年 12 月第 1 版
印　　　次　2020 年 12 月第 1 次印刷

开　　　本　710×1000　1/16
印　　　张　22.5
插　　　页　2
字　　　数　282 千字
定　　　价　128.00 元

城墙维修、保护的累累史实，不仅反映着国家、区域、社会发展的曲折进程，而且体现着不同时期城乡官民"自卫闾阎"的城市精神。

——题记一

　　"声名显赫"的官员、士绅与"微不足道"的工匠、民夫，分别犹如高耸的城楼与朴实的城砖，共同承载着西安城墙厚重的历史文化，值得长久记忆、纪念和传诵。

——题记二

自　序

　　时届金秋，天清气朗，正值举国上下迎接中华人民共和国成立70周年庆典的喜庆日子。在古都西安一年中天气最好的季节里，这本关于西安城池修筑历史的书稿即将付印，令我多有感怀，不由赘述数语。

　　自1993年9月进入西北大学求学起，我此后二十余年的学习与生活轨迹就与古都西安这座充满魅力的城市紧密联系在了一起。1997年，我有缘考入陕西师范大学中国历史地理研究所攻读硕士学位。业师吴宏岐教授曾长期跟随史念海先生学习和工作，学识渊博，视野开阔，研究成果涉及历史农业地理、历史城市地理、历史文化地理等诸多领域。与20世纪90年代后期西安城市建设热潮相呼应，吴老师的关注重点渐从历史农业地理向历史城市地理转移，对唐代以后长安城的变迁探讨尤多，在唐末五代、宋、元、明等时期西安城市格局演变研究方面贡献卓著。在吴老师的悉心指导和持续鼓励下，我选择前人较少关注的明清西安城作为研究对象，撰写了《明清时期西安城市地理若干问题研究》学位论文，为之后致力于"后都城时代"西安城市地理和城市史研究打下了一定基础。2000年，我有幸进入北京大学历史地理研究中心继续攻读博士学位，仍以历史城市地理为专业方向。业师于希贤教授早年受侯仁之先生影响和指导，在西南和江南地区历史城市地理研究方面树立了标杆,在历史自然地理、区域历史地理、历史文化地理等领域亦各有典范论著。于老师在指导学生方面力倡因材施教,重视个人意愿和兴趣,经常教诲我们:"每个人头上有块天",鼓励大家在感兴趣的领域执着探索,这也从一个侧面体现了北京大学长期以来"兼容并包"的学术思想。历史城市地理素称北大历史地理研究中心的优势领域,特别是在北京历史城市地理研究、城市地理理论总结方面积淀极其深厚。受此影响,我在于老师的多方面支持下,撰写完成了《明清时期西安城市地理研究》博士学位论文,自此也真正踏上了深化古都西安历史地理研究的学术之路。

经过这两个求学阶段的专业学习和科研训练,我更加认识到"后都城时代"西安历史地理研究的重要意义。2003 年进入陕西师范大学西北历史环境与经济社会发展研究院工作后,就埋头于西安历史城市地理、城市史、中西交流史等领域进行探究,一方面期望能够推进和深化西安历史地理研究,另一方面也希冀能够充分发挥历史地理学"有用于世"的现实价值,为古都西安现阶段的经济社会发展出谋划策、添砖加瓦。

学术之田,既应深耕,亦需拓垦。在我从教之后十余年来有关"后都城时代"西安历史地理的研究当中,在继续深究西安城市形态、格局、景观等基本历史地理问题的基础上,加强了对城市空间与人(个体与群体)的活动之间相互关系的探讨,尝试突破以往重视研究城市空间"骨架"和"脉络"(即舞台),而忽视城市"灵魂"(即人及其社会角色)的局限。在注重揭示一方舞台(即城市形态与空间格局)的基础上,更应关注舞台上角色的戏份内容(即人在城市空间中的活动及双向影响)。在此认识下,我相继利用中西文史料,对清后期寓居西安的外省籍官员、清末西安的日本教习与英国浸礼会传教士、近代往来西安的西方人等个体与群体进行了分类研究,发表和出版了相关论著,包括《西方人眼中的辛亥革

命》（三秦出版社 2012 年版）、《近代西方人视野中的西安城乡景
观研究（1840—1949）》（科学出版社 2014 年版）、《近代西方人在
西安的活动及其影响研究（1840—1949）》（科学出版社 2017 年
版）等，并翻译了《穿越神秘的陕西》（三秦出版社 2009 年版）
等四册记述西方人在西安等地考察的史地文献，由此对于清代后期
至民国西安城乡地区多种类型人士的活动有了更为系统的认识，也
加深了对西安城市景观面貌和区域社会近代化进程的理解。

　　上述研究实践表明，历史城市地理、城市史研究要深入推进、
持续发展，就需要与包括中西交流史、社会史等在内的相关学科相
互借鉴、交叉和融合，积极开展对城市空间中人的活动研究，揭示
"以人为本"的城市活动空间、社会空间的运作机制与变迁规律。

　　与此同时，在研究单体城市这一方空间和舞台时，当学界对其
宏观的时空发展阶段与过程已有清晰的梳理与归纳，对其城市规
模、形态和格局也已多有共识而难以突破之时，具体而微地复原、
剖析城市空间和景观的建设过程、动态演进就成为将研究向纵深推
进的可行路径。基于这一认识，过去十余年来，我尝试将西安历史
城市地理研究与工程史、技术史的研究结合起来，注重探讨明清民
国时期西安及周边地区大中型工程（包括城池、桥梁、道路、堤岸
等）建设活动，尤其关注与塑造城市景观面貌紧密相关的"城
工"，已对清代乾隆年间省城西安、重镇潼关等大规模城建工程、
清代中后期陕西捐修城工等进行了细致研究，丰富了历史城市地理
和城市史的研究内容，在复原和分析城市形态、格局与景观变迁过
程的细节化方面较前推进了一大步。依循这一思路，我也指导研究
生重点对明清时期陕西、甘肃、山西、河南等地的城工建设进行系
统研究，获得了诸多崭新认识。

　　西安城墙与护城河作为标志性的城市景观，是本地人积淀"乡
土情怀"与外地人（包括域外人士）形成"西安观"的重要影响

因素。城墙与护城河既是城市空间和景观的组成部分，又是明清民国近六百年间无数官民进行建设、维护的重大城市工程成果，与政治、军事、经济和文化等多个领域有着紧密联系，与众多官员、士绅、商贾和百姓的管理、生活与劳作息息相关，是深化和细化西安历史地理、城市史研究的重要对象之一。

2014 年，我申请获准陕西师范大学中央高校基本科研业务费项目"明清民国西安城墙修筑工程研究"，力求融会历史地理、工程史、技术史、社会史等研究视角和方法，聚焦近六百年西安城墙与护城河的建设、维修、保护及其引发的城池景观面貌变化。在此项研究中，我充分利用了中国第一历史档案馆、中国台北"故宫博物院"、西安市档案馆等地搜集到的珍贵档案，有助于从细微处分析城池修筑工程的技术、做法及其社会影响。2016—2017 年，我有幸获得"中国古代军事工程科技奖学金"全额资助，得以赴国际科技史研究重镇——英国剑桥李约瑟研究所以及剑桥大学等地访学，研究项目为《历史时期中英城墙建修工程比较研究》。在李约瑟研究所和剑桥大学，我系统地搜集了英国古代城堡修筑、建设的历史文献和相关论著，并重点考察了英国中北部的纽卡斯尔（Newcastle）、约克（York）等著名古城，以及古罗马时代修建的横贯英格兰北部的哈德良长城（Hadrian's Wall），初步开展了中英城墙修筑工程的比较研究。当登上石质主体的纽卡斯尔古堡、约克城墙以及哈德良长城时，令人不禁遥想古罗马帝国时代及其之后的统治者与当地民众进行大规模城工建设、依傍城墙展开防御的情形，也自然会对英国古代城墙与西安城墙在体量、规模、材质、防御力等方面的异同加以直观比较。在李约瑟研究所的访学经历进一步促使我思考科学技术在城市建设过程中的作用与影响，特别是封建时代后期至近代城池修筑工程与区域军事防御、社会经济发展、基层社会管理、地方生态变迁等之间的相互关系。这一方面的思考，也反映在对明清民国西安城墙修筑工程的研究当中。

西安城池从明初扩建至今，已经历了六百余年的风雨沧桑，见证了这座古都城市的巨大变迁，成为西安城市精神与文化根脉的重要载体。本项目研究虽然告一段落，但明清民国西安城墙与护城河建设、维修、保护的历史仍值得继续深入探索，我也将一如既往地为这座城市、这片热土的历史文化研究贡献心力。

史红帅

2019 年 9 月 5 日

目　　录

绪　论 ··· （1）

  一　研究价值与现状 ·· （1）

  二　研究目标、内容与创新之处 ·································· （7）

  三　研究思路与方法 ·· （14）

第一章　明清西安大城城墙的修筑工程 ····················· （16）

  第一节　明代初年西安大城墙的拓展 ························· （18）

    一　拓展缘起 ··· （18）

    二　拓展时间 ··· （19）

    三　城墙规模及其景观 ··· （21）

  第二节　明代嘉靖五年西安城墙修筑工程 ················ （31）

    一　城工缘起 ··· （32）

    二　施工过程 ··· （35）

    三　工程特点 ··· （36）

  第三节　明代隆庆二年至三年西安城墙大修工程 ······· （38）

    一　城工缘起 ··· （38）

    二　工程进展 ··· （40）

  第四节　清代顺治、康熙年间西安城墙修筑工程 ········ （50）

  第五节　清代乾隆四年至五年西安城墙修筑工程 ········ （53）

一　城工背景与缘起 …………………………………………（53）

二　督工官员的拣选 …………………………………………（54）

三　维修重点与工期 …………………………………………（55）

第六节　清代乾隆四十六年至五十一年西安城墙大修

工程 ……………………………………………………（57）

一　工程缘起 …………………………………………………（58）

二　工程分期及其做法 ………………………………………（62）

三　城工经费的数量与来源 …………………………………（76）

四　主要工料的产地、数量与运输 …………………………（81）

第七节　清代嘉庆、道光年间西安城墙修筑工程 …………（86）

一　嘉庆十五年至十六年城墙维修工程 ……………………（87）

二　嘉庆十九年南门城楼失火及其重修 ……………………（91）

三　道光元年北门城台与月城维修工程 ……………………（95）

四　道光七年至八年维修工程 ………………………………（97）

第八节　清代咸丰、同治、光绪年间西安城墙修筑工程 ……（107）

一　咸丰三年捐修城工 ………………………………………（108）

二　咸丰七年、同治四年城工 ………………………………（110）

三　同治六年兴修城墙、卡房工程 …………………………（112）

四　光绪三十三年维修工程 …………………………………（116）

第二章　明清西安"城中之城"的城墙修筑工程 …………（118）

第一节　明代西安秦王府城墙的修筑与变迁 ………………（119）

一　秦王府选址与重城格局的形成 …………………………（119）

二　秦王府重城形态与城墙规模 ……………………………（120）

三　秦王府城墙各门与护城河 ………………………………（124）

第二节　清代西安满城城墙的修筑与变迁 …………………（131）

一　清初满城城墙的兴建 ……………………………………（131）

　　二　满城城门与教场城墙 ·················· （139）

　第三节　清代西安南城城墙的兴废 ·············· （141）

　　一　兴建缘起 ························· （141）

　　二　城墙走向、规模与城门设置 ············· （142）

第三章　明清西安四关城墙的修筑与拓展 ·········· （146）

　第一节　明代西安四关城墙的修筑 ·············· （147）

　　一　明代西安四关城墙的修筑时序 ··········· （147）

　　二　四关城墙规模与关城景观 ·············· （148）

　第二节　清代西安四关城墙的修筑与拓展 ·········· （154）

第四章　明清西安护城河的引水及其兴废 ··········· （156）

　第一节　明代护城河引水渠的开浚与兴废 ·········· （157）

　　一　龙首渠的开浚与供水 ················ （157）

　　二　通济渠的开浚与供水 ················ （163）

　　三　龙首渠、通济渠与护城河的关系 ·········· （181）

　第二节　清代护城河的疏浚、利用与景观 ·········· （185）

　　一　护城河的疏浚与利用 ················ （185）

　　二　护城河引水衰废的原因 ··············· （188）

第五章　民国西安城墙的修筑与利用 ·············· （191）

　第一节　城墙修筑工程的影响因素与阶段特征 ········ （191）

　　一　城墙修筑工程的影响因素 ·············· （192）

　　二　城墙修筑工程的阶段特征 ·············· （201）

　第二节　城墙维修的管理机构与施工群体 ·········· （208）

　　一　主要管理机关的相互合作 ·············· （209）

　　二　三大主管机关的若干举措 ·············· （215）

　　三　实施群体及其主要特征…………………………………（228）

　第三节　城墙维修的经费与建材……………………………（236）

　　一　经费来源………………………………………………（236）

　　二　建材来源………………………………………………（240）

　第四节　城门的修整与开辟…………………………………（243）

　　一　民国西安城门景观……………………………………（244）

　　二　城门的修整与新辟……………………………………（247）

　　三　中正门工程建设………………………………………（253）

　第五节　城墙防空洞的建设…………………………………（267）

　　一　抗战时期日军对西安的轰炸…………………………（268）

　　二　抗战时期城墙防空洞的建设…………………………（270）

　　三　城墙防空洞的形制与规模……………………………（273）

　　四　城墙防空洞的维护与管理……………………………（281）

　　五　城墙防空洞的作用及影响……………………………（283）

　第六节　民国后期城墙防御体系的建设……………………（289）

第六章　民国西安护城河的疏浚、引水与利用………………（294）

　第一节　民国前期的西安城壕………………………………（295）

　第二节　民国中后期的护城河………………………………（298）

　　一　1934—1938 年西龙渠的疏浚与引水灌注城壕……（298）

　　二　1940 年西城墙龙渠涵洞的修缮　……………………（304）

　　三　1940—1941 年西京市引水工程计划　……………（306）

　　四　1943—1944 年龙渠引水入城工程　………………（308）

　　五　1946 年修筑城壕工程　……………………………（314）

　　六　1947—1948 年扩掘城壕工程　……………………（315）

结　语……………………………………………………………（322）

参考文献···(326)

　　一　方志舆图···(326)

　　二　史书文集···(329)

　　三　档案报刊···(332)

　　四　英文文献···(333)

　　五　日文文献···(334)

　　六　文史资料···(336)

　　七　今人论著···(337)

后　记··(342)

绪　　论

一　研究价值与现状

1. 研究价值

在充分利用中西文史料的基础上，对明清民国西安城墙修筑工程进行深入研究，兼具学术意义和现实价值。

（1）学术意义

本课题的学术意义表现在对相关研究方向、学科和领域的推进，具体而言有以下几方面。

首先，通过本课题研究，能够对封建时代后期至近代西安城墙的变迁历程有更为深入的认识，并为中国城墙史研究提供实证性案例，促进城墙史研究理论的总结。

其次，本课题以西安城墙修筑工程为研究主线，同时探讨"城工"与明清民国时期区域社会、城市景观、工程技术、生态环境等多要素之间的相互影响，可进一步深化西安城市史、历史地理、社会史、环境史等相关学科的研究内容。

最后，本课题研究时段集中在"后都城时代"的明清民国时期，即长期以来研究相对薄弱的阶段，而西安城墙修筑工程作为这一时期城乡地区最为重大的建设活动，牵涉区域、城市的众多方面，以之为核心的跨学科、跨领域研究能够拓展"古都学"的研究范畴，也有益于推动当今"长安学"研究的深度与广度。

（2）现实价值

对明清民国时期西安城墙修筑工程进行个案与综合研究，不仅具有较高的学术意义，而且其现实价值也颇为明显。主要表现在以下几方面。

首先，对西安城墙修筑工程诸多细节（包括工料、工艺、技术）的考订和研究，可以深入探察封建时代及至近代城墙修筑所使用的传统材料、工艺、工程做法与流程等，可为今后保护城墙建筑风貌，修复城墙墙体、城楼、城门、海墁等提供技术与工程方面的参考和借鉴。

其次，对明清民国时期西安城墙修筑工程本身，以及与区域、城乡社会之间的相互影响和关系进行探究，对与之相关的人物与事件进行考订、复原，能够极大地丰富西安城墙的文化内涵，并可为今后西安城墙大遗址保护与利用、申报世界文化遗产提供史料依据和智识支撑。

2. 研究现状

长期以来，西安城墙作为城市史、建筑史、历史城市地理、大遗址保护与利用等领域的研究对象之一，其沿革与传承、形态与规模、城墙本体保护技术与方法、景观规划与设计、旅游开发与利用等均属研究热点，学界业已取得丰硕成果。

基于当前各领域代表性论著分析，西安城墙的研究概况具有如下基本特征。

（1）在城市史、历史城市地理研究领域，有关西安城墙的探讨集中在兴建时间、城周规模、特殊形态等方面，如吴永江《关于西安城墙某些数据的考释》（《文博》1986年第6期）、辛德勇《有关唐末至明初西安城的几个基本问题》[《陕西师范大学学报》（哲学社会科学版）1990年第1期]、刘瑞《西安城墙"团楼"考》（《文博》2000年第5期）、尚民杰《明西安府城增筑年代考》

（《文博》2001 年第 1 期）、辛玉璞《试解西安半圆城角谜》（《华夏文化》2003 年第 1 期）等。学者们依据考古和文献资料，对城墙修筑的若干细节问题进行了深入考证，对长期以来的某些错谬看法进行了辩驳。同时，从事历史城市地理研究的学者在探讨明清民国西安城市格局变迁时也对城墙演变进行了探讨，如吴宏岐、党安荣《关于明代西安秦王府城的若干问题》（《中国历史地理论丛》1999 年第 3 辑），吴宏岐、史红帅《关于清代西安城内满城和南城的若干问题》（《中国历史地理论丛》2000 年第 3 辑），阎希娟、吴宏岐《民国时期西安新市区的发展》[《陕西师范大学学报》（哲学社会科学版）2002 年第 5 期]等，多从较为宏观的角度论述城墙变迁与城市格局之间的相互关系。

　　相较而言，在涉及城墙的论述中，城市史专题论文的内容受题目所限，略显"破碎化"，而历史城市地理的研究则缺乏城墙研究的"针对性"，且两者均未能从"中观"角度对城墙修筑工程进行探讨。基于这一认识，笔者在搜集大量清代奏折档案的基础上，撰有《清乾隆四十六年至五十一年西安城墙维修工程考——基于奏折档案的探讨》（《中国历史地理论丛》2011 年第 1 辑）一文，对清代西安城墙最大的一次维修工程进行了综合考证、分析，是从"工程史"角度出发对西安"城工"进行综合研究的一次有益尝试，并获得了若干崭新认识，为本课题的开展奠定了良好开端。

　　（2）在规划史、建筑史、考古学与古建修缮等领域，学者们对西安城墙的规划思想与理念、城墙局部建筑形态、城楼内部遗迹、箭楼复原等进行了不同层面的探讨，如俞茂宏《西安古城墙研究：建筑结构和抗震》（西安交通大学出版社 1994 年版），王树声《明初西安城市格局的演进及其规划手法探析》（《城市规划汇刊》2004 年第 5 期），贺林《西安城墙长乐门城楼维修工程》（《文博》2005 年第 4 期），西安西门城楼考古调查组《西安城墙西门城楼内部隔断遗迹考古调查报告》(《文博》2005 年第 5 期),苏芳《西安明代城墙与城门、城门洞的形态及其演变》(西安建筑科技大学 2006 年硕士学位论文),张基伟、贺林《西安城墙永宁门(南门)箭楼复建研究》(《文博》2012 年第 2 期)等。这些研究成果对于当今城墙、城楼等修缮工程具有重要参考价值,但不足之处在于缺少纵向、横向的比较研究,资料来源较为单一,对传统工料、工匠、技术的认识尚待深化,且单就城墙而论城墙,较少涉及与城墙相关的区域社会、经济、文化、生态环境等方面的影响与作用。

(3)在城墙遗址保护与利用领域,随着近年来西安"大遗址"保护、开发的不断深入,与城墙相关的实用性研究方兴未艾,来自建筑设计、城市规划、景观生态等领域的学者集中探讨了城墙保护历程、历史风貌保护、城墙遗址病害及其防护等众多理论与实证问题,研究成果迭出,如于平陵、张晓梅《西安城墙东门箭楼砖坯墙体风化因素研究报告》(《文物保护与考古科学》1994 年第 2 期),李兵《建国后西安明城墙的保护历程及其启示》(《四川建筑》2009 年第 1 期),黄四平《西安明城墙遗址主要病害勘察及成因分析》(《咸阳师范学院学报》2011 年第 6 期),董芦笛等《西安城墙历史风貌保护与环城公园建设历程评介》(《风景园林》2012 年第 2 期),冯楠等《西安城墙"泛碱"病害分析及保护研究》(《文物保护与考古科学》2012 年第 2 期)等。这类研究现实应用性很强,均着眼于当前城墙的保护与开发,就城墙遗址所出现的具体问题提出针对性的规划与解决方案,但有待拓展之处表现在其研究时段都集中在当代,对历史时期,尤其是与当今关联最为紧密的明清民国西安城墙修筑活动、工程并未追根溯源,鲜有深入探究,因而在借鉴西安传统"城工"经验方面尚有深化的空间。

(4)近年来,从"工程史"角度对城墙修筑工程进行研究已日益引起学界关注,但探讨的多是南方地区的"城工",如徐斌

《略论明清时期的修城经费——以湖北为中心》[《中南民族学院学报》（人文社会科学版）2003 年第 1 期]，黄敬斌《利益与安全——明代江南的筑城与修城活动》（《史林》2011 年第 3 期），马亚辉《乾隆时期云南之城垣修筑》（《中国边疆史地研究》2012 年第 2 期）等，涉及区域中心城市或者某一区域城市体系城墙修筑工程的经费来源、匠夫群体、修城频次等。相较之下，有关明清民国西安城墙工程的研究颇显不足，其薄弱状况与古都西安的重要地位不相适应。近年来，笔者所撰《清乾隆四十六年至五十一年西安城墙维修工程考——基于奏折档案的探讨》（《中国历史地理论丛》2011 年第 1 辑）、《清代灞桥建修工程考论》（《中国历史地理论丛》2012 年第 2 辑）等论文，均系从"工程史"角度出发对西安城乡建设工程进行探究的阶段成果，业已引起学界关注。

（5）在以上西安城墙的专题性研究之外，从 20 世纪 80 年代起，陆续出版了多部通论性、综合性著作，如张景沸《西安城墙史话》（陕西旅游出版社 1987 年版）、孙黎《西安城墙》（陕西人民出版社 2002 年版）、张永禄《西安古城墙》（西安出版社 2007 年版）、俞茂宏《西安古城墙和钟鼓楼：历史、艺术和科学》（西安交通大学出版社 2009 年版），以及秦建明编《西安城墙·历史卷》（陕西科学技术出版社 2012 年版）等。这类成果对于了解城墙的变迁沿革、基本形态、防御特征、与之相关的传说和故事等具有重要价值，在对西安城墙认知、阐释的系统性上大为加强，但由于采用史料基本上以地方志等传统单一类型文献为主，若干说法陈陈相因，在综合利用多元化史料考订工程细节方面较为欠缺，难以一窥工程原貌；加之撰著者在引用文献时，除来源于地方志等传统文献外，也吸纳了部分无法证实的传说、轶事，或者转引大量第二手乃至于第三手资料，使论述的力度、可信度有所削弱，部分著作的学术规范性尚待提高，在研究深度和广度上尚有较大拓展空间。

　　相较于国内的多角度研究和众多成果，国外学界对城墙的研究主要是与对西安城市整体发展变迁的探讨结合在一起，或将西安城墙作为世界城墙发展史中的典型案例进行分析，尚未形成对城墙的系统性研究，更缺少从"工程史"角度对城墙修筑活动与事件进行探讨，但相关研究成果在西方学界已有较大影响。美国明尼苏达大学詹姆士·特雷西（James D. Tracy）教授编著的《城墙：全球视野中的城市轮廓》（City Walls：The Urban Enceinte in Global Perspective，Cambridge University Press，2000），即将西安城墙置于世界视野下进行论述；法国建筑历史学家布鲁诺·法约勒·吕萨克（Bruno Fayolle Lussac）作为联合国教科文组织科学委员会和波尔多历史遗产保护区地方委员会委员，1990年以来，主要与西安建筑科技大学合作进行了西安城市史项目的研究，编著有《西安，现代世界的古老城市：1949—2000年城市形态的演进》（Xi'an, An Ancient City in a Modern World，Evolution of the Urban Form 1949 – 2000，Cahiers De L'ipraus，2007），该书的多篇论文在探讨"都城时代"与"重镇时代"西安城市形态、格局演变时，均重视城墙修筑的地位与作用；法国著名汉学家魏丕信（Pierre-Etienne Will）所撰《西安1900—1940：从一潭死水到抗战中心》（Xi'an 1900 – 1940：From Isolated Backwater to Resistance Center）则对清末民国西安城市格局、形态与城墙关系进行了分析，该文被收入香港科技大学苏基朗（Billy K. L. So）教授与哥伦比亚大学曾小平（Madeleine Zelin）教授合编的《共和时期中国城市空间的新面貌：隐现的社会、法律与政府律令》（New Narratives of Urban Space in Republican Chinese Cities：Emerging Social，Legal and Governance Orders，BRILL，2013）一书。前述魏丕信先生的文章是迄今所见欧美学者对近代西安城市发展最为经典的论述，其中有关西安城墙地位与作用的认识清晰而独到。

基于对以上研究现状的认识，本课题在充分挖掘、整理、分析中西文献史料的基础上，对明清民国西安城墙修筑工程及其影响进行个案与综合研究。

二　研究目标、内容与创新之处

1. 研究目标

本课题以明清民国时期（1368—1949 年）为主要研究时段，以西安城墙为研究对象，以历次修筑工程、活动、事件等为研究重点，基于"工程史"的研究视角，融合城市史、社会史、环境史等学科理论与方法，对明代以迄民国 581 年间西安城墙修筑的历史进行个案与综合研究，全面梳理城墙修筑的工程细节，系统阐明城墙修筑的历史过程，客观总结城墙修筑的经验教训，深入探察封建时代后期至近代转型期西安城墙景观面貌的发展变迁，以及西安"城工"与区域城乡社会之间的相互影响与关系，以期推进西安城市史、历史城市地理、古都学、长安学等领域的研究，并为当今西安城墙保护与利用提供参考和借鉴。

2. 研究内容

本课题从工程史的"中观"角度出发，结合城市史、规划史的"宏观"角度和建筑史、技术史的"微观"角度，对明清民国时期西安城墙修筑工程的主要内容，包括修筑背景、前期规划、工程规模、工程管理、资金来源、主修人员、工匠民夫、工程做法、技术特点、工料来源与运输、工程期限、竣工验收、质量保证等进行综合研究，并进一步揭示城墙修筑工程与区域、城市、社会、景观、环境、文化之间的相互关系与影响。

笔者认为，明清民国时期西安城墙的历次修筑，与区域、城市的政治、经济、军事、文化等多方面状况及其变迁紧密相关，城墙修筑不应仅被认为属于单纯的军事防御措施，而应将之视为封建时代晚期至近代西安城乡地区的重大建设工程之一，其与建盖庙宇、兴建学校、修桥铺路、筑造堤坝、开渠凿井等区域性大中型工程均属具有"复杂性""系统性"的建设活动，对于城市各项功能的正常运转和维系发挥了重要作用。从这一角度而言，明清民国西安城墙的历次修筑工程自然不像地方志中只言片语所载的那样简单，而是有着丰富的内容值得深入研究。

明清民国时期，西安作为西北重镇、陕西省会，甚至一度成为"陪都"西京所在，城市的军事、政治、经济和文化地位极其重要，城墙建设和维修堪称城乡地区的重大工程，受到中央和地方政府、民间社会的高度重视和关注，得到官绅士民等各阶层、群体的支持，成为封建时代及至近代"自卫闾阎"工程的典范，与中央和地方政府、城乡社会、区域景观、城市格局、军事防御、经济发展等诸多方面发生了紧密联系。

基于这一理解，本课题以城墙修筑工程为切入点，结合中西文献传统史料与档案文献，不仅致力于复原、考订明清民国西安重大"城工"的面貌、过程与细节，而且结合历史地理、城市史、社会史、环境史的研究方法与理论，对封建时代后期至近代西安城墙修筑工程与区域城乡社会之间的关系、修筑工程对城乡社会、区域环境、城市景观的影响，以及与经济、文化、交通等之间的相互作用进行深入研究。

为了系统探讨西安城墙修筑的史实及其影响，本课题基于长期以来搜集的大量前人甚少利用的明清民国档案文献、历史报刊资料、谱牒、日记、文集、碑刻、考古资料，以及西文（以英文、日文等为主）史料，从具体的"个案"研究角度出发，对明清民国时期西安城墙修筑工程进行深入考订、分析，复原重大"城工"的面貌、过程与细节，对与城墙修筑相关的工程内容（包括工程的前期筹划与设计；工程经费的数量、来源与流向；主修官员的遴选、分工与职责；工匠民夫的招募、管理与工食；工程起止日期的确定、选择与影响因素；施工技术、程序与要求；工料的类型、来源与运输；工程的规模、时限与监管；竣工验收的程序、标准和质量保证）逐一考订，厘清长期以来存在的诸多错谬之处，以期为今后西安城墙维修工程提供客观、严谨的史料依据和技术数据，使之可在工程原料、施工特点、技术特征等方面能有所借鉴。研究内容包括：

第一章　明清西安大城城墙的修筑工程

第二章　明清西安"城中之城"的城墙修筑工程

第三章　明清西安四关城墙的修筑与拓展

第四章　明清西安护城河的引水及其兴废

第五章　民国西安城墙的修筑与利用

第六章　民国西安护城河的疏浚、引水与利用

笔者采用综合与比较研究的视角，在探究上述内容时注重分析和总结以下问题。

在前述"个案"实证研究的基础上，将工程史与历史地理、城市史、社会史、环境史等学科相结合，对明清民国时期西安城墙修筑与区域、城市、社会、环境、景观等之间的相互关系进行综合与比较研究，以期从更为深广的层面来揭示城墙修筑工程在区域城乡社会和城市发展变迁中的作用与意义。主要包括以下几方面。

城墙修筑与军事防御

城墙的基本功能是用于军事防御，其修筑工程的开展与国家、区域军事活动大背景、战事进程、攻防形势的转换等密切相关，且直接影响到军事防御的效果。本课题深入探讨明清民国西安城墙修筑工程的规模、时间、频次、技术特征等与军事活动（战争、战役）之间的关联，细致分析城墙修筑工程在军事防御中发挥的重要作用，以及在从"冷兵器时代"向"热兵器时代"嬗变之际，战

争对城墙修筑工程的多方面影响。

城墙修筑与区域经济

明清民国时期，西安城墙修筑工程往往需要动用大量人力、物力，耗费资金数额巨大，无论来自官帑，还是民捐，都在很大程度上反映出区域社会经济的发展水平，因而城墙修筑工程堪称区域经济乃至于民众生活的重要"指向标"。本课题力图对城墙修筑工程的资金来源与数额，工料与工粮的价格和运费，工匠民夫的薪酬与开支，工费投入对城乡粮食、运输、建材等行业的影响，工程进展与区域经济波动之间的关系等进行深入探究，以揭示西安城墙修筑工程与城乡地区乃至于关中区域经济之间的相互作用。

城墙修筑与文化习俗

西安城墙修筑工程作为有政府和民间力量参与的、复杂的"社会化"活动，在工程前期筹划、建筑形态与布设、工程起止日期的选择、工段的划分与分工、工匠民夫的雇用等方面，会受到不同时期区域和城乡文化习俗（如风水观念、抓阄、农忙季节等）的影响，并在竣工之后对区域文化、民众习俗和心理等又有塑造之功。以往的研究者对这一领域几乎未加关注，从而忽略了城墙修筑工程与区域城乡文化之间的关联。本课题将基于对大量史料的深入剖析、考订，探究城墙修筑工程与文化习俗之间微妙的相互影响，包括民众生产、生活习俗与"城工"进展之间的关系等。

城墙修筑与城市景观

城墙是西安的标志性建筑，在城乡景观体系中占据十分重要的地位，城墙修筑工程的开展对于城市景观的改善起到了积极作用。每一次城墙修筑工程不仅加固了军事防御体系，而且都在不同程度地影响着城市景观面貌，在"以资捍御"的同时也充分发挥着"以壮观瞻"的功能。本研究将探讨城墙修筑工程如何使城市的局部和整体面貌、景象得以改善，如城楼、角楼、卡房、官厅、魁星楼等在塑造城市"天际线"中的作用，城墙及其附属设施与城区高大建筑之间的相互呼应，护城河疏浚对西安"水域景观"改善的意义等。

城墙修筑与生态环境

明清民国时期，西安城墙仅大中型的修筑工程就多达三十余次，每次建修都需耗费大量的人力、财力和物力，工料方面（如砖、石、木、灰等）的消耗量尤为巨大，对于西安城乡乃至于鄠屋、富平等砖瓦、木料、石料、石灰等工料来源地的生态环境均造成影响。以往的研究者仅将关注目光集中在城墙自身，而对城墙修筑工程的区域环境影响和区际联系几无注意，因而对这一方面尚乏论述。本课题着重在史料分析和实地考察的基础上，深入探讨西安"城工"对工料原产地生态环境的影响，并探究城墙、护城河等工程如何引发邻近地区微观生态环境的变化，如城墙外侧沿线众多低洼地、池坑的形成，护城河疏浚、引水、排水对沿途地区生态环境的影响等。

3. 创新之处

笔者在已完成的《明清时期西安城市地理研究》（中国社会科学出版社2008年版）、《西北重镇西安》（西安出版社2007年版）、《清乾隆四十六年至五十一年西安城墙维修工程考——基于奏折档案的探讨》（《中国历史地理论丛》2011年第1辑）等论著的基础上，在搜集明清民国时期西安城墙相关传统史志资料、中央与地方档案、老旧报刊资料、舆图与影像、西文史料的过程中，深刻认识到西安城墙修筑工程不仅仅是军事防御措施，而且是具有复杂性、系统性的"社会化"建设活动，与区域和城乡社会、经济发展、文化习俗、生态环境、人文景观等之间的关系极其紧密。因此，本课题旨在缜密、审慎考订、探究明清民国西安历次"城工"细节、人物、事件的基础上，系统阐明城墙修筑的历史过程，总结城墙修筑的经验教训，揭示城墙修筑工程与区域社会、军事防御、经济发展、交通运输、工程技术等之间的相互联系与互动作用。

基于对以往研究状况的认识，以及笔者此前的学术积累，本课题的创新之处主要表现在以下几方面。

（1）多元化的资料基础

笔者在过去的十余年间，对与明清民国时期西安相关的各类历史文献已经进行了较为系统的搜集、整理和分析，并撰写、刊行了有关西安城市史、历史城市地理的论著。在近五六年，笔者致力于搜集与"重镇时代"西安城墙建设、维修紧密相关的明人文集、清代中央和地方档案、民国老旧报刊和档案资料，以及近代外国人往来、驻留西安留下的数量庞大的行纪、日记、调查报告、新闻报道、照片和地图资料等，多种类型、不同语种的文献对于本课题的创新与突破奠定了坚实基础。

以清代档案为例，笔者在中国第一历史档案馆、中国台湾"中研院"近代史研究所等机构搜集、整理了十余万字的朱批与录副奏折、户科题本等档案，编制完成《清代西安城墙修筑档案史料辑录》；同时，对以英文、日文为主的大量西文史料进行了整理，编制完成《近代域外人士视野中的西安城墙史料与影像辑录》等基础资料集，对基于中西文史料深入研究明清西安城墙修筑工程及其影响大有裨益。

此外，笔者还对陕西省图书馆、西安市档案馆、陕西师范大学图书馆等处所藏的清末民国报刊，包括《秦中官报》《丽泽随笔》《西安市工季刊》《西京日报》《西京民报》《公意日报》《长安日报》《长安晚报》《西安日报》《新秦日报》《青门日报》《雍报》《西北晨报》等进行了初步搜检，整理出了众多与清末民国西安城墙修筑工程相关的新闻报道等，对于将工程史与城市史、社会史、环境史等结合起来进行研究提供了便利。

（2）工程史的研究视角

本课题从"工程史"的"中观"视角出发，对明清民国时期西安城墙修筑工程进行个案与综合研究，与以往从城市史、历史地理、规划史、建筑史等学科"宏观"或"微观"角度的探讨有较大区别。笔者不仅将城墙修筑视为工程建设活动，而且视之为与区域、城市和社会紧密关联的具有复杂性、系统性的"社会化"活动，与城乡社会、区域环境、景观生态等有着千丝万缕的联系。从"工程史"的角度进行探讨，就能在扎实考订历次重大城工细节和面貌的个案研究的基础上，综合研究城墙修筑工程与区域社会、经济、文化等之间的相互作用和影响。

（3）细节化与综合性并重的研究内容

与以往专题性或通论性、普及性的论著不同，本课题以明清民国时期西安城墙为研究对象，以"修筑工程"为主线，对历次"城工"的细节和过程进行深入考订和个案研究，涉及城墙修筑工程的缘起、背景与规划，经费的来源、数量与开支，主修人员的遴选、分工与职责，工匠民夫的招募、薪酬与劳作，工食的价格、购买与存储，工料的产地、采办与运输，工段的划分原则、修筑技术与传统做法，施工过程的管理、监督与质量保证，竣工验收的流程及其之后的奖励与惩处，中央与地方政府及民间社会对城工的支持等内容。

在此基础上，对明清民国时期西安城墙修筑工程作为"社会化"活动与区域城乡社会、军事活动、经济发展、文化风俗、城市景观、生态环境等之间的相互影响与作用进行综合研究，旨在论述封建时代后期至近代西安城墙修筑工程并非单纯的军事防御措施，而是作为具有复杂性、系统性的重大工程，与区域社会的方方面面发生紧密联系，并受到多重因素的影响。

（4）跨学科的研究方法

就研究方法而言，本课题尝试综合采用历史地理学、城市史、社会史、景观生态学等学科的研究方法，包括运用"地图语言"展示和解读城墙修筑工程的相关内容、使用数理统计方法对"城工"各项数据进行分析，并且在实地考察过程中进行口述史资料访谈，采用这些研究方法和表现形式有助于深化和拓展本课题的研究深度与广度。

三　研究思路与方法

1. 研究思路

本课题的基本研究思路是从多元史料搜集到跨学科交叉性研究，从城墙修筑工程的个案探讨到涉及多重要素的综合研究。具体而言有以下几方面。

首先，在笔者有关明清民国时期西安城市与城墙的较多实证研究基础上，继续完善此前编制的《清代西安城墙修筑档案史料辑录》《近代域外人士视野中的西安城墙史料与影像辑录》等基础资料集，深入发掘长期以来搜集的中西文献史料中有关城墙修筑工程及其景观变迁的内容，为后续研究奠定坚实基础。

其次，鉴于以往相关论著在研究深度、准确性等方面有待提高，因而本课题从个案角度出发，对明清民国时期西安城墙历次修筑工程（尤其是大中型工程）的具体细节进行考订、对勘和分析，以期厘清城建史实，复原城工面貌。

最后，与个案研究相呼应，本课题也从综合角度对明清民国时期西安城墙修筑工程与区域社会、军事、经济、文化、生态等多重要素之间的相互影响和作用进行探究，以期获得具有规律性、普遍性的可靠结论，促进对封建时代后期至近代西安城市发展历程的深刻理解。

2. 研究方法

作为具有跨学科、交叉性的综合研究，本课题注重利用历史地理学、城市史、社会史、景观生态学等学科领域的研究方法，对明清民国西安城墙修筑工程进行探讨。具体包括以下几方面。

（1）文献分析

本课题力求对长期搜集、整理的各类型、多语种历史文献，包括正史、杂史、实录、档案、地方志、文集、行纪、日记、谱牒、调查报告、历史报刊、考古资料、碑刻、地图、照片等，进行深入解读、分析，藉以梳理明清民国时期西安城墙修筑工程的蛛丝马迹，复原兼具复杂性和系统性的"社会化"城工面貌。

（2）数理统计

本课题在研究明清民国时期西安城墙修筑的工程规模、资金额度、工料数量、工料价格、运输费用、匠夫酬劳等问题时，会将历史文献中的各类数据以及相关历史现象"数据化"，在此基础上进行数据统计和分析，使定性与定量研究相结合，从而得出更为可靠的结论。

（3）实地考察

本课题注重有针对性的实地考察，不仅局限于城墙本体及其附属设施，而且也深入城墙工程原料产地（如秦岭北麓和北山等地）、护城河水源地及龙首渠、通济渠沿线等处进行踏查；同时就民国年间西安城墙修筑工程的史实开展广泛的口述史调查，以印证或弥补历史文献之记载，这一研究方法尤其有助于探讨民国时期开展的城墙修筑工程及其景观变迁；笔者也尝试将清代后期至民国年间西方人士拍摄的大量城墙照片与历史文献记述、当前的现状照片等进行对比研究，以反映不同时期城墙修筑工程的成果及其对景观的巨大影响。

第 一 章

明清西安大城城墙的修筑工程

明清时期，西安城池防御体系是由西安大城城墙、"城中之城"（即明代的秦王府城和清代的八旗满城）、关城、护城河四部分构建而成，协同发挥防御功能。其中西安大城城墙，即现今可见的"明城墙"是最重要的防御主体，也是明清 544 年间朝廷和地方官府屡屡维修、保护的主要城市设施和景观。

据笔者初步统计，在明代西安城墙的三次较大规模维修之外，清代西安城墙就经历了超过 20 次维修活动，包括传统史志和论著中载称的 12 次，即顺治十三年（1656）、康熙元年（1662）、乾隆二年（1737）、乾隆二十八年（1763）、乾隆四十六年（1781）、咸丰七年（1857）、同治元年（1862）、同治二年（1863）、同治四年（1865）、光绪二十二年（1896）、光绪二十四年（1898）、光绪二十九年（1903），以及笔者在对中国第一历史档案馆所藏与清代西安城墙维修有关的奏折档案搜检统计后发现的 8 次维修工程，未见清代以来陕西地方史志和当今论著提及的：嘉庆十五年（1810）①、嘉庆二十年（1815）②、道光元年（1821）、道光七年至八年

---

① 陕西巡抚董教增：《奏为西安省会城垣坍损详请补修事》，嘉庆十五年十二月十一日，朱批奏折，中国第一历史档案馆，04 - 01 - 37 - 0061 - 038。
② 陕西巡抚朱勋：《奏为借项修建西安省垣楼事》，嘉庆二十年九月九日，朱批奏折，中国第一历史档案馆，04 - 01 - 37 - 0069 - 003。

（1827—1828）①②、道光十五年（1835）③、咸丰三年（1853）④、同治六年（1867）⑤、光绪三十三年（1907）⑥ 等年份城墙维修工程。考虑到文献记载的缺漏，实际进行的城墙维修工程活动无疑更多。

在上述较大规模城工中，按照维修经费数额来源划分，可分为动用官府经费和官绅士民捐款修城两大类；按照参与城工劳动者的类别划分，可分为征募工匠修城、军民协同修城两大类；按照修城缘起划分，可分为由于自然原因（如风吹雨淋、鸟鼠侵凌、地震毁坏）和人为原因（如战争损毁、不慎失火）造成的城墙及其附属建筑毁坏；按照修缮内容划分，则可分为重点修缮墙身（即砖砌和夯土墙体）、楼座房屋（如城楼、卡房、角楼、官厅等附属建筑）两大类。另外，按照工期、工料来源等，也可对上述城工进行不同分类，进而加深我们对明清时期西安城墙维修、保护诸史实的了解和理解。

应当指出的是，以上的明清时期西安城工是指规模相对较大的维修和保护工程，事实上，城墙的"岁修"，即平常的修缮和保护也是地方官府和驻军的日常事务之一。因此，概括而言，西安城墙的维修活动分为日常的添修维护与某些年份的较大规模整修，这两

---

① 护理陕西巡抚徐炘：《奏为筹议捐修省会城垣事》，道光七年五月二十一日，朱批奏折，中国第一历史档案馆，04-01-37-0088-005。
② 护理陕西巡抚徐炘：《奏为西安省会城垣如式捐修完竣请奖捐输各员事》，道光八年八月二十二日，朱批奏折，中国第一历史档案馆，04-01-37-0089-013。
③ （清）昆冈等修、刘启端等纂：《钦定大清会典事例》卷四百四十二《礼部·中祀·祭岳镇海渎》，清光绪石印本。
④ 陕西巡抚张祥河：《奏报官民捐修省会西安城垣等工完竣事》，咸丰三年三月二十七日，录副奏折，中国第一历史档案馆，03-4517-067。
⑤ 西安将军库克吉泰等：《奏为筹款兴修西安城墙卡房等工事》，同治六年九月十日，录副奏折，中国第一历史档案馆，03-4988-038。
⑥ 西安将军松湉：《奏为陈明西安修复城工一律工竣事》，光绪三十三年正月二十日，朱批奏折，中国第一历史档案馆，04-01-37-0147-002。

类活动相辅相成，推动了西安城墙面貌的保存和景观的一脉相承。以下基于地方史志和奏折档案等文献，对明清西安城墙历次维修史事逐一进行考订，尤其是对不为前人所知的清代西安诸多城工细节进行揭示，以期推进西安城墙维修保护历史的研究。

第一节 明代初年西安大城墙的拓展

明代初年西安大城在宋京兆府城和元奉元路城的基础上加以扩筑拓展，与此同时，在城内兴建规模宏大、城高池深的秦王府城。王城与大城构成了内外双重城形态，这是明清时期西安城空间格局的第一次重大变化。

一 拓展缘起

明洪武二年（1369）三月，大将徐达攻占元奉元路，奉元城遂改称西安城。这一时期，蒙元贵族虽被迫退出华北、中原，但从大都退至应昌（今内蒙古自治区赤峰市克什克腾旗境内）的元顺帝作为蒙古贵族统治集团的政治共主，仍有一定的军事实力。所谓"引弓之士，不下百万众也；归附之部落，不下数千里也；资装铠仗，尚赖而用也；驼马牛羊，尚全而有也"，"元亡而实未亡耳！"[①] 屯兵甘肃、盘踞西北的扩廓帖木儿亦拥众数十万，曾反攻原州、泾州、兰州、凤翔等地；其他数支小股元军也不断骚扰西北各地。西安城作为西北最重要的区域中心城市和军事重镇，是明朝军队向西北出击、荡平元残余势力的后方基地。而宋元旧城城区狭小，难以容纳大量驻军和相应人口，城池扩展势在必行。

明代初年西安城重要的政治地位也在一定程度上促进了城区规

---

① （清）谷应泰：《明史纪事本末》卷十《故元遗兵》，清文渊阁四库全书本。

模的扩大。洪武二年（1369）九月，朱元璋置临濠（今安徽省滁州市凤阳县）为中都时，曾以西安作为国都选址之一。① 后虽因西安地处西北，漕运供给不便，未能成为大明首善之地，却奠定了西安在当时政治格局中的重要地位。宋元旧城区的规模已然与西北乃至西部最重要城市的地位不相适应。

洪武年间，朱元璋为巩固全国统治并确保北部边防，"许修武事以备外侮"②，封诸子至各军政重镇为藩王。朱元璋封次子朱樉为秦王，驻守西安。作为藩王之首，秦王"富甲天下，拥赀千万"③，与北京的燕王、大同的代王等同为边境藩王而手握重兵，有"天下第一藩封"之称，因而府城规格高、规模大。但元奉元路城空间相对局促狭小，秦王府城的选址与兴建便对西安大城的拓展提出迫切要求。

二　拓展时间

明初在宋元旧城东北隅兴建秦王府城时，基于朱元璋"秦用陕西台治"④ 的营建要求，即依元奉元城东北隅陕西诸道行御史台署旧址兴建，以减少营作工程量。秦王府城的选址从根本上决定了西安城的拓展方向，即向东、北拓展大城以便将秦王府城环护其中。而如何将秦王府城置于城市近似中心的考虑则在一定程度上决定了大城向东、北拓展的具体规模。

《明太祖实录》洪武六年（1373）秋七月条内详记长兴侯耿炳文、陕西行省参政杨思义、都指挥使濮英等为修西安城一事呈递朱元璋的奏表，"陕西城池已役军士开拓东大城五百三十二丈，南接旧城四百三十六丈。今欲再拓北大城一千一百五十七丈七尺，而军力不足。西安之民耕获已毕，乞令助筑为便。中书省以闻。上命侯

---

① （清）托津等辑：《明鉴》，嘉庆二十三年精刊本。
② 《明太祖实录》卷一百三，洪武九年正月甲子。
③ （清）谷应泰：《明史纪事本末》卷七十八《李自成之乱》，清文渊阁四库全书本。
④ 《明太祖实录》卷五十四，洪武三年七月辛卯。

来年农隙兴筑，仍命中书考形势，规制为图以示之，使按图增筑，无令过制，以劳人力"①。由此可知，至明洪武六年，西安东大城拓筑工程已经开始。从现有资料分析，拓展大城与修建秦王府城大致同时进行，即明洪武四年（1371）开始兴建秦王府城之际，也正是大城拓建之时，由此至洪武六年才会出现"军士开拓东大城五百三十二丈，南接旧城四百三十六丈"的情况。

由于从洪武四年起开始兴建秦王府城，城区同时向东拓展，必先拆除宋元旧城的东、北两面城墙，这些建筑材料极可能用于新城墙的建设，因而旧城墙的拆除已经是大城拓展工程的开始。至洪武十一年（1378），朱樉就藩西安，西安大城拓展工程也告完成。

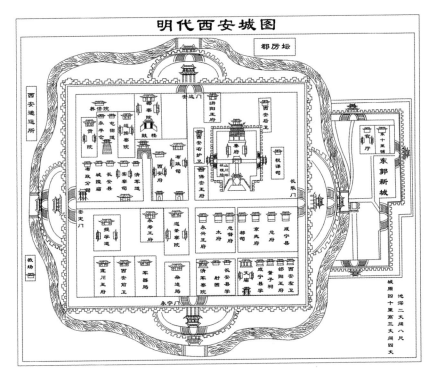

图1—1 明代嘉靖《陕西通志》所附《陕西省城图》

---

① 《明太祖实录》卷八十三，洪武六年七月丙寅。

　　从嘉靖《陕西通志》所附《陕西省城图》可以推测，东关城的兴建也当是明初西安城拓展工程的一部分。东关城的修筑就是为了将城东的部分高地包括进来，其不规则形状实际也是按照地形的走向修筑城垣而形成的。从东关与其他三关城形制、规模的巨大差异也可推测并非同一次工程的结果，其他三关城不仅规模远小于东关城，且形状均为近似矩形，而东关城城墙走向并不规则，呈弧状。

三　城墙规模及其景观

　　城墙是封建时期城市建设最为重要的内容之一，它已经不仅是一种以形态承载功能的城防设施，更是国家统治和区域治理力量的象征。明代初年城池扩展后，西安城墙长度成为反映城市规模的主要指征之一，城墙长度的盈缩也直接关系到城市形制和空间格局的变迁。西安城作为封建社会晚期中国最大的区域中心城市之一，其"城周"数据及其形成来源的考订对这一时期城市规模的研究具有重要意义。

　　1. 中西文献所载城墙规模

　　对于明代初年增筑后的西安城规模，明清史志与清末西方文献中有"周四十里""周二十五里"或"周二十里"、十英里等多种记述。这些记述之所以不尽一致，多是因对西安城形制的认识有较大差异。现存最早记述明代西安城周数据的嘉靖《陕西通志》在《陕西省城图》中注"城周四十里"。陕西都御史项忠作于成化元年（1465）的《新开通济渠记》亦载："（西安府）即宋之永兴军，其城围阔殆四十里许，军民杂处，日饱菽粟者亡虑亿万计。"[1] 雍正《陕西通志》载："洪武初，都督濮英增修，周四十里。"[2]乾隆《西安府志》载云："按西安省城，《通志》云周四十里，高三丈。以

---

[1] （明）项忠：《新开通济渠记》，碑存西安碑林。
[2] 雍正《陕西通志》卷十四《城池》，清文渊阁四库全书本。

今尺度之，周遭计长四千三百二丈，实二十三里九分。"① 顾炎武《肇域志》载陕西西安府"城周四十里，府志。自黄巢寇长安，焚毁宫室，韩建仍弃旧城，筑京兆府城，是为今城。张祉记云：周二十五里"。嘉庆十五年（1810）陶澍《蜀輶日记》载西安城"周围仅二十里"②。在清后期的官方档案中，亦载及基于实测的城周数据（不含四关城），即"西安省城周遭二十七里有零"③ "西安城垣周围二十七里三分"④ 等。民国《陕西交通挈要》则云"西安城周围约四十里"⑤。应当指出，"四十里"之说系指西安大城与东关城墙长度之和，"二十三里"为西安大城周长的约数。

城墙规模包括城周长度、城墙高厚等，是近代西方人在观察西安城时最易留下深刻印象的方面。被欧美、日本等国人士誉为"中国最宏伟的城市之一"⑥ 的西安城，"规模宏壮，街市填咽"⑦ "城墙高大，鼓楼雄壮"⑧，其中最重要的表征就是宏伟高大的城墙。

清至民国，往来陕西的西方游历者、考察者在看到雄壮宏伟的西安城墙时，莫不为之震撼，多将之与都城北京乃至西方大城市相比。1906 年，日本教习足立喜六初抵西安时，"在东关门前，换乘绮丽的马车，振作威仪入城。城墙之伟大，城门之宏壮与门内之热

① 乾隆《西安府志》卷九《建置志上·城池》，清乾隆刊本。

② （清）王锡祺：《小方壶斋舆地丛钞》第七帙，光绪十七年上海著易堂铅印本。

③ 西安将军库克吉泰：《奏为筹款兴修西安城墙卡房等工事》，同治六年九月十日，录副奏折，中国第一历史档案馆，03 - 4988 - 038。

④ 西安右翼副都统穆隆阿：《奏为接署西安将军印务阅操点验军器马匹事》，同治五年九月十七日，朱批奏折，中国第一历史档案馆，04 - 01 - 18 - 0046 - 049。

⑤ （民国）刘安国：《陕西交通挈要》第六章《重要都会》，中华书局 1928 年版，第30 页。

⑥ Harold Frank Wallace, *The Big Game of Central and Western China*, *Being an Account of a Journey from Shanghai to London Overland Across the Gobi Desert*, New York：Duffield and Company, 1913, pp. 31 - 33.

⑦ ［日］竹添井井著，冯岁平点校：《栈云峡雨稿》，三秦出版社 2006 年版，第 81 页。

⑧ ［日］东亚同文书院编：《虎穴竜頷·青海行》，东亚同文书院，大正十一年（1922），第 95 页。

闹，均可令人惊异"①。同时，欧美、日本等国人士对西安城墙关注的重点不同，在描述城周等数据时多采用本国使用的长度单位，例如英里、俄里、法里、町等。

清前期，罗马尼亚学者尼古拉·斯帕塔鲁·米列斯库（Nicolae Spataru Milescu）载西安城周"15 俄里"（约 16 公里），"十分壮观而坚固"②。法国传教士李明勘测了约"3 古法里"的西安城墙，称四个墙面"笔直"，"半干涸半盛水"的护城河景致美观，城墙宽且高，而城门与北京的相似，"非常宏伟"③。1901 年 10 月前后，英国军人马尼福尔德考察时则称西安"环绕四周的城墙长达 16 英里"④。在英国浸礼会医务传教士姜感思大夫看来，中国西安堪与北京、曼彻斯特等相提并论，"在中国历史上，西安作为帝国的都城，要比北京长久得多。西安城规模巨大，城墙周长有 15 英里，比曼彻斯特大得多"⑤。1907 年，丹麦探险家何乐模测量西安城墙"高约 35 英尺，而周长肯定至少长达 12 英里"⑥。同年，东亚同文书院豫秦鄂旅行班的学生在述及西安城周时载："城墙呈长方形，南北二十一町，东西三十一町。"⑦ 1910 年 3 月 8 日，《泰晤士报》援引 1 月 31 日记者从西安发出的报道："西安城墙周

---

① 〔日〕足立喜六：《长安史迹研究》，王双怀等译，三秦出版社 2003 年版，第 14 页。

② 〔罗〕尼古拉·斯帕塔鲁·米列斯库：《中国漫记》，蒋本良、柳凤运译，中国工人出版社 2000 年版，第 100 页。

③ 〔法〕李明：《中国近事报道》，郭强等译，大象出版社 2004 年版，第 91 页。

④ C. C. Manifold, *Recent Exploration and Economic Development in Central and Western China*, *The Geographical Journal*, Vol. 23, No. 3（Mar. , 1904），p. 305.

⑤ Richard Glover, *Herbert Stanley Jenkins*, *M. D.* , *F. R. C. S.* , *Medical Missionary*, *Shensi*, *China*：*With Some Notices of the Work of the Baptist Missionary Society in that Country*, London：Carey Press, 1914, pp. 32 – 33.

⑥ 〔丹〕何乐模：《我为景教碑在中国的历险》，史红帅译，上海科学技术文献出版社 2011 年版，第 59 页。

⑦ 〔日〕豫秦鄂旅行班：《豫秦鄂旅行班 第一卷 第一编 地理》，明治四十年（1907），日本外务省外交史料馆，B – 1 – 6 – 1 – 372，第 42 页。

长 12 英里，高大的城楼与北京的城楼一样壮丽，令人难忘。"[1]
1911 年，英国博物学家华莱士到访西安，亦载西安城墙"约 2.25
英里长，1.25 英里宽，箭楼保护良好，辉煌壮丽，北京之外没有其
他城市堪与比肩"[2]。

　　民国前期，虽然西安城整体发展落后迟滞，但城墙基本上延续
了原有的雄伟景象和宏大规模，这一时期抵达西安考察的西方人
（尤其是日本人）也对城墙规模留下深刻印象，如称之为"关中伟
观"[3]，"算得堂堂的大城墙"[4] 等。1914 年 4 月 4 日，《泰晤士报》
又载"西安的城墙比北京的更高大壮丽。周长 15 英里，没有一处
的高度小于 30 英尺。在某些地方，高达 70 英尺，每隔一段距离就
有巨大的带有射击孔的城楼，防御力量大为增强。城墙得到了很好
的维修"[5]。1915 年东亚同文书院第 13 期生在与其他古都和区域中
心城市比较后得出结论，"当今的西安府城是仅次于北京、南京的
'天下大城'之一，较四川省城成都更大"[6]。1922 年，该书院第
20 期生在此结论上更进一步，指出西安城"较四川成都城周还要
多六华里"[7]。

　　在多语种文献中，近代西方人对西安城墙规模的记述多不一
致，其间出入甚大，反映出不同国家、不同职业、不同学科背景的

① Across China and Turkestan, *The Times*, Mar. 7, 1910.

② Harold Frank Wallace, *The Big Game of Central and Western China*, *Being an Account of a Journey from Shanghai to London Overland Across the Gobi Desert*, New York: Duffield and Co., 1913, p. 40.

③ ［日］青岛守备军民政部铁道部：《调查资料》第九辑，大正七年（1918），第 148—150 页。

④ ［日］沪友会编：《上海东亚同文书院大旅行记录》，杨华等译，商务印书馆 2000 年版，第 305 页。

⑤ Advance of White Wolf. Ancient Capital of China Threatened, *The Times*, Apr. 4, 1914.

⑥ ［日］东亚同文会编：《支那省别全志》第七卷《陕西省》，东亚同文会，1917—1920 年，第 26 页。

⑦ ［日］东亚同文书院编：《金声玉振·長安の月を戀ひて》，东亚同文书院，大正十二年（1923），第 237 页。

西方人士在获取西安城墙规模相关信息时来源不一，而不尽一致的多种数据又通过著述、报道等种种渠道在西方世界流传，形成与实际状况之间的较大差异。以表1—1反映近代西方人对西安城墙周长数据的不同记述。

表1—1　　　　　　　近代西方人所记西安城周数据一览

序号	记载者	国别	年份	所记周长
1	韦廉臣（Alexander Williamson）	英国	1867	30 里①
2	贝尔（Mark S. Bell）	英国	1887	8—10 英里（约25—32 里）②
3	佛尔克（Alfred Forke）	德国	1892	40 里③
4	基尼（A. H. Keane）	英国	1896	24 英里（约77 里）④
5	何乐模	丹麦	1907	12 英里（约39 里）⑤
6	华莱士（Harold Frank Wallace）	英国	1911	约9.5 英里（约30 里）⑥
7	汤姆森（John Stuart Thomson）	美国	1913	24 英里（约77 里）⑦
8	东亚同文书院第13 期生	日本	1915	40 里⑧

① Alexander Williamson, *Journeys in North China, Manchuria, and Eastern Mongolia; With Some Account of Corea*, London: Smith, Elder & Co. , 1870, p. 379.

② Mark S. Bell, From Peking to Kashgar, *Journal of the American Geographical Society of New York*, Vol. 22（1890）, pp. 95 – 99.

③ Alfred Forke, *Von Peking nach Ch'ang-an und Lo-yang, eine Reise in den Provinzen Chihli, Shansi, Shensi und Honan*, Mittbeilungen des Seminars fur Orientaliscbe Spracben zu Berlin I（I）: 1 – 126, 1898, p. 68.

④ A. H. Keane, *Asia*, Vol. 1, *Northern and Eastern Asia*, London: Edward Stanford, 1896, p. 406.

⑤ ［丹］何乐模:《我为景教碑在中国的历险》，史红帅译，上海科学技术文献出版社2011年版，第59页。

⑥ Harold Frank Wallace, *The Big Game of Central and Western China, Being an Account of a Journey from Shanghai to London Overland Across the Gobi Desert*, New York: Duffield and Co. , 1913, p. 40.

⑦ John Stuart Thomson, *China ReVolutionized*, Indianapolis: Bobbs-Merrill Company, 1913, p. 433.

⑧ ［日］东亚同文会编:《支那省别全志》第七卷《陕西省》，东亚同文会，1917—1920年，第27页。

续表

序号	记载者	国别	年份	所记周长
9	高野龟之助	日本	1916	25 里①
10	松本文三郎	日本	1918	24 里②
11	东亚同文书院第 20 期生	日本	1922	40 里③
12	《昭和十年度北支旅行报告》	日本	1935	24—25 里④
13	《支那事変戦跡の栞》	日本	1938	30 里⑤
14	《新修支那省别全志》第 6 卷《陕西省》	日本	1941	40 里⑥

西方人所记清末民国西安城周数据主要来源于地方文献、对时人的访谈以及个人的踏勘估测，相互并不一致。应当指出，表1—1中的城周数据仅指西安大城周长，而未包括四关城。数据大致可分两类，一是25—39里，另一是77里。前者多为作者亲历西安城的考察数据，后者则由于文献作者误以西安城为正方形，遂有西安城"方形城区每边长达6英里"的记述⑦，由此得到的城周规模就远大于实际长度。

民国前期，部分西方学者参考地方志数据，对西安城周规模有了更为准确的认识。1918 年 9 月 14 日，日本佛教学者松本文三郎

---

① ［日］大道寺彻：《陕西省、甘肃省地方旅行报告书》，大正六年（1917），日本外务省外交史料馆，1-7-3-025，第652页。

② ［日］松元文三郎：《支那佛教遗物》，大镫阁，大正八年（1919），第67页。

③ ［日］东亚同文书院编：《金声玉振·長安の月を戀ひて》，东亚同文书院，大正十二年（1923），第237页。

④ ［日］结城令闻等：《昭和十年度北支旅行报告》，载《东方学报》第六册，别篇，东方文化学院东京研究所，昭和十一年（1936），第45页。

⑤ ［日］陆军画报社编：《支那事変戦跡の栞》下卷，日本陆军恤兵部，1938 年。

⑥ ［日］支那省别全志刊行会编：《新修支那省别全志》第六卷《陕西省》，东亚同文会，1941—1946 年，第303页。

⑦ A. H. Keane, *Asia*, Vol. 1, *Northern and Eastern Asia*, London: Edward Stanford, 1896, p. 406; John Stuart Thomson, *China Revolutionized*, Indianapolis: Bobbs-Merrill Company, 1913, p. 433.

抵达西安考察，即载西安城"号称周回二十四里"①。大致同一时期的日文文献亦称西安"周围环绕城墙二十余里，外侧包砖，内侧夯土"②。1935年9月23日，日本佛教学者结城令闻等人在西安拜访了陕西省通志局的陈子怡先生，请教了有关古长安与民国西安城之间的关系等问题，便明确了"现在的长安与古代长安相比，规模显著缩小"，"其城墙东西7里，南北5里，周围24—25里"③。显然这一认识已经接近于西安大城墙（不含四关城墙）的实测数据。

除了西安城周数据之外，近代西方人尤其是日本学者对城墙的高厚多有关注，松本文三郎即载"（西安）城墙环绕，高三丈四尺，底部厚六丈，顶部厚三丈八尺"④。其他相关记述如"高三丈余，厚四丈"⑤"高三丈四尺，厚三丈八尺乃至六丈"⑥"城高三丈四尺，底厚六丈，顶厚三丈"⑦ 等似乎均参考了西安传统方志的说法，大体一致。

据考古实测数据，西安城垣周长13912米，平面呈东西向长方形。⑧ 可见，有些西方游历者所记数字与实测数据相当接近。笔者依据1936年陕西省陆地测量局所绘《陕西省城图》初步量算，⑨ 西

① ［日］松元文三郎：《支那佛教遗物》，大镫阁，大正八年（1919），第67页。

② ［日］日本青年教育会编：《世界一周》第四三《洛阳长安の旅》，日本青年教育会，大正七年（1918）。

③ ［日］结城令闻等：《昭和十年度北支旅行报告》，载《东方学报》第六册，别篇，东方文化学院东京研究所，昭和十一年（1936），第132页。

④ ［日］松元文三郎：《支那佛教遗物》，大镫阁，大正八年（1919），第67页。

⑤ ［日］日本青年教育会编：《世界一周》第四三《洛阳长安の旅》，日本青年教育会，大正七年（1918），第256页。

⑥ ［日］川田铁弥：《支那风韵记》，大仓书店，大正元年（1912），第44—46页。

⑦ ［日］结城令闻等：《昭和十年度北支旅行报告》，载《东方学报》第六册，别篇，东方文化学院东京研究所，昭和十一年（1936），第132页。

⑧ 西安市地方志馆、西安市档案局编：《西安通览》，陕西人民出版社1993年版，第191页。

⑨ 陕西省陆地测量局：《陕西省城图》（1∶10000），民国二十五年（1936）三月，彩色，中国国家图书馆藏。

安东关城墙长约 7.5 里，西关 4.3 里，南关 3 里，北关 3.5 里。四关城墙总长 18.3 里，大城以 28 里计，则清代西安城周 46 里左右。明清史志所载西安城"周四十里"，虽然未必精确，但与实际情形略相吻合。

2. 明清西安"城周四十里"考释

清乾隆时曾对西安大城进行过实测，乾隆《西安府志》载："按西安省城，《通志》云周四十里，高三丈。以今尺度之，周遭计长四千三百二丈，实二十三里九分。"[①] 虽然明尺与清尺有微小差异，但明代所载"城周四十里"与清代及近年实测结果相差较大，自清代以来不断有研究者试图给予合理解释，然众说纷纭，莫衷一是。

民国《咸宁长安两县续志》引光绪十九年（1893）《陕西舆图馆测绘图说》之实测数据"城周四千三百九十丈，为二十四里三分零。……又满城周二千六百三十丈，为十四里六分零"[②]，并据此释云："按城制周四十里，各记载皆同，舆图馆所谓实测为二十四里三分零者，盖就两县辖境而言，加以所测满城十四里六分零，则仍与四十里之说相差无几，言四十者举大数也。"[③] 这种解释虽然在数字上与"四十里"略合，然未察满城乃清初所筑，以此解释明代已出现之"城周四十里说"无异于缘木求鱼，不堪一驳。

当前有研究者在解释"城周四十里"说时，认为"明初扩建西安城，先筑秦王府，接着修拱卫王城的大城圈，王城（今称新城）与今所指的西安城墙是一个整体，周长 40 里说，是指二者周长之和。然二者之和亦不足 40 里，盖超过 30 里即称 40 里"[④]。

实际上，秦王府城与西安城的扩筑基本上是同时进行的，并无明显的先后之分。虽然二者构成了城中之城的防御体系，具有一体

---

① 乾隆《西安府志》卷九《建置志上·城池》，清乾隆刊本。
② 民国《咸宁长安两县续志》卷四《地理考上》，民国二十五年（1936）铅印本。
③ 同上。
④ 吴永江：《关于西安城墙某些数据的考释》，《文博》1986 年第 6 期，第 88—89 页。

性，但二者的功能还是大有区别。王城环护秦王府，同时隔开城区其他部分，使秦王府自成一体，而西安大城则起到保卫阖城官民的作用。相对于西安大城来说，秦王府城仅是城内一处重要建筑物，它并不能同大城一起发挥保卫全城官民的作用，因此"城周四十里"不应是二者周长的简单相加。可见，这一说法之误仍同前揭《咸宁长安两县续志》之误，即数字虽然略合，但结合历史实际考虑，显然缺乏合理性。

　　"城周四十里说"之成因，需从明人记述中寻找答案。

　　首先，从前述清乾隆、光绪两次实测数据分析，可以肯定"四十里"不是西安大城之周长。其实明人早对扩筑后的西安大城周长进行过实测，据曾任陕西布政使的曹金记隆庆二年（1568）以砖甃城事云，"（西安城）周二十三里，崇三丈四尺"①。可以看出，虽然这一数据与乾隆及光绪实测数据有所出入，但均大体反映了西安大城之周长。曹金更进一步记述了隆庆二年对西安大城除东南隅（即南门至东门之间的城墙）以外部分的测量结果："周环咨度，丈凡三千六百八十有奇。"② 而据嘉庆《咸宁县志》载清乾隆三十九年（1774）陕西巡抚毕沅修城事云："南门至（城）东南角七百三十四丈五尺，……东南角至东门二百五十丈"③，则南门至东门的城墙长约 984 丈。明尺与清尺虽有细小差别，但基本上一致，因此可视此 984 丈即明代之 980 余丈，与 3680 丈相加，可得 4660 丈。按清制以 180 丈为一里，又近人吴承洛在所著《中国度量衡史》中考证明尺略小于清尺。④ 因此可知明代所测西安大城周长约 25 里，

---

　　① 康熙《咸宁县志》卷二《建置·城池》，清康熙刊本。
　　② 同上。
　　③ 嘉庆《咸宁县志》卷十《地理》，民国二十五年（1936）重印本。
　　④ 郑天挺、谭其骧等编《中国历史大辞典》（上海辞书出版社 2000 年版）及沈起炜等编《中学教学全书·历史卷》（上海教育出版社 1996 年版）载明营造尺为 31.8 厘米，明里为 572.4 米，清尺为 32 厘米，清里为 576 米。由此推算明清 1 里约为 180 丈。

这与前述曹金所记 23 里约略相当。

其次，所谓"城周"当然应是指圈围城区的城墙总长度。咸宁、长安两县辖境的城区部分在明代嘉靖年间就已经包括大城墙和东关城墙，二者是完整的一体，虽然在城墙形制上可能还有所区别，但所圈围的地区均属城区，因此明人在测算"城周"时毫无疑问是将大城城墙和东关城墙合并计算的。

从嘉靖、万历《陕西通志》省城图及相关记载看，东关城的形成可追溯到明洪武年间拓展大城之际。当时不仅修建了大城和秦王府城城墙，也当修建了东关城，这从增修工程完毕的次年开浚龙首渠的记载中可觅得线索。东关城的兴建使位于城东半部新城区秦王府城的防卫更为巩固。龙首渠自城东引浐水入城，在可利用宋元旧渠故道的便利之外，也应是为了兼顾东关城的用水。

嘉靖、万历《陕西通志》所附《陕西省城图》均以东关（东郭新城）为西安的重要组成部分。明人王用宾记嘉靖五年（1526）修城事云："明太祖肇基洪武，疆理天下，命都督濮英增修之，广袤四十里。"[1] 项忠《新开通济渠记》亦载西安"城围阔殆四十里许"，从"广袤""围阔"等语辞推断，"四十里"必然是将东关城包括在内。从性质、功用上分析，东关城与西安大城为真正意义上的防御整体，二者互相依恃，共同防御外来侵扰，因而将东关城之周长计入西安城周长中符合情理。

据 1936 年陕西省测量局实测《陕西省城图》（一万分之一尺）量算，可知东关城墙长约 7.5 里，若与明人曹金所记西安大城周长 23 里相加，约 31 里；若与后世实测大城周长约 28 里相加，则约 36 里，两者均超过 30 里，接近 40 里之数，这当是明代方志称西安"城周四十里"的来由。明清西安"城周四十里"的庞大规模为城

---

① （清）王用宾：《重建城楼记》，康熙《咸宁县志》卷八《艺文》，清康熙刊本。

市内部功能区的发展提供了充裕的空间，也为西北重镇城市地位的
确立奠定了空间基础。

第二节　明代嘉靖五年西安城墙修筑工程

　　城垣、城壕不仅是城市防御体系中最为重要的组成部分，也
是城市景观中十分引人瞩目的构景要素。城垣在建成之后，由于
长期风雨侵凌、地震灾害和战火毁坏等自然与人为因素，造成墙
土剥蚀、城砖跌落、城楼卡房等倾圮毁损，因而亦需要经常进行
维护、修缮乃至重建，藉以维系城高池深、金城汤池的城市景
观，保持和增强城市的整体防御能力。从这一角度而言，城垣维
修活动在城市的延续发展过程中起到了重要作用，是城市生命力
得以长久延续的重要途径。同时，城垣维修工程（即"城工"）
作为区域城乡建设中最重要的工程类型之一，往往与城乡社会各
个阶层之间发生紧密联系，也反映出不同历史阶段区域社会经济
的发展状况和水平。

　　西安城垣自明代初年奠定基本规模和面貌之后，在明清时期也
经历了多次维修，其中不乏耗资巨大、持续时间长的重大工程。有
明一代，先是洪武年间都督濮英主持城垣扩展工程，在城墙上"设
麗楼九十八所，环堵崇墉之制始肃"，随后地方官府在正统五年
（1440）、嘉靖五年（1526）、隆庆二年（1568）也相继对城垣进行
过较大规模的修缮。虽然清人赵希璜对明代西安城垣维修工程的规
模和内容用"稍稍补缀之"① 形容，但实际上历次城工均耗费了大
量人力、物力和财力，尤其是嘉靖五年陕西巡抚王荩重修城楼、隆
庆二年陕西巡抚张祉为城墙外侧"甃砖"两次城工特别值得关注。

---

① （清）赵希璜：《研枢斋文集》卷一《重修西安府城记》，嘉庆四年安阳县署刻本。

有赖于"少保"王用宾和陕西布政使曹金的记述，我们能够对嘉靖、隆庆年间的两次城工有更多的认识。

一 城工缘起

嘉靖五年，西安城垣之所以开展大规模的维修工程，主要是由于自明初洪武年间都督濮英增修之后，在此后长达约 170 年的时间内，由于"风雨震凌，鸟鼠巢穴"，城墙"木斯隳焉，石斯圮焉"。从王用宾所撰《重修城楼记》的表述分析可知，在明代前中期造成西安城墙主体与附属建筑体系破损颓毁的主要因素是自然原因，长期的风吹雨淋、频繁且严重的地震灾害造成了城墙、城楼、卡房等处墙土、梁柱、砖瓦的剥落、坍塌、破损，而由于大量飞鸟、老鼠等在墙缝、屋檐、墙体、马面等处筑窝、打洞，也在一定程度上影响到城墙建筑体系的稳固和观瞻。

具体而言，风吹雨淋作为气候因素，对于庞大的城墙建筑体系虽在短期内影响细微，但经年累月之下，尤其是在明代初期至嘉靖五年维修之际，西安城墙一直是由夯土筑就城墙本体，素有"土城"① 之称。夯土城墙虽然也堪称坚固，但耐久性远逊砖城，土墙难以抵御长期的风吹雨淋，墙体剥落、坍陷等问题逐渐出现，并随岁月流转而日益严重，久而久之，会引发墙顶的崩陷、墙体的大段坍塌。

在风雨等气候要素之外，飞鸟、老鼠、白蚁乃至于虫菌等生物要素也是引起夯土城墙、城楼、卡房等建筑破损、外观黯然的重要原因。城墙的裂缝、城楼的飞宇、翘角、斗拱等都是鸟类（如麻雀、燕子）等喜于栖身筑窝的地方，鸟粪的长期积累会对木构建筑形成腐蚀。已有学者指出，鸟类经常栖息会造成斗拱的损毁。古建

---

① 康熙《咸宁县志》卷二《建置》，清康熙刊本。

筑檐下斗拱处是麻雀、沙燕、鸽子等鸟类经常栖息、筑巢的地方，鸟食、鸟粪自然少不了"滋润"平板枋和斗拱构件，年深日久便会滋生大量细菌，从而破坏木材结构，影响木材强度，最终导致斗拱等木构件腐朽、损毁。①

而城身、城根、护城河岸等处平日往来人迹稀少，鼠类多择其地掘洞栖藏，对夯土城墙、城壕的稳固性也构成潜在的威胁。虽然飞鸟、老鼠、虫菌等相对于庞大的城墙防御体系而言，看似微不足道，但其数量极多，在长期的活动过程中不可避免地对城池的安全、样貌构成负面影响。一旦气候因素和生物因素结合起来，其破坏力就更为巨大。例如，雨水会随着墙面、墙根的鼠洞灌入墙身，引发墙体坍陷。

由于自然原因造成的城墙上述问题的出现，严重影响到城墙的坚固程度，进而使城市防御体系的严密性和安全性大为降低，"守国保民，防御弗称"②；同时，由于风雨剥蚀、鸟鼠侵凌以及地震灾害等的影响，作为明代西安最为重要的城市景观，颓毁、破损的城墙也极不美观，无疑会令西安民众与外地往来人士对城墙雄伟壮阔的印象大打折扣。

嘉靖三年（1524）冬，王荩出任陕西巡抚之初，即有下级官员向其禀报西安城墙圮坏、长期失修的情况。由于刚刚出任新职，王荩对陕西的各方面情况尚未了然于胸，因而决定将维修西安城墙的"板筑之役"延后进行。首先采取了严肃政纪、整顿吏治的措施，对官场、军队的陋习和腐败现象等进行整治，并且察核西安等地民间疾苦，兴利除弊，所谓"乃皇皇然立政陈纪，正诸吏习，儆诸军实，酌诸民之利病而兴革焉"，即言此。明确制度、严厉执行、为

---

① 张志伟：《浅析古建筑中斗拱损毁的原因与维修》，《古建园林技术》2010 年第 2 期，第 17—18 页。

② （明）王用宾：《重建城楼记》，康熙《咸宁县志》卷八《艺文》，清康熙刊本。

民造福等做法一方面在很大程度上改变了官场、军队的弊病，有益于吏治清明，提升了军队战斗力，另一方面又凝聚了城乡民心，藉以赢得社会大众的广泛拥戴，这些措施对于此后顺利开展大规模的城墙维修工程奠定了良好基础。

嘉靖四年（1525），在此前"铺垫性"的整顿吏治、严明军纪、为民兴利等举措之下，城乡社会秩序井然，官民心意相通，"百度咸秩，众志用熙"，因而开展大规模城工的各项条件基本具备。陕西巡抚王荩指出："城郭沟池以为固，亦国之所重也，顾弊弊若斯乎哉？"认为城池作为城防最重要的基础，属"国之所重"，不能再任由城墙衰颓而不维护。于是下令陕西西安各级官府与驻地卫所军队相互协同，"周视慎度，聿兴厥工"。在王荩的领导下，参与前期筹划城墙维修工程的官员众多，涉及陕西巡按御史、布政使、按察使、都指挥使、西安知府等军、地两大系统，包括时任陕西巡按御史郭登庸、王鼎，陕西布政司布政使宋冕、孙慎，参政杨叔通，参议孟洋，按察司按察使唐泽，副使张宏、江玠，佥事姚文清、王钧、刘雍，都指挥周伦、张镐、赖铭，西安府知府赵伸等①。各级官员集思广益，能更为周全地考虑城工的大小事项，其中不乏具备丰富城乡建设经验者。虽然从已有史料中难以洞察工程的具体规模，但从这一份官员名单就可看出，陕西地方官府对于此次"城工"极为重视，主要由省一级官员协商统筹，西安知府很有可能是基于"地利之便"而负责督理整个工程，可以进而推测的是，咸宁、长安两县作为管辖城区的最低一级行政区，其各自知县无疑负责更为具体的维修监督和指导事务。

作为省级建设工程，在嘉靖五年西安城墙维修过程中，既有各级地方官府参与，也有驻军协同，这与明代西安护城河等大型工程

---

① （明）王用宾：《重建城楼记》，康熙《咸宁县志》卷八《艺文》，清康熙刊本。

建设中军民协作分工的情况一致。动用驻军参加城墙维修、疏浚城壕工程，有助于减少招募雇用民夫，"于民为弗病"，使得城工对民众的负面影响大为减小。

二　施工过程

在近六个月的施工过程中，督工者和建设者始终以"缘旧增新，仍坚易腐"① 为基本原则，前者当是指砖、石建筑而言，后者则主要针对木构建筑和部件。这一施工做法的优点在于，一方面依据城垣及其砖、石、木质附属建筑破损的实际状况采取"补修"的方式，从而大幅节约经费开支；另一方面能够更好地承袭和保持城墙原本的建筑工艺和原有风貌，而不是大拆大建，以至于在重修过程中破坏了原本的建筑格局。这一原则在后来的西安城墙维修工程中均加以采用，由此较好地保存了城墙本体与附属建筑的风貌得以一脉相承。

在此次城墙维修工程中，官府与民众的协作关系主要体现在"财出于官，力用于民"② 的统筹安排方面，维修所需的大额经费由官府划拨，负责具体施工的大量工匠与民夫则从民间招募、雇用。从资金的流动角度分析，维修工程经费主要用于购买工具与物料、支付运输脚价、采买工粮、支付工匠与民夫的劳酬。就此而言，官府的大量修城资金会在此过程中支付给"间接"参与修城的制售建筑工具、提供建筑物料、工粮的匠人、商贩、运输业者、农民，以及"直接"参与建设活动的工匠与民夫，实际上完成了一次"官府公帑"向"个人劳酬"的转移，由此使得大量资金进入区域城乡社会流通领域，在一定程度上促进了手工业、商业、农业等的发展，也增加了民众收入。大型工程建设对区域社会经济的促进、

---

① （明）王用宾：《重建城楼记》，康熙《咸宁县志》卷八《艺文》，清康熙刊本。
② 同上。

刺激之功由此得以凸显，特别是在灾荒年份开展的"以工代赈"建修工程。

在施工过程中，陕西巡抚王荩与各级官员分工合作、各司其职，在督工监理、划分工程量等方面采取了"分阅其功，均在其劳"① 的做法，不仅明确相应官员的职责，由其分别办理，相互协作，监理工程质量，而且为参加施工的建设者（包括民众和军队）划分相应的工段，使其工程量较为均等，不致畸轻畸重。这一做法合理利用了人力，在一定程度上减轻了督工官员、维修匠夫的压力，有助于在较短时间内高效地完成维修任务。

此次"城工"始于嘉靖五年（1526）正月二十日，至六月十五日竣工，② 前后历时近 6 个月。从维修工程的时段来看，兴工时间选择在初春回暖、大地解冻之际，也是农历年后的农闲时节，既有利于砌筑土石工程，又不妨碍工匠民夫的农活。至夏初竣工，对参与维修工程的农民返乡夏收和秋种的影响也减到最低限度。由此不难看出，工期起始时间的选择与工期的长短，也应处于陕西巡抚王荩及各级官员的统筹之中。

三 工程特点

此次城工结束后，王用宾撰《重建城楼记》载其过程，以资后世备览。作为时任官员之一，他的认识与评价充分反映出嘉靖五年城工的鲜明特征。

王用宾指出，各地的城建工程与施政者的勤惰大有关联，分成鲜明的两类："夫天下之政，锐者喜作，喜作则烦，故有新作南门、雉门者矣；怠者裕蛊，裕蛊则废，故有世室居坏，视而弗葺者矣。"他认为无论是"锐者"，还是"怠者"，都有其弊端，"二者皆非

---

① （明）王用宾：《重建城楼记》，康熙《咸宁县志》卷八《艺文》，清康熙刊本。
② 同上。

也"。相较之下，嘉靖五年城工与这两类官员主持开展的建设活动迥然不同。

首先，此次城工在动用人力方面，以"择可劳焉，与众相宜"为标准，招募、雇用工匠与民夫均尽量避免扰及民众的正常生活与生产，以获得较为广泛的支持；同时，为维修工程制定的相关规章、要求等简洁明了，"规程省约"，在实施时容易操作。此次维修工程不仅采取了"补修"的做法，也对可能出现的潜在问题予以解决，"及时举坠，先事防虞"①，由此可以避免城墙较长段落的坍陷等严重问题发生。维修规章和要求不烦琐，对当时存在的问题以及隐患进行处理和消除，也就能在较长一段时间内使城墙面貌和景观得以良好保持。

其次，虽然此次工程量较大，但能够在短短 6 个月内顺利竣工，就是由于前期筹划周密细致，经费开支精打细算，以"省约"为度，动用工匠、民夫数量众多且效率较高，有"绩宏而令密，工繁而用俭，力众而效速"之称。正是由于这些综合因素，城工经费得以节省，也获得了民众的支持，堪称一次"于财为弗伤，于民为弗病"②的典范城建工程。

从嘉靖五年的城垣维修工程过程来看，大规模的城工是一次需要地方官府、驻军、城乡民众共同参与的建设活动，既需要具有远见卓识的主政官员动议，也需要其与各级官员之间相互分工、协调建设过程，还需要充裕的经费、物料和人力支撑。在人力方面，由于城垣工程的复杂性，既需要从事搬运物料、协助建筑的普通"民夫"，也需要懂得较为繁杂工艺、技术的"工匠"。只有在决策者、筹划者、督工者、建设者之间紧密配合，相互协作，辅之以物料的采买、运输、施工过程中工匠的精益求精、监工者与验收者的一丝

---

① （明）王用宾：《重建城楼记》，康熙《咸宁县志》卷八《艺文》，清康熙刊本。
② 同上。

不苟，方能顺利完成庞大而复杂的"城工"。

第三节 明代隆庆二年至三年西安城墙大修工程

在嘉靖五年（1526）维修城工之后，时隔42年，西安城又于隆庆二年（1568）迎来了一次里程碑式的建修工程。嘉靖五年城工由于原始文献记载简略，难以一窥城工细节，对具体建设过程无从得见其详，只能从地方志收录的《重修城楼记》总结其概要过程和特征。相较而言，关于隆庆初年城工，同样是见载于康熙《咸宁县志》，记述却较为详细，留下了诸多"数据化"信息。

就维修工程的具体内容和涉及面来看，嘉靖五年城工的建设重点是"重修城楼"，而隆庆初年城工则是一次涉及城墙与护城河的系统性维修工程，无论是在动用人力，还是在耗费物力与财力等方面，以及对城墙防御体系坚固程度的提升方面，均超过了嘉靖五年城工。

一 城工缘起

康熙《咸宁县志》卷二《建置》载："隆庆间都御使张祉以土城年远颓圮，甃砌以砖，濬其壕。"由此可知这是一次综合性的城池整修工程，不仅为城墙外侧和城顶砌砖包护，而且疏浚了城壕，对于城防体系的强化起到了至关重要的作用。

此次城工缘起与嘉靖五年大致相同，主要是由于"周二十三里，崇三丈四尺"的西安城墙作为"土城"，无法避免风雨、鸟鼠等自然因素的破坏，以至于出现"历年滋久，摧剥渐极"的状况，加之以"频岁地震，楼宇台隍颓欹殆尽"，较为频繁的地震更加剧了城墙、城河的破损，这种情形不能不引起作为"保治之责者"① 的地方主政官员们的高度关注。

在嘉靖五年重建城楼之后，西安城墙虽然一如往昔地受到风吹雨淋、鸟鼠侵扰等自然因素的负面影响，但影响更为显著的因素则是关中及其周边地区频发的地震灾害。相较而言，风雨、鸟鼠等自然因素属于长期性、渐进性的影响力量，虽然一时一地看上去力度不大，但久而久之负面影响则会日益凸显；地震则属于短时性、突发性的影响因素，虽然平时无事时对城墙并无影响，但一旦爆发，破坏力巨大，造成城垣坍陷、城楼塌毁等严重后果。

"自古地震，关中居多。"② 嘉靖五年城工完竣后，仅隔 29 年，关中地区即于嘉靖三十四年（1555）十二月十二日夜发生大地震，被称为"盖近古以来书传所记未有之变也"。秦可大在《地震记》中以细腻笔触载及此次震情："是夜，予自梦中摇撼惊醒，身反覆不能贴褥，闻近榻器具若人推堕，屋瓦暴响，有万马奔腾之状。……比明，见地裂横竖如画，人家房屋大半倾坏。其墙壁有直立者，亦十中之一二耳。人往来哭泣，慌忙奔走，如失穴之蜂蚁。"③ 足见这次地震对于建筑的破坏之大，以及对民众造成的恐慌之深。

这次地震震中位于潼关、华州一带，"自潼关蒲坂奋暴突撞，如波浪愤沸，四面溃散，故各以方向漫缓，而故受祸亦差异焉"。关中各府州县在地震中死亡人数众多，"受祸大数，潼蒲之死者什七，同华之死者什六，渭南之死者什五，临潼之死者什四，省城之死者什三，而其他州县则以地之所剥，别近远，分浅深矣"。从省城西安的死难者人数比例就可以看出，这场地震对于西安城乡地区的影响也十分巨大。毫无疑问，由于地震发生于深夜，死难者大多

---

① 康熙《咸宁县志》卷二《建置》，清康熙刊本。
② 康熙《咸宁县志》卷八《艺文》，清康熙刊本。
③ 同上。

是墙倒屋塌造成的，这种烈度的地震势必对环绕省城的城墙、城楼等也造成了极大破坏。此次地震后的次年，即嘉靖三十五年（1556），与关中相距不远的固原也发生了大地震，"其祸亦甚"①。

二 工程进展

关于此次城工的兴工、竣工时间，康熙《咸宁县志》记载为"隆庆间"，而未明言隆庆二年，就是由于记载此次工程经过的原始文献，即陕西布政使曹金的"记文"是在工程进行期间撰述的，尚无法预知确切的竣工时间。不过，从曹金的记述来看，此次工程至少分为三个阶段进行：第一阶段为东南隅样板工程；第二阶段为东北隅工程；第三阶段为西北、西南隅工程。曹金记述的正是第一阶段、第二阶段工程。即便如此，在这份殊为珍贵的记述中，包含的城工信息十分丰富，值得深入分析。

隆庆元年（1567），逢新皇登基，对中央朝廷和地方官府而言均堪谓"图治之始"，是开创国家与社会新局面的良好契机，"尤宜急补蔽捄漏"。朝廷"为思患豫防"，决定大力维修各省会、州县城池，"缮修城堞"成为"天下诸省会郡邑"的重要任务之一。西安作为陕西省会，国防地位十分重要，所谓"东接晋壤，西北塞垣"，处于山西与西北长城之间，而且所处关中地区自然环境优越，有"沃野千里"之称。曹金由此评价西安的重要区位称："所谓要害，孰有急于此哉？"认为西安城墙维修确实应尽快开展。但是由于此次工程"工费繁巨"，开支巨大，加之正处于"灾沴靡敝之余"，因而主管城工的官员"计无所措"，只能暂时搁置。

隆庆元年（1567）冬，张祉奉旨出任陕西巡抚。与嘉靖五年城工之前陕西巡抚王荩相似，张祉在大规模开展城工之前，也采取了

"饬纲维，厘奸诡，肃武备，罢远戍，均田粮，修水利，平剧盗，疏泉渠，议赈贷，缩财用"等一系列重要举措，在政治、军事、经济、治安等多个领域开展革新。第一，城乡社会的正常运作有赖于各项制度、规章的确立以及严格实施，因而张祉重新申饬各项政令纲纪，严令官民遵守；第二，在社会治安方面，惩处城乡地区作奸犯科者，铲除恶名远扬的盗匪；第三，在军事领域，加强军队建设，提高其战斗力，停止向边远地区派遣驻军；第四，在农业领域，不仅推进田赋改革，而且修治水利基础设施，疏浚泉水、引水渠等水系，改善水环境景观；第五，在财政、商贸方面，商讨开展赈济与借贷，节约各方面开支。在上述革新过程中，陕西巡抚张祉"约己率下"，带头垂范，"殚厥心力"，因而能够获得官民的普遍支持，为大规模城工的开展奠定了良好的人力、民心与舆论基础。

从整体上看，隆庆二年城工分为至少三大阶段。

第一阶段

在各项革新措施相继开展并完成之际，城池维修工程也进入了第一阶段。在张祉的指导下，"其楼宇台隍之倾者树，欹者正，塞者濬，植柳种荷，亦既改观矣"。即先是对坍陷、倒塌、歪斜的城墙、城楼等进行有针对性的修缮；同时，对护城河中阻塞、淤积之处进行疏浚、淘挖，在城壕边栽种柳树，在城河中种植莲花。经过初步修缮、疏浚，城墙、城楼、城河面貌焕然一新，尤其是护城河的景致变化最大，在城壕两岸栽种柳树，又在城河中种植莲花，形成"岸上柳"与"水中莲"交相辉映、相得益彰的美丽景象，此后护城河就成为"垂柳"与"浮莲"共同构成的城市绿带。一方面，城墙、城楼由修缮之前的坍陷、歪斜的面貌变成宏伟、严整的金城汤池景象，西安城墙的防御功能得到恢复和提升；另一方面，护城河在疏浚基础上，又由官府植柳种莲，予以环境建设和美化，则彰显了西安护城河在雄浑之外秀美的一面，也反映出护城河不仅是作为城防体系的组成部分之一，而且成为西安城市水环境景观的重要构件。

值得指出的是，早在成化初年开凿通济渠引水入城以及灌注护城河时，即已开展过在护城河岸栽种柳树、在护城河中种莲养鱼等环境治理、美化措施，而且在弘治年间西安的"城中之城"——秦王府城两重城垣之间的护城河也进行过大规模种植莲花、美化环境的建设活动。可以推测的是，成化、弘治时期的护城河环境建设史实对隆庆二年城工第一阶段有一定的影响。

虽然前述原始文献记述仅寥寥数语，但反映出在维修城墙、城楼、疏浚护城河、栽柳种莲的过程中，也需要动用大量的人力、财力和物力，并且分为土建工程与绿化工程两大部分。修缮城墙、城楼，疏浚城壕等需要大量工匠和民夫，而种植柳树、栽种莲花则需要具有绿化特长的人员来指导和实施。从明代前中期西安开渠引水、疏浚城壕等工程事件来看，护城河在一定程度上是城乡水系的组成部分，其沿岸栽植柳树的做法，与通济渠在城外渠道两岸栽种柳树的做法一致，对于加固城壕土岸、减少壕岸坡地水土流失和坍陷具有积极作用；同时，种植莲花在美化景观之外，有助于增加护城河水活力，减少污臭气味。

第二阶段

在完成第一阶段对西安城墙、城楼、护城河的维修与环境建设之后，此次西安城工即进入第二阶段，重点在于将原本的"土城"重修为"砖城"。由于西安大城周长将近28里，因而工程较第一阶段更为浩大。

陕西巡抚张祉认为，由于西安城墙为"土垣"，因而难以抵御风雨、鸟鼠、地震等诸多因素的影响，决议为城墙砌砖，使之改为"外砖内土"的"砖城"，增强防护能力，也能持续久远。在此指导思想下，张祉下令砍伐大量"早河柳"作为燃料，由陕西按察司拨付给烧造砖瓦等建材的官员与工匠，以便烧制此次甃砌城墙所需的大量城砖。需要指出的是，陕西布政使曹金在其记文中所载的"早河柳"，遍检史籍，难详其意。而揆诸西安周边河流植被状况，此处应当是指"皂河柳"，即皂河河岸两侧种植的大量柳树。"早"与"皂"同音，且字形有相近之处，曹金原意应当是指"皂河柳"。之所以致误，当属刊刻者之偏差。

皂河位于西安城西，离城较近，采伐其两岸柳树作为烧砖燃料，能够大幅度节约交通运输等开支。就当时的实际情况而言，西安城四郊之地基本上都已垦作农田，难得一见大面积的林木，而皂河河身较长，沿岸河柳数量庞大，若进行适度的"间伐"，或者采伐树枝而非主干，不进行"根株净尽"式的滥伐，则不仅能够为烧砖提供大量燃料，而且也不会对皂河沿岸植被和绿化景观造成根本性的破坏。早在成化初年西安城西通济渠开凿引水之初，地方官府就在陕西巡抚项忠、西安知府余子俊等指导下，在通济渠沿岸（包括护城河）种植了大量柳树，而通济渠是引潏河、皂河水入城的，因而皂河两岸种植柳树也符合当时在河渠沿岸种树固岸的一贯做法。若以成化初年在皂河两岸栽种柳树算起，至隆庆二年时，这些柳树已经生长逾百年之久，堪称枝繁叶茂的大树，即便是采伐大量树枝，不伤及主干，也足可为烧砖提供大量燃料。

就烧砖的工艺而言，燃料是关键，原料土则是基础。西安地处黄土高原南缘的关中平原，城郊土壤也适合烧制砖瓦，因而在这方面并不会开支太大。虽然曹金记文也未明载烧砖的地点，但考虑到燃料来自近郊，砖窑应当也不会距城太远，这样均能节约大量运输费用。

曹金作为时任陕西按察使，从陕西巡抚张祉处领命之后，便指示咸宁县主簿李中节、长安县主簿董宜强等官员"监造"烧砖。先

后新烧城砖逾 48 万块。与此同时，又对西安城中龙首渠、通济渠
的废旧渠道进行疏浚，获得"废渠砖"10 万块。总计为此次城工备
砖超过 58 万块，在前期砖料准备妥当之后，"方图肇工"，可见砖
料是此次改"土城"为"砖城"的核心工料。从乾隆后期陕西巡
抚毕沅指导的维修工程所需砖块数量来看，58 万块砖很有可能只
是此次城工所需城砖的一部分。曹金的记文并未提及城工后期的情
况，因而实际所用城砖数量更大。曹金在记文中也未提及城砖尺
寸，但新烧造的城砖无疑为此后明清时期西安城墙所用城砖奠定了
基本规制。一般城工中所用城砖尺寸应当统一，否则不利于砌筑。
从此次城工大量使用"废渠砖"的情况似可推测，新烧城砖尺寸与
原来砌造引水渠道的城砖尺寸一致。当然，"新烧砖"与"废渠
砖"尺寸不一也有可能，即用于不同城段的砌筑，但一般不会在同
一城段混用。

就在新烧城砖和"废渠砖"备妥开工之际，陕西巡抚张祉奉朝
廷之命将调任"南都"——南京。对于大型城建工程而言，动议、
主修官员在工程期间的异地调动有时会对工程进度造成极大影响。
为了避免此一问题，张祉专门邀集主管民政与军事的首要官员，包
括陕西左布政使上党人栗士学（又称栗永禄[1]）、陕西按察使曹金、
陕西按察司"臬长"豫章人刘汝成、参知潮阳人陈宗岩、副都御使
楚郢人曾以三、睢阳人张天光、古睦人李佐，以及"阃率"（即统
兵在外的将军）蒲坂人娄允昌、宁羌人丁子忠、镇西人丘民等人，
向他们阐明了此次维修城工的重要意义。

张祉指出，他虽然希望接任官员"不宜喜功动众"，但由于城
池维修工程已经兴工，不可就此中辍。只是在城工的开展策略上应
当采取稳步推进，分段施工的方式，而不是全面铺开。张祉引用

---

① （明）杨博：《本兵疏议》卷二十三《覆巡抚陕西侍郎张瀚修城开堰叙功行勘疏》，明万
历十四年刻本。

"筑舍道旁，三年不成"的典故来说明城工应尽快付诸实施，而不
是在纷纭讨论中耽误进度。这则典故说的是一个人要在路边盖房
子，他每天都向路过的人征求意见，结果三年过去了，房子也没有
盖起来。陕西左布政使等军政官员均对张祉的意见表示赞同，认为
"万夫之喋喋，不如一弩之矫矫，谓空言弗若行事也尚矣。况四序
成于寸晷，千仞始于一篑"，希望张祉在调任离开西安前尽快筹划。
即便得到了众多高级行政与军事官员们的支持，张祉仍认为应与更
多中下级地方官员进行沟通、协商，以便工程顺利开展。他随后又
与有"治行超卓"① 之称的西安府知府邵畯，"职任贤能"② 的西安
府同知苏璜、宋之韩、通判谢锐、节推刘世赏、咸宁县知县贾待
问、长安县知县薛纶，以及诸卫使、千夫长、百夫长等军队将领商
议修城之事，众人"莫不跃然，咸对如诸司言"，均表示支持。从
后来陕西巡抚张瀚题奏报请奖叙的名单来看，这些人均赫然在列，
表明均在此次城工中发挥了重要的督工作用，其中贾待问后来还升
任陕西巡抚。

　　张祉之所以要自上而下地与省级、府级和县级地方官员以及驻
军将领进行协调，争取获得军政两方面的支持，就是由于西安城既
是省会、府城，又是两县县城，而城墙、护城河的修筑不仅关系到
地方文化景观是否壮阔雄伟，更为重要的是，城工亦属于军事防御
体系的建设，与军队的关系密不可分。获得地方官府的支持，城
工在财力、物料等方面就能较为充裕，在运输及与区域社会的协
调方面才能更为顺畅；而与军队将领通力协作，则有助于调动军
队参与到城墙及护城河的维修中来，在人力方面就会较少扰动普
通民众。

---

① （明）高拱：《高文襄公集》卷十四《掌铨题稿·参巡按御史王君赏举劾违例疏》，明万
历刻本。
② 同上。

在与各级军政官员达成共识后，陕西巡抚张祉进一步明确官员职责，指定由西安府同知宋之韩"倅总其事"，全面负责城工事宜，指挥陈图、田羽负"分理"之责，而协助配合、"赞襄提调"者为西安府知府邵畯。从这一任命可以看出，西安府官员作为介于省、县之间的桥梁，在城工过程中能够起到承领省级官员命令，督察县级官员具体监工等事宜的作用。同时，由军队系统的卫所指挥协助办理，也能更好地发挥军队的人力优势。

就在筹划大规模开展甃砌城墙等工程期间，有"边戍逋者"，即本应派往边疆戍边却逃散四处的军卒1400人，按照大明律法应全数抓捕惩处。张祉遂移咨陕西巡按御史、督府大司马河东淄川人王君赏，提议利用1400名军卒参加城工。王君赏一向敬重张祉，又考虑到甃砌土城的工程堪称"大防"，于是"忻然"同意，并且指出调用这些军卒参加城工，与征募民夫在本质上并无区别；同时采取"筑以代摄"的方式，招募逃散军卒赶赴西安城工处所参加劳动，从而免于抓捕、惩处，堪称一举两得的"正法"。在招募逃散军卒参加城工的告示发布后，散在各地的"逋卒欢声响应，不召而咸集"。这反映出该决策确属明智，既免于耗费大量人力四处抓捕逃跑军卒，又能够减少社会治安中的隐患因素；对于军卒自身来说，也可藉此城工机会免除被惩处的命运。而最重要的是，采取此项措施，不用搅扰区域城乡社会，就能在较短时间内聚集1400名青壮年劳动力，为后续城工的开展奠定了坚实的人力基础。

由于参加城工人员数量众多，每日饮食需要消耗大量"匠饩"，即工粮，系"取诸官廪之余"，从省、府、县各级官仓划拨。

督工官员、城砖、劳力、工粮等皆一一到位之后，唯独甃砌城墙所需的建材"焚石"——石灰尚无着落。陕西左布政使栗士学与时任"府尹"曹金就此向张祉汇报，指出当时其他各省在征纳公粮时，允许输粟吏"纳楮以资公需"，即以货币代替粮食缴纳，唯独陕西未采取此项措施。因而建议由州县"自营输工所"，向西安城墙工地自行运输石灰，"事竣乃止"。这一建议得到张祉的首肯。

在人力、工粮、工料等准备就绪后，张祉等依照城工惯例，"卜日告土神，率作兴事"。选择良辰吉日开工兴建是一种源远流长的建筑文化传统，对于督工者、承建者而言，都希冀神灵能够保佑工程的顺利进行和施工者的安全等，获得心理上的慰藉和鼓舞。

在首先针对咸宁县所辖东南城墙的甃砌工程中，为增强防御能力，曹金建议将原有的"女墙"形制加以改进，"令外方内阔，中辟一窦，斜直下阚"。经过改筑后的女墙"金以为利御"。至此，东南隅城墙的甃砖、改筑女墙工程完成。作为第一阶段的样板工程，东南城墙的维修始于六月二日，经过闰六月，至七月二日告成，前后历时 62 天。经过甃砌砖石，这一段的土墙变为"外砖内土"的砖墙，"而东南一隅屹然金汤矣"，坚固程度大为提升。东南隅城工竣工之后，陕西巡抚张祉"巡行其下，喜动颜色"，遂与同行的副都御使张天光商议全面开展甃砌城墙事宜，并再次下令由西安府同知宋之韩负责"总理"。

经过对东北、西北、西南三段城墙"周环咨度"，进行丈量后，测得三段总长共计 3680 余丈，以长度和工程量划分为 120"功"，每"功"需要 100 名劳力完成，共需 12000 名劳力。而当时参加城工的"卫卒"总数为 6000 名，按此计算，每名"卫卒"仅需调用 2 次，即可完成全部工程。在城工中调用"卫卒"，无须像征募民间匠夫那样支付大量工钱，只需提供工粮，能大幅节省开支。

西安府同知宋之韩在初步查勘、估计上述三段城工的工程量之后，统计所需城砖、石灰和购买工粮的费用，总计需银 25800 余两。陕西巡抚张祉在获知这一开支总额后，称"一邑一郡城，费且巨万，况省会乎？"认为这一开支数额相较而言较为合理，倘若因为开支巨大知难而退，其后继任者可能也会继续怀有畏难情绪，城工就会搁置。张祉深知若自己继续留任陕西，城工则可继续，可惜自己即将调任南京，不得不在行前安排好后续城工事宜。

张祉将后续城工所需经费及城工进展情况告知"督府暨监察侍御淄川四山王公、襄阳楚山潘公、普安明谷李公"等官员，这些官员皆要求下属官吏积极协助。此时正值"督府"奉朝廷旨意，饬令相关官员重视"城垣"的建设和维护，而张祉的修城之举"适有符焉"，恰好与当时的朝廷政令紧密相应。都督府的官员将省城西安的城墙与边地长城联系起来看待，认为西安城工也关系到边疆地区的稳固，所谓"塞垣譬则门户也，省会譬则堂粤也，堂粤巩固则内顾亡虑矣！"这里所说的"塞垣"即指长城（边墙），认为长城犹如大门，而西安如同厅堂，西安城墙修缮坚固，就如同厅堂、腹地安稳，自然有利于长城边塞的稳固和防守。都督府官员将"内地民出钱助边"① 建设、维修长城的大量拖欠、逃避款项征收后，供给西安城工使用，"以资成功"。这种做法一方面反映出西安城墙维修与长城（边墙）建设同属军事防御体系的性质，因而得到都督府的大力支持；另一方面，长城（边墙）维修具有专门的经费来源，以"逋金"（即被拖欠的应征款项）作为西安城工经费，既促进了长城维修经费的征收，也为西安城墙维修提供了充裕的经费来源。

在都督、侍御的"轸念""协心"和鼎力支持之下，城工的后续工程能够继续推进，陕西巡抚张祉为了彰显前述官员的"美意"，遂以告示的形式张榜各地，"关中父老靡不踊跃欢欣"，纷纷赞扬主导和支持西安城工的官员："自督府公之莅我疆圉也，吾西土无烽火之惊焉；自侍御公之联辔八水也，吾秦氓无狐鼠之扰焉；自中丞

---

① （明）陈懿典：《陈学士先生初集》卷十六《资政大夫吏部尚书五台陆公行状》，明万历刻本。

公之抚我邦家也，吾灾余孑遗人人自以为更生焉，庆莫大矣！乃今一德同猷，固我缭垣，吾秦何幸？其永有赖乎！"充分反映了地方民众对于有德政的官员的拥戴，以及省级军政官员在城池建修上通力协作的精神。民众关于"吾西土""吾秦氓""抚我邦家""固我缭垣"等的表述，虽然经由曹金进行了文字加工，但能透视出西安城工对于强化和凝聚民众的乡土情怀与家园意识具有推动作用。

在工料、劳力、工粮、经费等一一落实到位之后，工地自东南隅转移至东北隅，即从东门（长乐门）至北门（安远门）。这是西安城墙四隅中最长的一段。"东南隅迤西"即西北、西南隅两段的数百丈，西安知府邵畯建议在东北隅完工之后再陆续推进。

虽然工程尚在进展当中，但由于陕西巡抚张祉要调任南京，即将离开西安，因而主修人西安知府邵畯"更恐始之不载，将终之无征也"，希望将此城工曲折过程记录下来。于是率领下属官员拜访陕西布政使曹金，请纪其事。曹金在记文最后总结称，他在读到《诗·大雅·韩奕》所载韩侯初受王命，有"实墉实壑"之语时，曾慨叹"自古王公守国，曷尝不以城池为重哉？"读到《诗·小雅·黍苗》"我徒我御，我师我旅"时，又充分认识到自古城工无不动用大量人力、物力、财力，所谓"营城之役，有不动众者乎？"历史上大量城池维修工程的必要性和艰巨性，也能够在此次西安城工中得以体现。

曹金指出此次城工之所以堪称一次里程碑式的工程，就是由于"此陕城者，缵唐而来，历五季宋元，入我国家，垂七百年间，未有营以砖者"。明代西安城是在唐代皇城的基址上扩建而成，具有悠久的历史，从这一角度而言，曹金的评述可谓一语中的。在此之前，文献中均未见记载西安城墙为砖城，自张祉甃砌之后，则土城变为砖城，无论是城墙外在的景观面貌，还是内在的防御能力，都大为提升。同时，曹金认为，正是由于砖城的营建较土城需要耗费更多的人力、物力、财力，因而在长达约 700 年间，从唐长安的皇城，到五代改建的长安城，以及宋金元、明前期的西安城墙，均为土城。至隆庆二年，陕西巡抚张祉敢于完成前人未曾实施过的甃砌工程，先以东南隅城墙为前期样板工程，"非心切乎民而有是耶？"曹金固然是以此褒扬张祉，但也可视为赞扬以其为首的众多军政官员。正是这些官员群体能够"心切乎民"，才会维修、加固能够保障阖城官民安全、维护区域稳定的重要基础性防御工程。在曹金看来，张祉在奉命调离之际，还能始终关注城工进展，多方联系，积极解决经费等问题，安排好其调离后的建设事宜，以确保甃砌工程不因主政官员调任而半途中辍。曹金在记文中引用《周易》卷三《蛊卦》之语，赞扬张祉在离任之前坚持安排好修城之事堪称"孜孜幹国之蛊"，就此而言，"岂可与世之愤然穷日者同年而论哉？"此处引用《孟子·公孙丑下》中的典故，盛赞张祉的做法远非某些好大喜功却只有一时热情的人可比。

依照工程进度和工程量大小推算，东北、西北、西南三隅的甃砌城砖工程很有可能延续至隆庆二年底，乃至于隆庆三年。

第四节　清代顺治、康熙年间西安城墙修筑工程

进入清代后，西安城墙的维修频次增多，修筑和保护的工程类型更为多样化，尤其是在清朝国力最为强盛的乾隆年间。

清前期的顺治、康熙年间，西安城墙开展过较大规模的维修，可惜由于史料记载极其简略，无法详考其中细节。明末李自成起义军进攻西安城时，并未进行激烈的攻防交战，但是西安城墙经过自隆庆二年（1568）的大规模整修之后，至清代初年，已经过去了近 80 年之久，风雨、地震、鸟鼠这些自然因素对西安城墙的负面影

响又达到了十分严重的程度。尤其是顺治十一年六月初八（1654年7月21日）西安、延安、平凉、庆阳、巩昌、汉中一带发生的大地震，"倾倒城垣、楼垛、堤坝、庐舍，压死兵民三万一千余人，及牛马牲畜无算"①。从《清世祖实录》的记载可以看出，这次地震不仅给包括西安在内的关中、陕北、陕南、甘肃东部地区造成了严重的人员和财产损失，而且严重破坏了这些地区城墙、堤坝、房屋等基础设施和建筑。

毋庸置疑，西安城墙在此次地震中受损严重。残破的城墙与西安作为清王朝西北重镇的地位难相适应，当时的西安是清王朝控制西陲、拓展边疆的桥头堡，若西安城墙失修，不仅关乎陕甘军事大势，而且在一定程度上影响到清王朝对整个西部地区的有效统治和疆土拓展，因而西安城墙的维修很快就得到了朝廷和地方官府的重视。大地震过后两年，即顺治十三年（1656），陕西巡抚陈极新便开展了西安城墙维修活动。②雍正《陕西通志》卷十四《城池》对此仅载称"顺治十三年，巡抚陈极新修葺如制"。细致分析可知，这次工程作为入清之后西安城墙的首次大规模维修，应当是作为陕西省一级的城建工程开展的，由陕西巡抚陈极新主导，势必会牵涉陕西布政司、按察司、西安府、咸宁县、长安县等地方官府，以及西安驻军。

顺治初年，八旗军队进驻西安后，在城内东北隅形成了八旗驻防城，八旗马甲人数额定为5000人。西安城的军力大增，与之相应的军事防御设施——城墙的大规模整修也理所应当。

"修葺如制"是陈极新主导的此次城墙维修的基本原则，也决定了最终效果。这一原则反映出当时确实是为了恢复遭到地震损毁的城墙原貌。所谓的"制"有多层含义，一方面是指城墙在地震之

---

① 《清世祖实录》卷八十四，顺治十一年六月丙寅。
② 雍正《陕西通志》卷十四《城池》，清文渊阁四库全书本。

前的形制、形态，如女墙、垛口、城楼、卡房、角楼、官厅等，另一方面，"制"还指城墙建设的"规制"，即按照朝廷（工部）等有关城墙维修的规定和工程做法进行"修葺"，包括"帑不虚糜，工归实用"等维修理念。在这些基本原则和理念的指导下，维修竣工的西安城墙以"如制"的面貌重新出现在世人面前，而不是大拆大建，并未改变城墙自明代以来的基本形制和风貌，这对于西安城墙格局、形态、规制等的保护和继承起到了积极作用，也为后世维修者所沿用。

自顺治十三年（1656）陕西巡抚陈极新维修西安城墙后仅 6 年，康熙元年（1662）由于"雨圮"①，西安城墙受大雨灌注影响，导致塌陷，因而陕西总督白如梅、陕西巡抚贾汉复、咸宁知县黄家鼎等人再度主导维修西安城池。

在这次城工中，"军地协同"与"分段修城"成为亮点。述及此次维修活动，康熙《咸宁县志》卷二《建置》载云："咸宁分修约七百五十丈，而城垣完固如初，巍然千里金汤焉。"② 城墙的整修工程是西安城各项工程中耗费人力、资金等最巨者，因而多次的整修工程都采用了分区修建的措施，以确保职责分明和工程质量。无疑，长安县和驻城军队也分别有其修治分区。在这一类分区中，通常咸宁、长安两县是按照行政辖区划分的，由于咸宁县辖东关、南关，并与长安县分辖北关，因此，工程分区多由咸宁县承担自南门经东门至北门段，而长安县则承担自南门经西门至北门段。咸宁县整修工程中有相当大部分为满城东墙和北墙所在，因而无疑会有八旗军兵参与其事。这次维修的工程质量显然较高，直至康熙三十八年（1699）才又有"复修"③之役。有关康熙三十八年的维修工

---

① 雍正《陕西通志》卷十四《城池》，清文渊阁四库全书本。
② 康熙《咸宁县志》卷二《建置》，清康熙刊本。
③ 雍正《陕西通志》卷十四《城池》，清文渊阁四库全书本。

程，在雍正《陕西通志》、乾隆《西安府志》、嘉庆《咸宁县志》、嘉庆《长安县志》以及民国时期的地方志中，均一笔带过，甚至未曾提及，可能与工程规模较小有关。

第五节　清代乾隆四年至五年西安城墙修筑工程

一　城工背景与缘起

进入乾隆时期后，在全国各地普遍开展城工的大背景下，西安城池维修的频次得以加强，力度也逐渐加大，这与顺治、康熙年间西安城工规模较小形成了鲜明对比。究其根源，这种状况既与乾隆朝国力越发强盛，中央和地方管理政策、制度等日益完善有关，也与乾隆皇帝重视各地城垣建设，贤明的地方官员一般能够遵循和贯彻朝廷建设与维修城池的规定有着紧密联系。

关于乾隆初年的这次西安城工，《清高宗实录》仅寥寥数语载称：乾隆四年（1739）"七月己巳，陕西巡抚张楷奏西安省城城垣及四城门楼必须修葺。下部议行"①。由此分析可知，乾隆四年七月二十五日（即1739年8月28日），时任陕西巡抚张楷关于维修西安城墙的奏折由乾隆皇帝批示交由工部"议行"，表明此次城工的动议最晚是在当年七月就已经由陕西巡抚张楷以及下属官员商议形成。从《清实录》所载可知，这次城工维修的重点是"城垣及四城门楼"，可见工程量较大；而从张楷"必须修葺"的用词来看，显然城墙、城楼的维修事宜已经到了亟待进行的地步了。从康熙三十八年（1699）西安城墙维修过后，至乾隆四年（1739）修筑时，已历经40年之久。西安城墙在长期的风吹雨淋之下，城墙的坍陷

---

① 《清高宗实录》卷九十七，乾隆四年七月己巳。

和城楼的损毁在所难免，因而维修工程的开展也当属应时而动。

虽然《清实录》中的寥寥数语透露出十分重要的城工信息，但是关于此次城工的维修目标、督工官员、兴工时间、竣工日期等，均无从得知。经过笔者对大量奏折档案进行爬梳、分析，有幸在中国第一历史档案馆发现了陕西巡抚张楷于乾隆五年十二月初一日（1741 年 1 月 17 日）上奏的奏折，其中记载的珍贵信息对复原乾隆四年至五年西安城工的部分细节大有裨益。

陕西巡抚张楷在题为《奏报修筑西安城垣完竣日期事》的奏折中，再次扼要陈述了维修西安城垣的必要性和维修目标。他指出，西安城垣作为"省会要区"，但是"年久坍塌"，这种城垣状况和面貌"无以崇保障而壮观瞻"，在城池防御和城市景观两方面都处于极为尴尬的境地。作为城池防御体系的基础，城墙只有有效发挥"崇保障"之功，才能保护阖城官民的安全；而作为城乡景观和市容市貌的重要组成部分，雄伟壮阔、完好无缺的城墙才能"壮观瞻"，悦人怡目，美化居住环境。正是从城墙的这两大功能出发，陕西巡抚张楷与川陕总督查郎阿在乾隆四年七月二十五日（1739 年 9 月 15 日）正式提出了"动帑兴修"的建议，并且以"崇保障""壮观瞻"为维修城墙的目标。结合《清实录》所载可知，这份城工提议在由工部审核之后，最终获得了乾隆皇帝的批准，得以动用"公帑"进行维修。

二 督工官员的拣选

作为一项规模较大的城建工程，督工官员的遴选和分工尤为重要。张楷委派陕西督粮道纳敏、驿盐道武忱"总理监督"，负有统筹全局、全面督工之责；同时委派西安府理事同知常德、署清军同知王又朴、大荔县知县沈应俞"办料鸠工"，负责具体的购买工料、监理施工等任务。除遴选干练的官员督修城工之外，张楷也未敢置身度外，"仍不时亲身查看督饬"①。

难能可贵的是，奏折中所载的"署清军同知"王又朴在其所撰《介山自定年谱》述及此次城工督工官员云："庚申（1740），六十岁，到陕，署西安府丞，奉委督修省城。余惩先任盐池之役，受创巨，力辞不可。复命理事丞常君德、同州府大荔县令沈君曰（应）俞副之。"②由此可以看出，在王又朴、常德和沈应俞三人中，王又朴是起主导作用的人物，常德和沈应俞属于协助者的角色。

从负责督工的官员职衔及其原本负责的管理事务就可以看出，这次城工级别很高，是由陕西巡抚张楷牵头，由督粮道、驿盐道两位省级高官"总理"，又有西安府理事同知、清军同知、大荔县知县等府、县级官员负责具体事务。督粮道、驿盐道平常主要负责粮食、税收、交通等重要事务，而这些均与城墙建修工程紧密相关，诸如工粮的购买、工料的运输、工具的调配等，两位"专署"官员介入城工，无疑对于从整体上协调城工进展具有重要作用。同时，西安府理事同知、清军同知分别作为管理地方、军队的官员，在城工中能够协调军队与地方的分工，在调动军队参与城工方面较为便利，这也反映了西安城墙维修既是一项军事防御工程，也是一项地方城市建设工程。

三 维修重点与工期

在乾隆四年七月二十五日陕西巡抚张楷上奏之后，又经过工部的审核、乾隆皇帝的朱批，以及前期的筹备工作，西安城墙维修工程终于在乾隆四年十一月初十日（1739年12月10日）开始"兴工"。这次维修工程的对象包括周围四面大墙、女墙、城楼、角楼、铺楼、炮台等倾圮、陈朽的部分，显然涉及土工、木工、石工等多个类型，覆盖西安大城城墙的全部段落。就具体工程做法而言，针对"倾圮""陈朽"两大类问题，采取了"俱行拆卸更新"的举措，因而可以视之为一次极为"彻底"的大规模维修工程，使得西安城墙、城楼等面貌焕然一新。

经过长逾一年的彻底修缮，西安城工于乾隆五年十一月初六日（1740 年 12 月 24 日）"全完工竣"①。虽然王又朴在《介山自定年谱》中忆及"辛酉（1741），城工竣，督抚题补汉中府，倅留委协理关中书院事"②，但考虑到奏折的可靠性远较回忆性的"年谱"为高，因而王又朴所言西安城工于 1741 年竣工不可凭信。在竣工之后，陕西巡抚张楷还进行了严格的验收工作，经过"逐处查勘无异"，才允准将开支的工费、粮食等由督工官员造册，报工部、户部等朝廷主管机构"题销"。至此，此次西安城工才画上了圆满的句号。

需要指出的是，虽然此次城工的动议是由时任陕西巡抚张楷与川陕总督查郎阿联名上奏的，但竣工的奏报却是由张楷与继任川陕总督尹继善"据实奏闻"③。由于川陕总督常驻成都，主要负责西南地区事务，因而其官员的变动对于西安城工并没有实质性的影响。

陕西巡抚张楷在任期间，除了维修西安城墙等大型城建工程外，也注重维修郊区道路等乡村基础设施。如与西安城墙维修工程大致在同一时期，张楷还主持督修了榆林北城城墙④、咸宁县库峪

---

① 陕西巡抚张楷：《奏报修筑西安城垣完竣日期事》，乾隆五年十二月一日，朱批奏折，中国第一历史档案馆，04 - 01 - 37 - 0006 - 017。

② （清）王又朴：《介山自定年谱》，民国刻屏庐丛刻本。

③ 陕西巡抚张楷：《奏报修筑西安城垣完竣日期事》，乾隆五年十二月一日，朱批奏折，中国第一历史档案馆，04 - 01 - 37 - 0006 - 017。

④ 川陕总督鄂弥达、陕西巡抚张楷：《奏请修筑榆林北城城墙事》，乾隆四年九月十六日，朱批奏折，中国第一历史档案馆，04 - 01 - 37 - 0005 - 020。

一带的道路等①。虽然这些工程之间的联系还有待发掘更多资料进行分析，但至少表明城墙维修工程是当时西安乃至陕西城乡地区诸多建设工程之一。

第六节　清代乾隆四十六年至五十一年
西安城墙大修工程

有清一代，西安城墙先后进行过多次重要维修②，尤以乾隆四十六年（1781）至五十一年（1786）的维修工程规模最大，耗费人力、物力、财力最多，由此奠定了西安城在清中后期直至近代的多次战争中未曾失守的城防基础。然而，这次明清西安城市史上最为重要的城墙维修工程在清代以迄民国的陕西史志中记载寥寥，难以藉此一窥城工全貌，后世相关论著也多陈陈相因，未加深入查考即沿袭旧说。③ 而有关这次大规模城工的起讫时间、工程分期与做

---

① 陕西巡抚张楷：《题为奏销陕西咸宁县修库峪道路并塘房等用银请旨事》，乾隆五年五月二十四日，户科题本，02-01-04-13290-007。

② 西安市地方志编纂委员会编《西安市志》第六卷《科教文卫》（西安出版社2002年版，第428页）、张永禄编《西安古城墙》（西安出版社2007年版，第55—56页）等均称清代曾12次维修西安城墙。综合清代陕西地方志相关记述可知，这12次维修系指：顺治十三年（1656）、康熙元年（1662）、乾隆二年（1737）、乾隆二十八年（1763）、乾隆四十六年（1781）、咸丰七年（1857）、同治元年（1862）、同治二年（1863）、同治四年（1865）、光绪二十二年（1896）、光绪二十四年（1898）、光绪二十九年（1903）。但实际维修次数远远超过12次，经笔者对中国第一历史档案馆所藏与清代西安城墙维修有关的奏折档案进行初步爬梳统计，至少还有8次维修工程未见清代以来陕西地方史志和当今论著提及，分别是：嘉庆十五年（1810）、嘉庆二十年（1815）、道光元年（1821）、道光七年至八年（1827—1828）、道光十五年（1835）、咸丰三年（1853）、同治六年（1867）、光绪三十三年（1907）。

③ 陕西省文物管理委员会编：《陕西名胜古迹》（上册），内部资料，1981年，第32页；西安市档案局、西安市档案馆：《西安古今大事记》，西安出版社1993年版，第162—163页；向德、李洪澜、魏效祖编：《西安文物揽胜（续编）》，陕西科学技术出版社1997年版，第150—151页；陕西省地方志编纂委员会编：《陕西省志》第二十四卷《建设志·大事记》，三秦出版社1999年版，第654页；张永禄主编：《明清西安词典》，陕西人民出版社1999年版，第41—42页；西安市地方志编纂委员会编：《西安市志》第六卷《科教文卫》，西安出版社2002年版，第428页；张永禄编：《西安古城墙》，西安出版社2007年版，第55—56页。

法、督工官员的拣选与工匠的招募、经费的数额与来源、工料的产地、数量与运输等与西安城墙建修史相关的重要问题则缺乏专门论述,主要原因即在于地方史志记载过简,研究者难以为凭。事实上,在工程进展期间,陕西巡抚等官员曾向乾隆皇帝上呈了大量相关奏折,涉及维修工程的众多细节,是从多个角度深入研究这次西安城墙维修工程的重要文献。笔者在对中国第一历史档案馆所藏相关奏折档案搜集、整理的基础上,结合其他史料,力图厘清传统史志和研究论著中若干模糊乃至错误的认识,复原这次西安大规模城工的来龙去脉与工程细节,以期促进明清西安城墙史和城市史研究,为清代城墙建修史研究提供实证案例,也为当今西安城墙保护与开发提供借鉴和启示。

一 工程缘起

有关乾隆四十六年至五十一年西安城墙维修的缘起,长期以来流传颇广的说法出自民国《续修陕西通志稿》卷二百《拾遗》,认为此次西安城工"其实亦因甘回田五之乱,兰垣修城出于特旨,故毕公亦遂援例陈请",即由于甘肃田五起义的原因,乾隆帝下旨维修兰州城池,陕西巡抚毕沅"援例陈请"后,西安城墙才得以维修。后世论著对这一观点不加查考,亦沿其说。[①] 这种将西安城墙维修原因归结为甘肃田五起义和兰州城维修的看法,不仅与史实相去甚远,而且忽略了当时的历史大背景,未能揭示西安城墙维修的真实缘起。

1. 西安城墙维修发生于清前中期陕西及至全国城池维修的大背景之下

乾隆四十六年至五十一年西安城墙维修并非一次孤立的城建事

---

① 向德、李洪澜、魏效祖编:《西安文物揽胜(续编)》,陕西科学技术出版社 1997 年版,第 157—158 页。

件，而是与当时陕西乃至全国城池维修热潮紧密联系在一起。清前中期朝廷对各地城池维修十分重视，顺治、康熙、雍正皇帝多次发布谕旨，要求地方督抚官员及时修补倒坏城垣，并将城垣维修纳入官员考核奖惩体系之中，各省督抚于年底奏报本省城墙坍损、维修状况也渐成定例。① 西安作为西部最大的区域中心城市和绾系西北安危的重镇，先后在顺治、康熙年间对城墙进行过维修。②

乾隆初期，陕西乃至全国的城池维修活动更趋频繁。乾隆元年（1736）十二月，朝廷下令"各处城垣偶有些小坍塌，令地方官于农隙及时修补。其原坍塌已多、需费浩繁者，该督抚分别缓急，查明报部"。接此要求，乾隆三年（1738）八月，陕西巡抚张楷以"西安城垣系省会要区，年久坍塌，无以崇保障而壮观瞻"③ 为由，奏请维修西安城墙和满城界墙。该工程于乾隆四年（1739）十一月初十兴工，次年（1740）十一月初六竣工。乾隆八年（1743），陕西巡抚塞楞额又将西安城墙与陕西其他 29 州县城墙同时列入"必应急修"的城垣名单。④ 此后，陕西各州县城池依据兴修的缓急次序相继展开。⑤ 截至乾隆十年（1745），西安、潼关、华州、临潼四处城墙先后修理完竣。⑥ 乾隆二十七年（1762）九月再次对西安城墙加以维修。这次西安城墙与钟鼓楼维修工程，以及肤施、乾州、邠州、甘泉、郃阳、泾阳、耀州、宝鸡、郿县、蒲城、三水、

---

① （清）昆冈等修，刘启端等纂：《钦定大清会典事例》卷八百六十七《工部六·城垣一·直省城垣修葺移建一》，清光绪石印本。

② 民国《续修陕西通志稿》卷二百《拾遗》，民国二十三年（1934）铅印本。

③ 陕西巡抚张楷：《奏报修复西安城垣完竣日期事》，乾隆五年十二月一日，朱批奏折，中国第一历史档案馆，04－01－37－0006－017。

④ 陕西巡抚塞楞额：《奏为估修陕省各州县城垣用银次第办理事》，乾隆八年闰四月十二日，朱批奏折，中国第一历史档案馆，04－01－37－0007－008。

⑤ 川陕总督庆复、钦差户部左侍郎三和：《奏为遵旨商议分别缓急修理陕省城垣事》，乾隆十年六月十日，朱批奏折，中国第一历史档案馆，04－01－37－0009－028。

⑥ 陕西巡抚陈弘谋：《奏为遵旨酌筹办理陕省城垣事》，乾隆十六年正月二十三日，朱批奏折，中国第一历史档案馆，04－01－37－0015－002。

淳化等 12 处城工，估算共需银 110000 余两①。乾隆二十八年（1763），西安城墙维修工程完工，实际耗银 18094 两。② 乾隆二十七年至二十八年西安城工的一大显著特征是采取了"以工代赈"的措施，招募大量灾民参与城工，使"歉收地方贫民得藉佣工就食"③，反映出包括城墙维修在内的大规模城市建设在稳定城乡社会、救荒赈灾等方面也具有重要的调控作用。

从乾隆三十一年（1766）至四十一年（1776），历任陕西巡抚、布政使等亦逐年上报陕西各地城垣损坏及维修状况，其中西安城均居于"完固城垣"④ 之列，但城墙因风吹雨淋等自然原因造成的毁损状况却逐渐加剧，由此也引发了陕西巡抚毕沅的奏修之议。

2. 西安城墙维修的主要原因与有利条件

乾隆四十二年（1777）十一月，陕西巡抚毕沅奏报西安城墙倾圮状况称，"现今城楼、堞楼等项风雨飘摇，木植渐多朽腐，砖瓦亦多酥酥。其城身则外砖内土，雨水浸渗，渐多鼓裂，亦有酥卸剥落之处"，担心"若不早为修补，恐历时愈久，需费愈多"，计划在次年春季对城墙状况进行细致勘察后，再奏请加以维修。⑤ 但这一奏议并未得到明确回应，乾隆四十三年（1778）也没有按计划启动勘估程序，不过，核实而论，这一动议却可视为乾隆四十六年至五十一年西安城墙大修工程的缘起。

---

① 陕西巡抚鄂弼：《奏为办理陕省城垣情形事》，乾隆二十七年八月二十八日，朱批奏折，中国第一历史档案馆，04-01-37-0020-015。

② 乾隆《西安府志》卷九《建置志上·城池》，清乾隆刊本。

③ 陕西巡抚鄂弼：《奏为办理陕省城垣情形事》，乾隆二十七年八月二十八日，朱批奏折，中国第一历史档案馆，04-01-37-0020-015。

④ 陕西巡抚毕沅：《汇奏通省城垣完固情形事》，乾隆三十八年十一月二十一日，录副奏折，中国第一历史档案馆，03-1128-043。

⑤ 陕西巡抚毕沅：《汇奏通省城垣保固情形事》，乾隆四十二年十一月十六日，录副奏折，中国第一历史档案馆，03-1132-048。

从城市防御角度而言，乾隆四十二年（1777）毕沅上奏时，距乾隆二十八年（1763）维修工程已过去了 14 年之久，西安城墙城身、城楼、卡房、官厅等倾圮、损毁严重，不仅无法满足城市防御需要，而且若不及早维修，日后一旦倒塌，维修代价势必更高。①因而，倾圮损毁的严重状况是城墙亟待维修的主要原因。

从城市地位而言，清前中期的西安城以"遥控陇蜀，近联豫晋，四塞河山"的重要地理位置，被誉为"西陲重镇，新疆孔道，蜀省通衢"②，但城墙"倾卸迨半"③，这种破落的城市景象自然难以与汉唐故都和西北重镇的地位相匹配，因而从乾隆帝到陕西地方官员逐渐形成了西安城墙"非大加兴作，不足以外壮观瞻，内资守御"④ 的共识，也就加快了西安城墙大修的进程。

从社会经济状况而言，这一时期关中城乡社会安定、农业连年丰收、百姓民力可用，正是适合开展城墙维修工程的有利时机。毕沅在奏折中即明确指出，"目下关中一带地方安堵，诸事平宁；且连年岁序殷丰，人民无事，正可乘时兴作"⑤。可见，关中区域社会经济的良好发展状况也为西安城墙大修的顺利开展提供了有利条件。

3. 西安城墙维修与甘肃田五起义以及兰州城墙维修并无因果关系

从时间上分析，乾隆四十二年毕沅即已提出维修西安城墙的动

---

① 陕西巡抚毕沅：《奏请修葺城垣事》，乾隆四十六年十一月三日，录副奏折，中国第一历史档案馆，03 - 1133 - 016。

② 陕甘总督福康安、陕西巡抚永保：《奏为西安省会城垣工竣请旨简员验收事》，乾隆五十一年九月二十二日，朱批奏折，中国第一历史档案馆，04 - 01 - 37 - 0043 - 018。

③ 工部左侍郎德成：《奏为察看西安城垣应修大概情形事》，乾隆四十六年十二月二十日，录副奏折，中国第一历史档案馆，03 - 1133 - 042。

④ 陕西巡抚毕沅：《奏明酌筹城工动用银两缘由事》，乾隆四十七年三月六日，录副奏折，中国第一历史档案馆，03 - 1134 - 009。

⑤ 陕西巡抚毕沅：《奏请修葺城垣事》，乾隆四十六年十一月三日，录副奏折，中国第一历史档案馆，03 - 1133 - 016。

议，实际开工时间为乾隆四十八年（1783）六月十八日，而甘肃田五起义发生于乾隆四十九年（1784）四月至七月①，且仅局限在甘肃境内，并未波及陕西。明确无误的是，西安城墙筹议和动工维修在前，甘肃田五起义在后，何来田五起义引发西安城墙维修？可见，民国《续修陕西通志稿》说法有误，后世学者未加以细察，以致谬说流传。

另外，兰州城墙维修奏议的提出是在乾隆四十六年②，晚于乾隆四十二年毕沅奏修西安城墙之议，加之乾隆四十五年毕沅在苏州觐见乾隆帝时，已提出大规模维修西安城的建议，并获允准，同样早于兰州城墙维修之议，因而不存在毕沅因为兰州城墙维修才"援例陈请"维修西安城墙的情况。民国《续修陕西通志稿》之说有可能是因兰州城工正式勘估时间略早于西安，才会有此误判。

二　工程分期及其做法

关于乾隆后期这次西安城墙大修工程的起讫时间，民国《续修陕西通志稿》笼统记为"乾隆年间"③，民国《咸宁长安两县续志》载为"乾隆四十九年巡抚毕沅奏明重修"④，而当今相关论著多记作"乾隆四十六年（1781），陕西巡抚毕沅重修"⑤。这些说法显然

---

① 陕西巡抚毕沅：《奏为勘明乾隆四十九年分陕省各属城垣情形事》，乾隆四十九年十一月二十三日，朱批奏折，中国第一历史档案馆，04－01－37－0040－028。
② 陕甘总督勒保：《奏为验收甘省皋兰县城工事》，乾隆五十五年六月十七日，朱批奏折，中国第一历史档案馆，04－01－37－0045－017。
③ 民国《续修陕西通志稿》卷二百《拾遗》，民国二十三年（1934）铅印本。
④ 民国《咸宁长安两县续志》卷四《地理考上》，民国二十五年（1936）铅印本。
⑤ 西安市档案局、西安市档案馆编：《西安古今大事记》，西安出版社1993年版，第162—163页；向德、李洪澜、魏效祖编：《西安文物揽胜（续编）》，陕西科学技术出版社1997年版，第150—151页；陕西省地方志编纂委员会编：《陕西省志》第二十四卷《建设志·大事记》，三秦出版社1999年版，第654页；张永禄主编：《明清西安词典》，陕西人民出版社1999年版，第41—42页。

是由于地方志编纂者和前辈研究者未曾深入查考与西安城墙维修相关的官员奏折，仅依据残缺不全的史料片段即骤下结论。如民国《续修陕西通志稿》的编纂者在"竣工之奏未能检得"的情况下，基于从西安城内一家旧书店搜集到的三份邸钞奏折内容，就推测认为"奏办城工始于乾隆四十六年十一月"，"全工蒇事当在五十一、二年间，计前后约六、七年之久"①，虽然这一推论大致接近实际情况，但由于没有可靠的史料支撑，究难确信，而且也没有提及具体的工程分期与做法。

实际上，依据现存奏折档案能够准确断定此次西安城墙维修工程的起讫时间。如前所述，陕西巡抚毕沅在乾隆四十二年（1777）十一月十六日题奏的《汇奏通省城垣保固情形事》中已提及西安城墙的破损状况，计划于乾隆四十三年（1778）春季开始勘估。② 但乾隆四十三年夏秋之际雨水连绵，并未按计划进行详细勘估。乾隆四十四年（1779）毕沅会同陕甘总督勒尔谨再次进行"细勘"。乾隆四十五年（1780）三月，毕沅前往苏州觐见乾隆皇帝，将"城垣应须修葺情形，详悉陈奏"，蒙准维修。毕沅计划乾隆四十六年春季"具奏兴工"③，但由于甘肃爆发了苏四十三起义，清廷派各地大军"会剿"，其中包括当年春季从西安征调 1600 名满洲兵前往镇压，④ 这一军事行动实际上延缓了西安城墙维修工程的开始，而非如前引民国《续修陕西通志稿》所言甘肃回民起义"催生"了西安城工。

乾隆四十六年（1781）十一月，毕沅首次直接以《奏修西安城墙事》为题具奏，详细禀明了西安城墙亟待维修的状况，正式请

① 民国《续修陕西通志稿》卷二百《拾遗》，民国二十三年（1934）铅印本。
② 陕西巡抚毕沅：《汇奏通省城垣保固情形事》，乾隆四十二年十一月十六日，录副奏折，中国第一历史档案馆，03－1132－048。
③ 陕西巡抚毕沅：《奏请修葺城垣事》，乾隆四十六年十一月三日，录副奏折，中国第一历史档案馆，03－1133－016。
④ 陕西巡抚毕沅：《奏为续调西安满兵赴甘会剿事》，乾隆四十六年三月二十八日，朱批奏折，中国第一历史档案馆，04－01－01－0385－046。

求修葺西安城墙①，由此开启了城墙大修的序幕。从乾隆四十六年年底开始，西安城工随即进入实质性的查勘、工料筹备、工匠招募阶段。乾隆四十八年（1783）六月十八日择吉开工②，至乾隆五十一年（1786）九月二十二日陕西巡抚上奏请求验收城工，标志着西安城墙维修工程正式竣工。考虑到维修工程的连续性，此次西安城工以乾隆四十六年十一月至五十一年九月为起讫时间符合工程实际进展情况。

按照工程进度，乾隆四十六年至五十一年的维修工期可分为勘估、筹备、试筑样板工程、全面施工、竣工验收五大阶段。

1. 勘估阶段

毕沅等人在乾隆四十六年之前虽已对城墙破损状况进行过初步勘察，发现"城楼、堞楼等项风雨飘摇，木植渐多朽腐，砖瓦亦多麟酥"③等问题，但这仅属于对城墙现状的描述，并未提出工程解决方案与经费预算，尚不能称为真正意义上的"勘估"。乾隆四十五年，布政使尚安代理陕西巡抚期间进行的勘察也较为简单。④ 乾隆四十六年，毕沅重回陕西巡抚任上，基于"修理城工，估勘最关紧要""估勘既为先务，而董率尤在得人"的认识，奏请朝廷派遣工部官员从专业角度勘估西安城工，以杜绝"选料不能坚好，鸠工或至迟延，以及藉工滋扰等弊"⑤。时值颇负盛名的"熟谙工程大

① 陕西巡抚毕沅：《奏请修葺城垣事》，乾隆四十六年十一月三日，录副奏折，中国第一历史档案馆，03-1133-016；陕西巡抚毕沅：《汇奏城垣保固情形事》，乾隆四十六年十一月二十日，录副奏折，中国第一历史档案馆，03-1133-026。
② 陕西巡抚毕沅：《奏为西安城工成数并现交冬季暂停工作事》，乾隆四十九年十月二十八日，朱批奏折，中国第一历史档案馆，04-01-37-0040-018。
③ 陕西巡抚毕沅：《汇奏通省城垣保固情形事》，乾隆四十二年十一月十六日，录副奏折，中国第一历史档案馆，03-1132-048。
④ 陕西巡抚尚安：《奏为勘明乾隆四十五年分陕省各属城垣情形事》，乾隆四十五年十一月十八日，朱批奏折，中国第一历史档案馆，04-01-37-0038-021。
⑤ 陕西巡抚汤聘：《奏为遵旨筹办陕西通省城工事》，乾隆三十一年正月十二日，朱批奏折，中国第一历史档案馆，04-01-37-0021-004。

臣"① 工部侍郎德成正在勘估兰州城垣，乾隆帝命其从兰州返京时，留驻西安勘估城工。② 德成长期任职工部，城建经验丰富，在北京、兰州、成都、潼关等城池建修中均发挥过重要作用。

德成于乾隆四十六年十一月二十七日自兰州启程③，十二月初六日抵达西安后，会同巡抚毕沅、布政使尚安、按察使永庆等逐段查勘城墙，发现存在五大类问题：（1）四门正楼、箭楼、炮楼都出现柱木歪斜沉陷，椽望糟朽脱落，大木多有损坏，墙垣臌闪、头停坍塌的情况；原本素土筑打的楼座地脚已变得松软不堪；木植也因历年久远已经沉陷走闪；（2）重檐构造的 98 座卡楼、4 座角楼亦出现木植歪闪颓损，头停倾圮，墙垣大半坍倒的窘状；（3）外侧城身大量段落原砌砖块臌裂、沉陷，内侧城身夯土遭受雨水冲刷严重，坍陷厚度自二三尺至一丈一二尺不等；（4）城顶原来铺墁城砖，但由于长期雨水浸淋、冲刷造成浪窝，"直透根底"的地方就多达一百余处；（5）其余城台墙身内外也多有臌闪、沉陷之处。④ 针对以上问题，德成建议西安城墙维修必须"全行拆卸，大加修理"⑤。乾隆皇帝在批复中强调了两点：（1）西安城是汉唐故都所在，城垣维修"不得存惜费之见"，"即费数十万帑金亦不为过"；（2）西安城墙各项建筑规模、位置等"务从其旧，不可收小"。⑥ 此后，资金"不惜费"、规模"从其旧"便成为城墙维修的两大基本原则，确保了西安大城城墙能够延续明初扩建以来城周约 28 里、

---

① 陕甘总督李侍尧：《奏报会同工部侍郎德成勘估城工事》，乾隆四十六年十一月二十六日，录副奏折，中国第一历史档案馆，03－1133－023。

② 陕西巡抚毕沅：《奏请修葺城垣事》，乾隆四十六年十一月三日，录副奏折，中国第一历史档案馆，03－1133－016。

③ 陕甘总督李侍尧：《奏报会同工部侍郎德成勘估城工事》，乾隆四十六年十一月二十六日，录副奏折，中国第一历史档案馆，03－1133－023。

④ 工部左侍郎德成：《奏为察看西安城垣应修大概情形事》，乾隆四十六年十二月二十日，录副奏折，中国第一历史档案馆，03－1133－042。

⑤ 同上。

⑥ 《清高宗实录》卷一千一百四十七，乾隆四十六年十二月乙未。

占地约 11.62 平方公里的庞大规模。①

德成、毕沅与工部员外郎蓬琳、布政使尚安、按察使永庆、督粮道图萨布等对物料、工价、运脚银等进行审慎核算后，估计全部工程需银 1566125.195 两，其中物料银 1474891.657 两，匠夫工价、运脚等项银 91233.538 两。② 具体工费开支及其占总额的比例如表1—2 所示。

表 1—2　　　　　乾隆四十七年（1782）西安城工经费估算

序号	类别				工费（两）	工费比例（%）
1	四门	正楼		4 座	138436.711	8.84
		箭楼		4 座		
2	城上	卡房		98 座	81373.188	5.19
		官厅		4 座		
3	四门	正楼城台		4 座	138430.892	8.84
		箭楼城台		4 座		
		炮楼城台		4 座		
4	城身	外皮墙身		4492.8 丈	774680.89	49.46
5		里皮墙身		4097.8 丈	190754.573	12.18
6	月城和马道	四门里外月城		628.3 丈	151215.403	9.66
		四门马道	12 座	236 丈		
		中心台马道	6 座			
		马道门楼		24 座		
7	匠夫工价				91233.538	5.83
8	合计				1566125.195	100

可以看出，为城身外侧和顶部重新砌砖的开支占到了工费总额的近 50%，而为城身内侧重新筑打墙身也占到了 12.18%，表明此

---

① 史红帅：《明清时期西安城市地理研究》，中国社会科学出版社 2008 年版，第 23 页。

② 工部左侍郎德成、陕西巡抚毕沅：《奏为遵旨会勘城垣估计钱粮事》，乾隆四十七年三月六日，录副奏折，中国第一历史档案馆，03－1134－008。

次工程重点就在于加固内外墙身，提高城墙防御能力。

德成等人在勘估西安城工后，又奉旨前往踏勘灞桥。[①] 由于维修灞桥同样需费浩繁，若与西安城工同时并举，在采购物料、招募工匠等方面势必难以兼顾，因而德成、毕沅建议省城维修告竣后再维修灞桥，也获允准。西安城工筹备活动随即大规模展开。

2. 筹备阶段

乾隆四十七年（1782）三月后，西安城工进入筹备阶段，开展了包括拣选督工官员、成立城工总局、招募工匠、储备粮食、购买工料等一系列重要活动，这一过程一直持续至乾隆四十九年年初。在筹备事项中，以拣选督工官员和招募工匠最为重要。虽然以往史志和论著提及此项城工时均称"毕沅重修"，实则毕沅主持西安城墙维修工程固然功不可没，但这种"功归一人"的说法掩盖了继任多位巡抚和各级官员勤勉督工的史实，而具体施工更是依赖于数以万计外省的能工巧匠和本地的车马夫工。

（1）拣选督工官员

乾隆四十七年（1782）三月，陕西巡抚永保对参与城工的机构和官员进行了初步分工，由陕西布政使"总司其事"，按察使、督粮道、盐法道"协同稽察"，西安府知府"派令总催"。五月，毕沅重回巡抚任上，他基于"要工之妥办，全赖经理之得人"[②] 的认识，进一步明确由陕西布政使图萨布全面负责，西安知府和明与清军同知欧焕舒任"总理"之责。由陕西省和西安府主要官员主持城工，不仅有益于省、府各类事项的协调，也使西安城墙维修成为西安府和陕西省的头号工程。

由于西安大城长约 28 里，"工程浩大，经理不易"，必须分段

---

① 工部左侍郎德成、陕西巡抚毕沅：《奏报勘估灞桥工程情形事》，乾隆四十七年三月六日，录副奏折，中国第一历史档案馆，03-1018-033。

② 陕西巡抚毕沅：《奏为委派办理城工人员事》，乾隆四十七年五月二十日，录副奏折，中国第一历史档案馆，03-1134-024。

进行维修。具体的分段方法是以四门为界，将城墙分为东、西、南、北四段，每段拣选两名知县承办，掌管经费开支、购置工料等一应相关事务。① 毕沅从关中各县遴选出八名知县赴西安督工，分别是咸宁县知县郭履恒、长安县知县高珺、渭南县知县（奏升华州知州）汪以诚、盩厔县知县徐大文、郿县知县李带双、兴平县知县王垂纪、旬邑县知县庄炘、永寿县知县许光基。八名督工知县选择城墙段落的具体方法在奏折中未见记载，但在同一时期由德成勘估的成都城墙维修工程中，城墙分作八段，由八名府县官员采取"阄定段落"② 的方式分段承修。以此推测，承修西安城墙的八名知县也可能采用了最为传统的分工形式——"抓阄"来确定各自工段，以示公平。督工知县不仅要在城工进行时认真督查，城工验收时也必须"亲身在工备查"，以切实负起"如有差误，自行赔付"的责任，明确的责权关系使督工官员在维修过程中不敢有丝毫疏忽。③

乾隆帝曾担心督工知县会因维修城工耽误本职事务，毕沅解释称八名知县来自"近省州县"，一旦任内有事，可轮流回县衙办理，由此可使城工和本职事务两不冲突。④ 督工知县在维修工程中确实发挥了重要作用，得到了较高评价，如徐大文"老成干练，在陕年久，熟于风土民情"⑤，"承办西安城工，不辞劳苦，甚为得力"⑥；庄炘

---

① 陕西巡抚何裕城：《奏请将王垂纪仍留陕省城工事》，乾隆五十年六月二十二日，朱批奏折，中国第一历史档案馆，04-01-12-0212-022。

② 四川总督福康安：《奏为修筑省城工费繁重酌定章程事》，乾隆四十七年十二月十六日，录副奏折，中国第一历史档案馆，03-1135-001。

③ 陕西巡抚毕沅：《奏为西安城工成数并现交冬季暂停工作事》，乾隆四十九年十月二十八日，朱批奏折，中国第一历史档案馆，04-01-37-0040-018。

④ 陕西巡抚毕沅：《复奏委派正印州县八员分段承修西安城垣工程事》，乾隆四十七年七月十二日，录副奏折，中国第一历史档案馆，03-1134-029。

⑤ 陕西巡抚何裕城：《奏为委任徐大文署理同州府知府事》，乾隆五十年七月三十日，朱批奏折，中国第一历史档案馆，04-01-12-0213-068。

⑥ 陕西巡抚永保：《奏为前请升署兴安府知府徐大文如准其升署前抚臣毕沅保奏送部引见无庸再办事》，乾隆五十一年四月二十八日，朱批奏折，中国第一历史档案馆，04-01-12-0218-068。

"才具优长，办事勤练，前经奏明派修西安城垣，自办料兴工以来，业经两载，诸事认真，甚为得力"①。值得一提的是，虽然"向来各省办理城工，并无议叙之例"②，但此次城工进行期间以及完竣之后，上述督工知县多被擢拔为知府、同知，或调任重要城市担任知县。③ 就这一方面而言，大规模城市建设也成为检验官员能力、提拔官员品级的重要途径。

在拣选督工官员的同时，毕沅还抽调人员成立了城建管理机构——城工总局，负责采购工料、支放银两、管理账目、处理公文，④ 保存钱粮册籍等工程档案，⑤ 以免因头绪繁多而出现混乱。城工总局由时任咸宁县知县顾声雷、富平县知县张星文负责。作为协调城工各类事项的专门机构，城工总局在很大程度上提高了城墙维修的效率，成为近现代陕西和西安城市建设厅、局的滥觞。

从后来的工程实践可以看出，督工官员的任用和城工总局的成立，有效地保证了工程质量，经费使用也未出现挪用和贪污的情况，堪谓清代省会城市大规模维修的一次典范工程。

（2）招募工匠、储备工粮

由于这次西安城工规模远超此前历次维修，因而需要招募大量经验丰富的工匠，但陕西本地工匠并未完全掌握城墙维修的众多复杂技术，毕沅即认为"各项工匠，本省之人迟笨，并未办过要工，

---

① 陕西巡抚毕沅：《奏请以庄炘补授咸宁县知县事》，乾隆五十年二月二日，朱批奏折，中国第一历史档案馆，04 - 01 - 12 - 0209 - 060。

② 《清高宗实录》卷一千二百七十四，乾隆五十二年二月癸卯。

③ 兴安府知府徐大文：《奏为奉旨升署陕西兴安府知府谢恩事》，乾隆五十一年五月二十二日，朱批奏折，中国第一历史档案馆，04 - 01 - 13 - 0077 - 034；陕西巡抚毕沅：《奏请以庄炘补授咸宁县知县事》，乾隆五十年二月二日，朱批奏折，中国第一历史档案馆，04 - 01 - 12 - 0209 - 060。

④ 陕西巡抚永保：《奏为查明西安省会城垣续有增修工程事》，乾隆五十一年九月二十二日，朱批奏折，中国第一历史档案馆，04 - 01 - 37 - 0043 - 019。

⑤ 陕西巡抚何裕城：《奏为查勘西安省会城工事》，乾隆五十年四月二十九日，朱批奏折，中国第一历史档案馆，04 - 01 - 37 - 0041 - 011。

不堪适用"。有鉴于此，毕沅奏请从直隶、山西等省大量招雇熟练工匠，命其陆续赶赴西安，以满足西安城墙、城楼、卡房、官厅、马道等在维修中对精细工艺的要求。其他车夫、马夫和杂工则从关中地区以公平价格雇用，"丝毫不许扰累里民，致干重戾"①，这一做法也使西安城工得到本地百姓的支持。目前虽尚未发现有关工匠人数的记载，但从明隆庆年间西安城墙维修工程先后动用了约7600名军兵推测，② 此次西安城工先后招募的工匠、车夫、马夫、杂工等很有可能突破了10000人。

从乾隆四十七年（1782）开始，各地工匠陆续聚集西安，需要的口粮越来越多。毕沅考虑到在此后三四年的工期中，倘若遇到市场上粮食较少或者青黄不接的年份，粮价无疑会大涨，而一旦工匠口粮不够食用，就会影响工程进度，于是决定储备一定数量的工粮。当时正值西安、同州、凤翔、乾州等地粮食连年丰收，市粮充足，粮价较低，也宜于大宗采买。西安和咸阳作为关中地区两大粮食交易中心，往年的粮食多通过渭河水道运出省外销售，但乾隆四十七年冬季，由于渭河结冰，外销粮食运输困难，而年底正是百姓需要用钱之际，"民间率载骡驮，上市售卖者甚众"，这也为就近在西安采买工粮提供了便利条件。毕沅建议动用部分城工银两，在附近市集购买小麦二三万石，运贮西安。一旦出现市粮稀少、青黄不接、粮价大涨的情况，就可将储备粮食以较低价格支放给工匠。这一未雨绸缪的合理建议得到了乾隆皇帝的"嘉奖"。③ 毕沅储备工粮之举不仅稳定了关中地区的粮价，保护了农民的生产积极性，"于民用、仓储实属两有裨益"④，而且使"市侩无从居奇，而原来

---

① 陕西巡抚毕沅：《奏明赴兰州日期并办理城工情形事》，乾隆四十八年二月二十八日，录副奏折，中国第一历史档案馆，03 - 0181 - 032。

② 康熙《咸宁县志》卷二《建置志》，清康熙刊本。

③ 《清高宗实录》卷一千一百七十一，乾隆四十七年十二月。

④ 陕西巡抚毕沅：《奏明咸宁等州县缺额仓谷动款买补事》，乾隆四十七年七月十二日，录副奏折，中国第一历史档案馆，03 - 0761 - 040。

工匠口食敷余"①，确保了不会因可能发生的粮价上涨、粮食紧缺而拖缓工程进度。另外，以较低粮价大量收贮工粮，实际也在一定程度上节省了工费。

3. 样板工程阶段

乾隆四十八年（1783）六月十八日，西安城墙维修正式"择吉"开工，② 但当年并未开展大规模维修，而仍以采购工料和工粮、招募工匠为主。四十八年年底，由于北京修建辟雍，需德成及早返京主持该项工程。乾隆帝指示德成在西安"止须将工程做法砌筑一、二段"③，即可交给毕沅参照办理。从乾隆四十九年（1784）二月二十一日起，德成开始在东、西两面城墙各选一段试筑"样板工程"④，以检验先期制定的工程做法是否妥当，也为后续工程树立标尺。在此期间，巡抚毕沅、工部员外郎傅仑岱、主事恭安、布政使图萨布、按察使王昶、督粮道苏楞太、盐法道顾长绂与各承办官员亦亲临督修。

"样板工程"采取的技术做法主要是针对里外墙身和城顶排水等问题制定的，主要包括：（1）对城墙外侧地脚灰土、围屏石、墙身，以及原砌城砖背后的素土，均照工程做法夯筑坚实；（2）对城墙内侧素土逐层夯筑坚实，铲削拍平，安砌水沟；（3）对城顶海墁均以"素土一步，灰土二步"为标准夯实、铺砖，其余垛口、女墙亦重新用砖砌筑。⑤ 安砌水沟和筑砌海墁的做法使雨水不易下渗墙身，而由水沟顺流而下，不会在内侧墙身漫流冲刷，造成浪窝或引

---

① 陕西巡抚毕沅：《奏为购买麦石预备支给修城工匠事》，乾隆四十七年十二月六日，录副奏折，中国第一历史档案馆，03 - 1134 - 058。

② 陕甘总督福康安、陕西巡抚永保：《奏为西安省会城垣工竣请旨简员验收事》，乾隆五十一年九月二十二日，朱批奏折，中国第一历史档案馆，04 - 01 - 37 - 0043 - 018。

③ 《清高宗实录》卷一千二百三，乾隆四十九年闰三月乙卯。

④ 工部左侍郎德成、陕西巡抚毕沅：《奏报西安城垣东西二段城工修竣事》，乾隆四十九年四月六日，录副奏折，中国第一历史档案馆，03 - 1135 - 011。

⑤ 同上。

起坍塌。另外，为使从内侧墙身排水沟下泄的雨水不致在城根冲刷成坑，还专门在水沟底部配套安砌了 205 个"水簸箕"承接、散流雨水。

四月初六日，东段 26 丈、西段 30 丈的样板工程完工，前后历时 45 天。① 由于西安城墙需要维修的部分长 4000 余丈，工程做法一旦全面推广实施，自然不容有失，因而先行试筑两段样板工程就显得至关重要。样板工程不仅能试验各种施工技术，也能磨合不同工种之间的协作，由此可为全面施工阶段确立一系列具体原则和做法。

4. 全面施工阶段

乾隆四十九年（1784）四月后，西安城工进入全面施工阶段。由毕沅及继任巡抚何裕城、胜保等相继督工，依照德成奏定的工程做法继续施工。至十月入冬停工时，工程已有了很大进展，主要表现在：（1）东门与南门正楼 2 座城台、炮楼 2 座城台，其外侧墙身共长 108.18 丈，砌砖已经到顶；（2）西门正楼、箭楼 2 座城台，1 座月城，其外侧墙身共长 38.4 丈，砖土已筑砌到顶；（3）东、西、南三面 75 段城身，连同炮台，外侧墙身共长 3447.3 丈，其中 3034.9 丈砖土已砌筑到顶。②

由于"西安一交冬令，天气渐寒，水土性凝，不宜工作"③，因而每年从十月初一日起，城工暂停。停工期间正是冬季农闲时节，车马、人夫较易雇觅，而且天气晴好，也便于物料运输。为满足开春之后大规模兴工对物料的需求，停工期间砖石、木料、石灰

---

① 工部左侍郎德成、陕西巡抚毕沅：《奏报西安城垣东西二段城工修竣事》，乾隆四十九年四月六日，录副奏折，中国第一历史档案馆，03－1135－011；民国《续修陕西通志稿》卷二百《拾遗》，民国二十三年（1934）铅印本。

② 陕西巡抚毕沅：《奏为西安城工成数并现交冬季暂停工作事》，乾隆四十九年十月二十八日，朱批奏折，中国第一历史档案馆，04－01－37－0040－018。

③ 同上。

和其他工料的储备工作仍在加紧进行。乾隆五十年（1785）正月二十七日再度开工后，继续砌筑东、西、南三面外侧墙身剩余段落，并开始夯筑内侧墙身，东、西、南三座城门上的正楼、箭楼和城顶炮楼、角楼、卡房等，以及北面城身也陆续开工。①

乾隆五十年二月，陕西巡抚毕沅与河南巡抚何裕城奉旨对调。何裕城接任陕西巡抚后，于四月二十八日会同布政使图萨布等督工官员查勘城工，统计已维修完成的城身长 3550 余丈，待修城身 940 丈，其他月城、门楼、角楼、箭楼、炮楼、卡房、海墁、甬路仍在赶修。此时西安城工进度"已有十分之六"②，至八月，已"办至七分有余"。③继任陕西巡抚永保在未到任之前，曾赴热河听取乾隆帝有关西安城工的指示。十月十六日到任后，二十日即会同督工官员详细履勘，查核"已做之工约计已有十之七八"，④东、西、南三面外侧墙身已砌砖到顶，内侧墙身补筑、铲削等项以及城顶海墁、排垛、女墙、三面正楼、箭楼、炮楼、角楼、卡房等即将完工；乾隆五十年春季开工的北面墙身外侧已完成一部分，内侧墙身需要补筑、铲削之处已次第动修。至乾隆五十一年（1786）二月，永保奏请乾隆皇帝题写四门匾额，标志着维修工程已进入收尾阶段。⑤

5. 竣工验收阶段

乾隆五十一年（1786）九月，四座城门上由乾隆皇帝题写的满、汉文门名匾额已安砌完好，标志着西安城工终告竣工，验收阶

① 陕西巡抚图萨布：《奏为督办西安城垣工程事》，乾隆五十年二月二十七日，朱批奏折，中国第一历史档案馆，04 - 01 - 37 - 0041 - 003。

② 陕西巡抚何裕城：《奏为查勘西安省会城工事》，乾隆五十年四月二十九日，朱批奏折，中国第一历史档案馆，04 - 01 - 37 - 0041 - 011。

③ 陕西巡抚何裕城：《奏为刨验城工土牛核实办理事》，乾隆五十年八月二十六日，录副奏折，中国第一历史档案馆，03 - 1136 - 030。

④ 陕西巡抚永保：《奏为查看西安城工情形事》，乾隆五十年十月二十四日，朱批奏折，中国第一历史档案馆，04 - 01 - 37 - 0041 - 024。

⑤ 陕西巡抚永保：《奏为重修西安城垣四门匾额字样应否照旧抑或更定并翻清兼写请旨事》，乾隆五十一年二月二十日，朱批奏折，中国第一历史档案馆，04 - 01 - 37 - 0043 - 007。

段也随之开始。为避免由城工承办人员自行查勘导致相互包庇等弊端，巡抚永保奏请由朝廷委派工部官员来陕验收。[①] 十月二十五日工部左侍郎德成抵达西安后，率工部员外郎恭安、工部主事沈濬，与陕西布政使秦承恩等人携带原始勘估册籍进行验收。统计维修完好的四面城身4490余丈[②]，原估和续估经费总额为银1618000两。德成验收期间，陕甘总督福康安于十月二十九日由兰

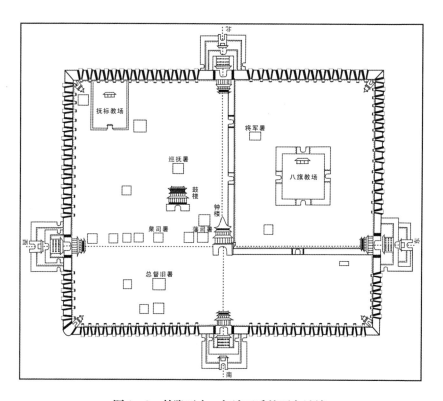

图1—2 乾隆五十一年竣工后的西安城墙

资料来源：陕西巡抚秦承恩《奏呈西安钟鼓二楼图》，乾隆五十六年，录副奏折，中国第一历史档案馆，档号03－1141－071。

① 陕甘总督福康安、陕西巡抚永保：《奏为西安省会城垣工竣请旨简员验收事》，乾隆五十一年九月二十二日，朱批奏折，中国第一历史档案馆，04－01－37－0043－018。
② 乾隆《西安府志》卷九《建置志上·城池》载西安城墙长4302丈，与德成测量数据不同，当为测量方法、测量地点不同导致的差异。

州行抵西安，三十日共同查验城工。十一月初五日，新任陕西巡抚巴延三抵达西安，也参与了城工验收。①

验收内容既包括城工尺寸是否与原来的方案相符，也查验经费使用是否有浪费的情况，主要有四方面：（1）逐一丈量内外城身、城顶、城门、券洞、楼座、官厅、卡房、城根围屏石等的尺寸，分段刨验城身、城顶砌砖的层数、进数与灰土步数，发现"所用灰浆均系灌足，土牛亦如法筑打坚实，俱与原估相符"。（2）四门箭楼、城座，东、西、北三面券洞，以及东南城墙上的魁星阁工程均属坚固，所用工料、银数与估算相符。（3）东门月城原有 2 条马道，因地势较窄，仅修砌了北侧马道，南边马道省修，省银214.755 两；城墙内侧砖砌 205 道排水沟，由于城根地势高低不一，平均每道水沟可少砌 7 层城砖，共省 19372 块砖。两者合计节省砖灰、匠夫银 592.608 两。（4）原估内侧墙身"全行刨切另筑"段落长 3907.8 丈，估需工料银约 32151 两。但在实际施工中，并未全部刨切重筑，而是根据墙身状况分为三类进行维修。其中夯土坚实、仅需铲削拍平的墙身约 1662 丈；需加补筑、粘补浪窝的墙身约 1674 丈；需将夯土全部刨除、重新筑打的墙身约 570 丈。经过分类维修，实际耗银较原估数额节省 41028 两。

由于毕沅从筹备阶段即强调"此项工程浩大，一铢一两皆项攸关，必须慎重分明，丝毫皆有着落，将来按册稽查庶可指实"②，这一原则在验收中也得以严格贯彻。如夯筑内侧墙身实际用土 17000余方，而刨切铲削下的旧土 24000 余方本应在抵除实际用土外，尚余 6900 余方。但时任巡抚何裕城未经详细筹划，反而购买了 7300余方新土，导致城工完竣后，大量旧土堆积，造成浪费。德成即建

①　工部左侍郎德成：《奏为遵旨查验西安城工事》，乾隆五十一年十一月二十四日，录副奏折，中国第一历史档案馆，03-1138-042。

②　陕西巡抚毕沅：《奏明赴兰州日期并办理城工情形事》，乾隆四十八年二月二十八日，录副奏折，中国第一历史档案馆，03-0181-032。

议由何裕城将购买 7300 余方新土的"土方银"9610.471 两赔缴,[1]城工验收之严格由此可见一斑。

十一月二十四日,德成向乾隆帝呈递验收奏报,历时 5 年的西安城墙大修工程至此落下帷幕。

三 城工经费的数量与来源

乾隆四十六年至五十一年的西安城墙维修工程耗银数额巨大,经费来源多样,支出类别琐细。经费不仅是衡量城工规模的重要指标,而且巨额经费的投入在一定程度上对西安及其周边地区城乡社会经济发展也产生了重要影响。

1. 经费总额

有关乾隆四十六年至五十一年西安城墙大修的经费总额,文献记载多有出入,如《清高宗实录》载"共估工料银一百五十六万六千余两"[2],《钦定大清会典事例》载"用银一百六十一万八千余两"[3],后世又有"一百六十万八千余两""一百六十一万八千余两""一百六十五万八千余两"[4] 等说法,最多相差近十万两之巨。实际上,仔细分析工程奏折就能对城工经费总额及其变动有更为明晰的认识。

乾隆四十六年毕沅与德成经过勘估,统计木、石、砖、瓦、灰觔、土方、匠夫工价以及各项杂费共需银约 1566125 两。在实

---

[1] 工部左侍郎德成:《奏为遵旨查验西安城工事》,乾隆五十一年十一月二十四日,录副奏折,中国第一历史档案馆,03-1138-042。

[2] 《清高宗实录》卷一千一百五十三,乾隆四十七年三月。

[3] (清)昆冈等修,刘启端等纂:《钦定大清会典事例》卷八百六十八《工部·城垣直省城垣修葺移建二·城垣禁令》,清光绪石印本。

[4] 民国《咸宁长安两县续志》卷五《地理考下》,民国二十五年(1936)铅印本;向德、李洪澜、魏效祖编:《西安文物揽胜(续编)》,陕西科学技术出版社 1997 年版,第 157—158 页;张永禄主编:《明清西安词典》,陕西人民出版社 1999 年版,第 41—42 页;张永禄编:《西安古城墙》,西安出版社 2007 年版,第 55 页。

际施工中，由于采用了新烧制的厚城砖替代原有旧砖，减少了城砖层数，节省砖、灰、匠夫工价银约39000两，但实际使用新砖超出原估经费约合银51920两；分类夯筑内侧城身省银41028余两。在综合计算以上"原估、增估、核抵、节省"等类后，实际耗银1577017两。[①]此外，由于四门箭楼、城台、券洞由原来的"剔凿粘补"改为"全拆改修"，连同"拆造见新"的魁星楼，共实用工料银18558两。[②]因而这次城工实际耗银总数为1595575两，与原估和续估经费银1618000余两[③]较为接近，反映出前期勘估颇为精确，总体经费也有所节省。

　　就经费总额而言，这次西安城工规模远大于入清之后的西安城墙历次维修工程，即使是同为西部重镇、均由德成勘估指导的兰州和成都维修工程也难以望其项背。三城维修规模如表1—3所示。

表1—3　　　　　　　乾隆后期西安、兰州、成都三城维修规模比较

城市	勘估至竣工起讫时间	城墙长度（丈）	原估、续估经费（两）	实用经费（两）
西安	四十六年十二月至五十一年九月	4492.8	1618000	1595575
兰州[④]	四十六年十一月至五十五年六月	2667.5	182890	182350

---

　　① 陕甘总督福康安、陕西巡抚永保：《奏为西安省会城垣工竣请旨简员验收事》，乾隆五十一年九月二十二日，朱批奏折，中国第一历史档案馆，04-01-37-0043-018。

　　② 陕西巡抚永保：《奏为查明西安省会城垣续有增修工程事》，乾隆五十一年九月二十二日，朱批奏折，中国第一历史档案馆，04-01-37-0043-019。

　　③ 工部左侍郎德成：《奏为遵旨查验西安城工事》，乾隆五十一年十一月二十四日，录副奏折，中国第一历史档案馆，03-1138-042。

　　④ 陕甘总督勒保：《奏为验收甘省皋兰县城工事》，乾隆五十五年六月十七日，朱批奏折，中国第一历史档案馆，04-01-37-0045-017。

续表

城市	勘估至竣工起讫时间	城墙长度 （丈）	原估、续估经费 （两）	实用经费 （两）
成都	四十七年一月至五十一年 十月①	4127.6	688698②	612028③

由表1—3可知，成都城墙约为西安城墙长度的90%，虽然也是一次大修，但耗资仅相当于西安的30%强，连乾隆皇帝都有"陕西西安城工较川省更为浩繁"④的慨叹。兰州城墙约为西安城墙长度的59%，而经费仅为西安的11%。从城工经费反映的西安城墙维修规模之大，充分体现出其"重中之重"的西部重镇地位。

2. 经费来源

这次西安城工经费来源较为多样，以陕西省地方财政收入为主，由此也可看出乾隆年间陕西尤其是关中区域经济发展在很大程度上促进了西安城市建设。乾隆四十七年（1782）毕沅原估工料银为1566100两⑤，有八项来源，如表1—4所示。

表1—4　　　　乾隆四十七年（1782）估算城工经费来源

序号	经费来源	数额（两）
1	截至四十六年十二月所收商畜杂税银	450700
2	陕西布政司库存留用银	100000

---

① 四川总督保宁：《奏报省会城垣工程全竣事》，乾隆五十一年十月十二日，录副奏折，中国第一历史档案馆，03-1138-038。

② 四川总督福康安：《奏为修筑省城工费繁重酌定章程事》，乾隆四十七年十二月十六日，录副奏折，中国第一历史档案馆，03-1135-001。

③ 四川总督保宁：《奏报省会城垣工程全竣事》，乾隆五十一年十月十二日，录副奏折，中国第一历史档案馆，03-1138-038。

④ 《清高宗实录》卷一千二百七十四，乾隆五十二年二月癸卯。

⑤ 陕西巡抚毕沅：《奏请借款修理西安城垣事》，乾隆四十九年八月十二日，朱批奏折，中国第一历史档案馆，04-01-37-0040-005。

续表

序号	经费来源	数额（两）
3	截至四十七年二月所收布政生息银的利息银	110000
4	预计此后五年可收布政司生息银的利息银	150000
5	预计此后五年可收商畜杂税银	250000
6	朽木变价银	16080
7	查封甘肃省犯官张毓琳等家产银	14900
8	从布政司库内借支银	474420
9	合计	1566100

具体而言，这八项经费分别是：（1）陕西省所设商畜杂税银每年征收约44000两，专门用于维修城池①，至四乾隆十六年十二月，已积存450700余两；（2）陕西布政司库备用银400000两，其中100000两留用；（3）陕西布政司库备用银中的300000两交给商人经营，所得利息银用于维修历代陵墓、古迹，至乾隆四十七年二月，共收利息银150100余两，除修缮华山庙宇用银外，存银110000余两；（4）陕西布政司300000两发商生息银每年的利息银为30000两，毕沅估计此后5年工程进展期间可收利息银150000两；（5）商畜杂税银每年可收44000余两，毕沅估计此后5年约可收250000两；（6）从城楼、卡房、官厅等拆卸下来的旧木料变卖所得银16080余两；（7）查封甘肃省犯官张毓琳等家产银14900余两；（8）以上经费来源之外，不足部分474420两从布政司库借支，由以后征收的商畜杂税银及生息银按年归还。②

乾隆四十九年又新增一项经费来源，即宝陕局余存钱31500两。③

---

① 陕西巡抚汤聘：《奏为遵旨筹办陕西通省城工事》，乾隆三十一年正月十二日，朱批奏折，中国第一历史档案馆，04-01-37-0021-004。

② 陕西巡抚毕沅：《奏明酌筹城工动用银两缘由事》，乾隆四十七年三月六日，录副奏折，中国第一历史档案馆，03-1134-009。

③ 陕西巡抚毕沅：《奏请借款修理西安城垣事》，乾隆四十九年八月十二日，朱批奏折，中国第一历史档案馆，04-01-37-0040-005。

因而，在估算经费总额不变的情况下，乾隆四十七年原计划需从布政司库借支 474420 两，乾隆四十九年就减为 326920 两，其余各项未变。值得一提的是，乾隆四十七年十二月乾隆皇帝批示甘肃省乾隆四十六年办理军需案部分剩余银两无须交回内务府，交归西安城工使用①，至乾隆四十九年八月，划入西安城工使用的甘肃省解交银多达 116000 两，② 有力地促进了西安城工进展。

城工进行期间，由于布政司库存"城工项"下银两渐绌，无力借支，不足银两遂从布政司库"地丁银"借支，计划由将来所收商畜杂税银、生息银等归还。③ 陕西省地丁银收入较为稳定，每年数额较大，也成为城工经费的重要来源。另外，毕沅任陕甘总督期间，由于未及时觉察甘肃折捐冒赈一案，被罚银 80000 两，奉旨归西安城工使用。毕沅从乾隆四十六年十一月至五十年七月交清了全部罚款，均充入城工经费。④

虽然在西安城工勘估期间，乾隆皇帝已指出"不得存惜费之见"的基本原则，旨在避免因节省经费而缩小西安城墙的宏大规模，但同时也要求督工官员考虑"物料购估之如何可得便宜"⑤。在施工中，督工官员更进一步贯彻了"于节省之中仍归巩固"的经费使用原则，因而实际使用经费最终还略低于原本勘估经费。

---

① 陕甘总督李侍尧：《奏报解交毕沅等人罚银事》，乾隆四十七年十二月六日，录副奏折，中国第一历史档案馆，03-1317-019。
② 陕西巡抚毕沅：《奏请借款修理西安城垣事》，乾隆四十九年八月十二日，朱批奏折，中国第一历史档案馆，04-01-37-0040-005。
③ 陕西巡抚毕沅：《奏请借动银两修理城垣事》，乾隆四十九年八月十二日，录副奏折，中国第一历史档案馆，03-1135-017。
④ 陕西巡抚何裕城：《奏为收到前署陕甘总督毕沅罚银列入城工公项事》，乾隆五十年七月二十五日，朱批奏折，中国第一历史档案馆，04-01-30-0504-016。
⑤ 陕西巡抚毕沅：《奏为委派办理城工人员事》，乾隆四十七年五月二十日，录副奏折，中国第一历史档案馆，03-1134-024。

四　主要工料的产地、数量与运输

由于西安城墙维修项目繁多，工序复杂，因而所需工料种类亦多，其烧造、采买、运输等都关系到城工进度和工程质量。从乾隆年间陕西各地城墙维修的工程案例可知，工料包括砖瓦、石料、灰觔、木植、绳觔、铁料、颜料、柳木丁、杂料等，[①] 而西安城工中最重要的当属城砖、石料和木料。

1. 城砖

依照勘估中确定的方案，这次西安城墙大修的重点是给城身外侧和城顶城楼、卡房等处全部重新砌砖，以使墙身更为坚固。工部员外郎蓬琳在北京曾多次承办城砖事务，熟悉烧砖工序，随即被派往各砖窑查看砖坯，监督烧造。蓬琳参照旧城砖式样，规定新城砖"长一尺四寸，宽七寸，厚三寸"。这些数据与考古实测的清代西安城砖长 45 厘米、宽 22.5 厘米、高 9.5—10 厘米[②]正相一致。蓬琳在对煤炭、物料、匠夫拉运车价等进行统筹核算的基础上，为新城砖定价为每块需银 0.022 两。虽然档案中没有明确记载砖窑所在位置，但从明代西安城砖大量产自南郊东三爻一带的情况推测，[③] 此次大修所需城砖可能也来自西安城郊尤其是南郊砖窑。

此次大修所需城砖数量亦可结合明代西安城工规模进行合理推测。明隆庆年间陕西都御使张祉主持为西安外侧墙身砌砖时，仅东南隅约 750 丈城墙就使用了 58 万块砖，[④] 由此推算西安城墙4492.8丈外侧墙身砌砖共需近 350 万块，加上城楼、箭楼、卡房、官厅、

---

① 川陕总督庆复、户部左侍郎三和、陕西巡抚陈弘谋：《复奏查勘陕省城工缓急事》，乾隆十年六月（原奏折未注明日期），录副奏折，中国第一历史档案馆，03 - 1116 - 045。

② 西安市文物局、陕西省古建设计研究所联合考古调查组：《含光门段明城断面考古调查报告》，《文博》2006 年第 3 期，第 79—84 页。

③ 西安市地方志馆、西安市档案局编：《西安通览》，陕西人民出版社 1993 年版，第869 页。

④ 康熙《咸宁县志》卷二《建置志》，清康熙刊本。

魁星楼等所用大量城砖，乾隆四十六年至五十一年西安城工用砖有可能超过了400万块。以此估算，仅购买城砖用银即需88000两，约占总经费1595575两的5.5%。当然，这一估算数字尚需今后进一步搜检史料加以修正。

2. 石料

除城砖外，石料和石灰也属大宗工料。西安城墙维修工程需以大量石料用作围屏石、铺地石、水沟石等，同时需要大量石灰，这两类工料主要来自富平县。富平北山出产的青石与出自石川河沿岸的石灰均是上好的建材，但采运困难，历来有"匠工之艰，搬移之累，利病半焉"①的说法。由于富平距离西安城较远，石料和石灰采运不易，核定合理运价就成为保证工料充足且不致造成"民累"的关键。

当时西安府附郭县咸宁、长安二县通行的石料、石灰运价为每车装720斤，每100里空重往返，给银3两；富平县运价为每车装1300斤，每100里空重往返，给银0.9两。两地运价悬殊。德成等人即指出，咸宁、长安运价过高，会造成粮价、草料、人工等开支过大；而富平运价过低，无法满足草料和人工开支，会出现车户不愿承揽运输的问题。在统筹考虑市价、草料与工费的基础上，德成等核定运价为每车装1500斤，每100里空重往返，给银2两。②若以运载1500斤空重往返100里计算，富平运价应为1.038两，咸宁、长安二县运价应为6.25两。因而核定运价虽较富平运价增加银0.962两，却比咸宁、长安二县运价节省银4.25两。这一运价的高明之处就在于节省工费的同时，也使当时的运输业者能够赚取合理的利润，进而保证工料供应充足。

---

① 光绪《富平县志稿》卷三《物产》，清光绪十七年刊本。
② 工部左侍郎德成、陕西巡抚毕沅：《奏为估计城工并各项运价事》，乾隆四十七年二月十二日，录副奏折，中国第一历史档案馆，03-1134-003。

3. 木料

由于西安城墙城楼、箭楼、卡房、官厅、魁星楼等建筑物的木柱、梁檩大多歪斜朽损，需要大量木材重新建盖，因而木料采伐、运输也是一大问题。西安城南的秦岭素有"林木之利取之不穷"①的说法，入清之后采伐规模仍然较大，尤以盩厔县境的深山区为最。乾隆十一年（1746），陕西巡抚陈弘谋描述盩厔采伐木料的景况称，"西安府之盩厔县南山出产木植，每当三四月间水发，木方出口。有黑峪、黄峪地方，木客人等在彼雇人运木，人烟凑集"②。嘉庆、道光年间曾任汉中知府、陕西按察使的严如熤亦调查指出："盩厔之黄柏园、佛爷坪、太白河等处大木厂，所伐老林已深入二百余里"，而"开厂出赀本商人，住西安、盩厔、汉中城"③。这些因素为西安城墙维修使用秦岭所产木料提供了便利条件。

乾隆四十九年（1784）四月，毕沅奏称，"西安城工需用木料俱购自南山，必由盩厔之黑龙潭顺水运至省城。现在各厢木植均已办就，专候山水旺发时，陆续自山运出"④。由于城楼、卡房在乾隆五十年春季开始施工，所有木料应在乾隆四十九年夏秋之前运到，晾干后才能采用。为此，毕沅于乾隆四十九年四月十二日从西安出发，奔赴盩厔查验木料，指导运输事宜。就运输路线来看，采伐的木料汇聚于黑龙潭后，经由盩厔第一大河黑河流入渭河，再漂流至关中木材集散市场咸阳，或西安北郊的草滩镇，由木商集中收储后运至西安。

如上所述，西安城工所需的城砖来自西安城郊地区，石料、石

---

① 民国《重修盩厔县志》卷三《田赋》，民国十四年（1925）铅印本。

② 陕西巡抚陈弘谋：《奏为盩厔县伐木工人谷天亮等纠众殴差长安县生员郝潜借事煽惑分别提审责惩事》，乾隆十一年四月二十五日，朱批奏折，中国第一历史档案馆，04-01-01-0138-019。

③ （清）贺长龄：《皇朝经世文编》卷八十二《兵政十三·山防》。

④ 民国《续修陕西通志稿》卷二百《拾遗》，民国二十三年（1934）铅印本。

灰出自渭北富平县，而木料源于盩厔的秦岭山中，工料来源之广不仅反映出西安城工规模之大，也可看出西安城市建设与关中区域社会的紧密联系。

乾隆四十六年（1781）至五十一年（1786）的西安城工，以其工期之长、工匠之众、经费之巨、工料之多堪称明清时期西安城墙建修史上最大的维修工程，不仅与改善城市景观、提升城墙防御能力等直接相关，对区域社会经济发展和生态环境变迁等也有着较大影响。

首先，城墙是明清时期西安最重要的城市景观，与城市整体风貌直接相关。经过全面整修后的西安城"崇墉壮丽，百雉聿新"①，"崇宏巍焕，克壮观瞻"②，远非整修之前城楼倾颓、砖瓦剥圮的景象可比。这种城市景观的焕然一新，不仅对西安城居民而言有着居住环境改善的实际意义，更重要的是与西安城作为"西陲重镇、新疆孔道、蜀省通衢"的地位相适应，可使东部以及西北、西南各地往来、途经西安的无数官绅贾民，包括大量前往北京朝觐、进贡的新疆、西藏、四川等地等少数民族首领③也能领略到西北重镇的雄姿，这对于巩固西北、西南边防具有重要的心理暗示意义。从根本而言，西安城墙作为军事防御工程，整修的最大目的是提升防御能力，通过对城墙外侧和顶部全行砌砖，重新筑打内侧墙身，以及对城楼、箭楼、卡房、官厅、魁星楼、券洞等重新维修，使得西安城

① 陕西巡抚永保：《奏为重修西安城垣四门匾额字样应否照旧抑或更定并翻清兼写请旨事》，乾隆五十一年二月二十日，朱批奏折，中国第一历史档案馆，04-01-37-0043-007。

② 陕甘总督福康安、陕西巡抚永保：《奏为西安省会城垣工竣请旨简员验收事》，乾隆五十一年九月二十二日，朱批奏折，中国第一历史档案馆，04-01-37-0043-018。

③ 陕西巡抚钟音：《奏闻凯旋将军大臣伯克到西安并宴请事》，乾隆二十五年二月三日，录副奏折，中国第一历史档案馆，03-0344-004；陕西巡抚鄂弼：《奏为遵旨备办接待爱乌汉罕情形并阿嘉胡图克图带领达赖喇嘛差遣使臣进贡等过陕日期事》，乾隆二十七年十一月二日，朱批奏折，中国第一历史档案馆，04-01-14-0034-042；陕西巡抚毕沅：《奏为川省入觐土司等先后抵达西安并起程赴京事》，乾隆四十九年（原奏折日期不详），朱批奏折，中国第一历史档案馆，04-01-16-0078-025。

墙更加厚实耐久，防御能力空前增强，加上乾隆三十九年（1774）毕沅主持修浚加深了护城河，两者更相得益彰，不愧于"可资捍御而壮观瞻"①的美誉，由此奠定了西安城在清后期至民国年间多次攻城战中屡遭战火，却均未被攻破的重要城防基础。

其次，西安大城维修竣工后，巡抚永保于乾隆五十二年（1787）正月即奏请兴修钟楼和鼓楼。②钟楼和鼓楼作为西安的重要标志性建筑物，原本"规制颇为壮丽"，兼具报时、警戒等功能。由于长期风吹雨淋，破损不堪，"若不一并兴修，观瞻实多未肃"③。可见西安城墙维修工程"催生"了钟、鼓楼维修。毕竟，破烂不堪的钟楼、鼓楼对于西安城景观而言仍属美中不足，这可能也是乾隆皇帝允准维修钟楼、鼓楼的原因之一。钟、鼓楼维修工程由德成于乾隆五十二年二月前后勘估，共需物料、匠夫、工价银84525.855两。④约至乾隆五十四年（1789）工程完竣，⑤自此与西安城墙相映生辉，城市景观面貌大为改善。

最后，乾隆四十六年至五十一年的西安城墙维修，不应简单被视为仅是一次大规模城建活动，相较于对改善城市景观和提升防御力的直接影响而言，此次城工对西安城乡以及关中区域社会经济和生态环境的影响虽然微妙，却不容忽视。

综上所述，一方面，在城墙维修过程中，大量资金通过购买各类工料、支付工匠工费、储备粮食等途径进入关中各地民众生活、

---

① 陕西巡抚永保：《奏为重修西安城垣四门匾额字样应否照旧抑或更定并翻清兼写请旨事》，乾隆五十一年二月二十日，朱批奏折，中国第一历史档案馆，04-01-37-0043-007。

② 陕甘总督福康安：《奏请修陕西省城钟鼓楼座及潼关城垣事》，乾隆五十二年正月四日，录副奏折，中国第一历史档案馆，03-1139-001。

③ 同上。

④ 工部左侍郎德成、陕甘总督福康安、陕西巡抚巴延三：《奏为会勘西安钟鼓楼座估计钱粮事》，乾隆五十二年三月四日，录副奏折，中国第一历史档案馆，03-1139-007。

⑤ （清）昆冈等修，刘启端等纂：《钦定大清会典事例》卷八百六十八《工部·城垣·直省城垣修葺移建二·城垣禁令》，清光绪石印本。

生产流通体系之中，不仅有益于增加百姓收入、稳定粮食等专门市场，也保护了农民、手工业者和其他行业从业者的生产积极性，从而对关中区域社会农业生产、手工业制造、商业贸易、物流运输等方面均产生了不同程度的推动作用。另一方面，西安城墙维修工程耗用大量工料，尤其在盩厔县境内秦岭山区采伐大量木材，加重了秦岭森林自汉唐以来人为大规模采伐导致的生态问题。盩厔木料长期"自黑水谷出，入渭浮河，经豫、晋，越山左，达淮、徐，供数省梁栋"①，曾令陕人自豪，但至民国初年，时人却发出了"比年以来，老林空矣"②的慨叹。可以说，秦岭森林生态的变化，不仅与以往汉唐长安城建设紧密相关，与明清时期西安城墙数十次维修工程亦有内在关联，值得今后进一步探究。

第七节　清代嘉庆、道光年间西安城墙 修筑工程

嘉庆、道光年间，由于面临着国内各地一浪高过一浪的农民斗争，以及来自咄咄逼人的海外列强的入侵，在内忧外患之下，清朝国运由乾隆时期的"盛世"已显露出逐渐转衰的趋势。西安虽然地处西北内陆地区，但是也受到国家整体发展态势的影响，在城池建修方面的力度已难与乾隆时期相比。

从现存清代奏折档案来看，嘉庆、道光年间西安城墙修筑活动共有五次，既有官府动用"公帑"维修的城工，也出现了利用民众捐款修缮城墙的情况。就修城资金的来源而言，这一时期利用民众捐款修城成为一大亮点，但是也正反映出在国力不济的大背景下，在朝廷和地方官府财政捉襟见肘的情况下，民间人士（尤其是士

---

① （清）路德：《柽华馆文集》卷五《墓志铭一·周侣俊墓志铭》，清光绪七年解梁刻本。
② 民国《续修陕西通志稿》卷三十四《征榷一·商筏税》，民国二十三年（1934）铅印本。

绅）成为建设、维修和保护西安城墙的重要群体。

一　嘉庆十五年至十六年城墙维修工程

嘉庆十五年至十六年（1810—1811）城墙维修工程在地方史志中未见提及，有关工程缘起、建修项目、工费额度等长期以来无从知晓。令人庆幸的是，笔者在北京的中国第一历史档案馆和中国台北"中研院"史语所搜检到了与此次城工相关的奏折和题本，虽然这些档案还不足以完全揭示此次城工的诸多细节，但通过审慎分析和综合比较，仍可以约略一窥此次城工的来龙去脉。

在乾隆五十一年（1786）西安城墙维修工程竣工后，从乾隆五十二年（1787）至嘉庆十五年（1810）又历时 23 年之久。由于当时城工中"新修房屋工程"的保固期限（即质量保证时限）为 10 年，[①]此时已远远超过这一时限，城墙、城楼等均出现因风雨等自然原因导致的坍陷、倒塌、渗漏等情况，于是在嘉庆十五年至十六年由陕西巡抚董教增主持进行了一次清后期较大规模的城墙维修工程。

据陕西巡抚董教增在《奏为西安省会城垣坍损详请补修事》中报称，此次城工实际上最先是由西安府的两个附郭县，即咸宁县知县林延昌[②]、长安县知县张聪贤[③]将"西安省城楼座各房屋坍损"的情况向时任陕西布政使朱勋汇报，请求加以"补修"。接报后，朱勋随即要求西安府知府周光裕对城墙、城楼等损毁情况进行实地查勘，以确定维修工程量的大小，并对工价、工料等进

---

① 陕西巡抚董教增：《奏为西安省会城垣坍损详请补修事》，嘉庆十五年十二月十一日，朱批奏折，中国第一历史档案馆，04-01-37-0061-038；陕西巡抚董教增：《奏为修理省会坍损城垣事》，嘉庆十五年十二月十一日，录副奏折，中国第一历史档案馆，03-2150-055。

② 陕西巡抚成宁：《奏请准林延昌奎丰回咸宁渭南二县本任事》，嘉庆十四年十二月十二日，录副奏折，中国第一历史档案馆，03-1528-061。

③ 陕西巡抚董教增：《奏请以张聪贤调补长安县知县事》，嘉庆十五年十二月十一日，朱批奏折，中国第一历史档案馆，04-01-12-0288-082。

行估算。①

西安知府周光裕是在嘉庆十五年年初由榆林知府调任，时年六十岁。据奏折档案载，周光裕系直隶天津县举人，议叙知县，发陕试用，先后担任定边、大荔等县知县，后调补三原县知县，乾隆五十八年（1793）升任商州直隶州知州，嘉庆二年（1797）升兴安府知府。作为长期在陕任职的官员，他被护理陕西巡抚朱勋评价为"资格最深，办事妥协。从前承办军需，屡着劳绩。现在署理西安府印务，办理亦觉裕如"②。因而周光裕被委任督理此次西安城工，既是其担任西安知府的分内之事，同时也与其"资格最深，办事妥协"的任职经历和政务经验紧密相关。

西安府知府周光裕经过仔细查勘，详细调查了城墙、城楼、魁星楼等的破损情况，为准确地勘估工价，有针对性地制定后续维修方案奠定了坚实基础。以表1—5反映西安知府周光裕调查的城墙、城楼损毁段落及其维修方案。

表1—5　　　　　　嘉庆十五年西安城墙建筑物损毁情况一览③

序号	建筑物	损毁情况	维修方案
1	西门头重正楼北边中簷	全行倒塌，以致下簷坍损	添料修葺
2	东门正楼、箭楼、炮楼	渗漏	添料修葺
3	南门正楼、箭楼、炮楼	渗漏	添料修葺
4	北门正楼、箭楼、炮楼	渗漏	添料修葺
5	四座角楼	瓦片脱落，房屋渗漏	添料修葺

① 陕西巡抚董教增：《奏为西安省会城垣坍损详请补修事》，嘉庆十五年十二月十一日，朱批奏折，中国第一历史档案馆，04-01-37-0061-038；陕西巡抚董教增：《奏为修理省会坍损城垣事》，嘉庆十五年十二月十一日，录副奏折，中国第一历史档案馆，03-2150-055。

② 陕甘总督那彦成：《奏为西安府知府员缺请旨以周光裕王骏猷二人内简放事》，嘉庆十五年四月二十六日，朱批奏折，中国第一历史档案馆，04-01-12-0285-098。

③ 陕西巡抚董教增：《奏为西安省会城垣坍损详请补修事》，嘉庆十五年十二月十一日，朱批奏折，中国第一历史档案馆，04-01-37-0061-038。

续表

序号	建筑物	损毁情况	维修方案
6	四座官厅	瓦片脱落，房屋渗漏	添料修葺
7	魁星楼	木植朽腐	拆卸头停，添换木植
8	九十八座卡房	头停渗漏、苇箔朽泡	添料修葺
9	四城正楼、箭楼、角楼、官厅等房楅扇、窗门周围、上下簷、外面各柱木、枋梁	俱被风雨，飘摇朽损	添料修葺

从表1—5可知，此次城工的主要内容是维修城墙上的建筑物，包括不同类型"楼座房屋"等，城墙墙体并不属于维修的重点内容。

西安城墙作为综合性的军事防御工程，墙体是基础，依靠和围绕城墙墙体兴建的城楼、角楼、官厅、魁星楼、卡房是用砖、石、木等建材砌筑的建筑物，在长期的风吹雨淋之下，也会和城墙墙体一样出现损毁的情况。城墙上的各类建筑物"俱被风雨，飘摇朽损，不足以肃观瞻，而资巩固"[1]，因而亟待整修完固、美观。

基于表1—5分析可知，城楼、角楼、官厅、卡房等"楼座房屋"出现的问题主要是两大类，即倒塌和渗漏。倒塌和坍陷是木植腐朽造成的，而房屋渗漏是屋顶覆盖的瓦片脱落、苇箔糟朽导致的。从这些描述可以看出，在乾隆四十六年至五十一年城工中，城墙上的城楼、箭楼、官厅、卡房等综合采用了多种施工建造技术，修缮对象既有柱梁斗拱等木构主体，也有苇箔、瓦片等屋顶覆盖物。

针对城墙上各类建筑出现的两大类问题，咸宁、长安两县知县、西安知府周光裕等人在查勘过后，提出了维修方案，具体包括：1. "添料修葺"；2. "拆卸头停，添换木植"。细致分析不难发现，在两种维修方案中，既考虑到了将腐朽的木植全部进行拆卸

---

① 陕西巡抚董教增：《奏为西安省会城垣坍损详请补修事》，嘉庆十五年十二月十一日，朱批奏折，中国第一历史档案馆，04-01-37-0061-038。

更换，也注重充分利用"拆卸旧料拣用"，即在拆下的大量木构件中拣寻能够再次利用的物料，以节省工费，这一做法同时也能够较好地保持城墙建筑物原来的风貌。

西安知府周光裕基于查勘的城墙建筑物损毁情况，估算维修需要的工料费、运费等9800余两。相较于乾隆四十六年至五十一年西安城墙大型维修工程耗资高达159万余两而言，此次城工维修主体为城墙上的房屋、楼座等建筑物，因而整体开支较小。据陕西布政使朱勋查核，当时布政司存有历年兴办各项工程"扣存市平银"11000余两，"足敷动用，毋庸请动正项钱粮"①，这就从财政上解决了城墙维修资金来源的问题。

嘉庆十五年（1810）十二月十一日，陕西巡抚董教增以《奏为西安省会城垣坍损详请补修事》上奏朝廷。十二月二十三日，嘉庆皇帝在这份奏折上朱批"工部议奏，钦此"②。至嘉庆十六年（1811）年初，经过工部审核"议准"，进一步要求陕西省官府"将估需工料银两照例切实确核，造具册结，题报核办"③。这标志着此次西安城工的维修提议已获得朝廷允准，进入工程估算、筹备的环节。陕西布政使朱勋依据咸宁、长安两县上报的"册结"，对所估"工料银"9887.588两按照惯例"逐一细核"，发现该数据"与原奏银数相符，并无浮冒"，因而建议遵照原奏，在布政司库贮存的"暂寄工程平余银"内照数动支。

嘉庆十六年闰三月十八日，陕西巡抚董教增与陕甘总督那彦成以《题报西安省会补修城垣楼房估需银两》上奏，建议此次维修西

---

① 陕西巡抚董教增：《奏为西安省会城垣坍损详请补修事》，嘉庆十五年十二月十一日，朱批奏折，中国第一历史档案馆，04－01－37－0061－038。

② 户部：《事由：移会典籍厅奉上谕直隶霸昌道员缺着成宁补授又陕西巡抚董教增奏西安省会城垣楼座房屋坍损估需工料银九千八百余两详请补修》，嘉庆十五年十二月，移会，内阁档库，中国台北"中央研究院"历史语言研究所明清档案工作室，173617－001。

③ 陕西巡抚董教增：《题报西安省会补修城垣楼房估需银两》，嘉庆十六年闰三月十八日，题本，中国台北"中央研究院"历史语言研究所明清档案工作室，064287－001。

安城墙"楼座房屋"应"及时赶修"①，这一题本由嘉庆皇帝朱批"该部议奏"，再度进入工部核准程序。毫无疑问，此次工部审核的主要是西安城墙"楼座房屋"的具体维修方案以及经费开支。在《题报西安省会补修城垣楼房估需银两》题本中，陕西巡抚董教增提出，在施工过程中，应当贯彻"严饬承修之员妥为经理"的原则，以期达到"工坚料实，帑不虚糜"的目标。他还提及，在工程竣工之后，仍要进行委勘核实、造册请销等例行事宜。②

　　虽然笔者在中国第一历史档案馆和中国台北"中研院"史语所档案馆翻检了大量档案，但迄今尚未搜检到有关此次西安城墙"施工"和"竣工"的奏折。不过，在嘉庆十六年（1811）后，陕西巡抚董教增又向朝廷上奏了有关修理陕南一带城池的奏折。结合当时的实际状况分析，这次维修西安城墙"楼座房屋"的工程应当在嘉庆十六年，甚或延至嘉庆十七年竣工，然后才会出现董教增继续修缮陕南城池之议。

二　嘉庆十九年南门城楼失火及其重修

　　在嘉庆十五年（1810）由陕西巡抚董教增动议对西安城墙"楼座房屋"等维修之后，至嘉庆十六年（也有可能延至嘉庆十七年）此项工程完竣。本来经过维修的西安城墙正楼、箭楼、卡房、官厅等建筑均焕然一新，但南门城楼却在嘉庆十九年（1814）正月初二日遭遇了一次严重火灾，损毁严重，于是在嘉庆二十年（1815）又开展了一次较大规模的城楼维修工程。

　　1. 南门城楼失火事件

　　嘉庆十九年正月，正值陕南一带民众反抗斗争风起云涌，陕西

---

　　① 陕西巡抚董教增：《题报西安省会补修城垣楼房估需银两》，嘉庆十六年闰三月十八日，题本，中国台北"中央研究院"历史语言研究所明清档案工作室，064287-001。

　　② 同上。

巡抚朱勋当时带兵驻扎秦岭峪口，"督剿匪徒"。西安八旗将军穆克登布负责驻守西安，"在省弹压"①。

就在战事紧张之际，正月初二日三更时分，南门城楼又发生了火灾，致使西安形势更显紧张。由于南门城楼存贮有大量军械、火药等，对于征剿"教匪"的战事进展关系殊大，因而西安将军穆克登布在接到失火报告后，与当时身在西安的多位省级官员以及清军同知杨超鋆当即"星飞驰往"，督率兵役，冒险先将军火抢出。由于当夜风大，加之城楼高峻，火势更猛，"内层城楼"被烧毁殆尽。幸好由于官员督率士兵"极力扑救"，大火才未延烧到其他地方。

在扑灭南门城楼大火后，穆克登布对火灾原因进行了调查。当晚负责看守的更夫张玉在火灾中虽然身手均被烧伤，但对于失火情形记忆犹新。当晚张玉奉派在城楼上看守军火，睡至三更时，忽然察觉城楼内有"烟气"，随即起身开门察看。未料到"风闪火燃"，灯花爆落在所铺的草席上，以致延烧城楼。由于担心张玉对火灾起因有所隐瞒，穆克登布对其"再四研诘，实无别情"。由此能够断定这显然是由于看守更夫张玉粗心大意导致失火，又未及时采取有效灭火措施，以至于酿成火灾。

西安将军穆克登布、陕西巡抚朱勋在《奏为正月初二日省城南城门延烧情形请将失察清军同知杨超鋆交部议处事》的奏折中指出，西安城楼向来存贮有军械、火药等，素由清军同知造办，派人看守。此次失火事件虽然是由看守更夫张玉不慎导致，但清军同知由于未能"随时稽查"，因而"实有应得之咎"，建议将清军同知杨超鋆"交部议处"，予以责罚；同时建议将当天在城墙上值班的章京阿木察布以"失于觉察，亦难辞咎"为由，"交部

---

① 西安将军穆克登布、陕西巡抚朱勋：《奏为正月初二日省城南城门延烧情形请将失察清军同知杨超鋆交部议处事》，嘉庆十九年正月二十六日，朱批奏折，中国第一历史档案馆，04 - 01 - 02 - 0025 - 011。

察议"；西安将军穆克登布、陕西巡抚朱勋以"未能先事预防"
为由，亦自请"交部议处"①。嘉庆皇帝朱批为"另有旨"。值得
一提的是，虽然西安府清军同治杨超鋆因为南门城楼失火一事受
到"议处"，但在嘉庆二十五年（1820），他仍以"老成干练"②
的任职经历升任同州府知府，表明此次事件对其仕途的影响并
不大。

从上述奏折内容可以看出，西安城墙作为军事防御体系的基
础，城楼不仅起到了"壮观瞻"的重要功用，而且在存贮军火、驻
守士兵等方面发挥着"崇保障"的功能。对于西安城墙、城楼这一
防御体系、建筑群的管理、维修和保护，是由军地两大系统共同承
担责任，尤以军队为重。从这一层面而言，看守军火的更夫张玉实
际上对于南门城楼的安危负有直接管护的责任，而其上级，如值班
章京、西安将军等负有稽查、监督的责任。一旦出现保护不周的情
况，直接责任人及其监管者都会受到追究。从西安将军穆克登布、
陕西巡抚朱勋在奏折中提出的"自罚"建议来看，他们显然意识到
了南门城楼失火的重大危害，同时也反映了这些省级官员能够承担
个人责任的态度，而不是寻找借口以便推诿、逃避处罚。

2. 南门城楼重修工程

西安城南门正楼于嘉庆十九年正月初二日因失火而遭焚毁后，
至嘉庆二十年九月九日，陕西巡抚朱勋正式向嘉庆皇帝提出了重修
南门城楼的请求。③

在南门城楼失火后，陕西巡抚朱勋基于城墙应当"资捍卫而壮

---

① 西安将军穆克登布、陕西巡抚朱勋：《奏为正月初二日省城南城门延烧情形请将失察清
军同知杨超鋆交部议处事》，嘉庆十九年正月二十六日，朱批奏折，中国第一历史档案馆，04 -
01 - 02 - 0025 - 011。

② 署理陕甘总督朱勋：《奏为委令杨超鋆署理同州府知府庆龄署理西安府清军同知事》，
嘉庆二十五年二月二十五日，朱批奏折，中国第一历史档案馆，04 - 01 - 12 - 0342 - 057。

③ 陕西巡抚朱勋：《奏为借项修建西安省垣城楼事》，嘉庆二十年九月九日，朱批奏折，
中国第一历史档案馆，04 - 01 - 37 - 0069 - 003。

观瞻"的功用，迅即要求陕西布政司委派官员调查建筑被毁情况，对有待维修之处进行查勘确估，开展维修工程的前期准备工作。其中最为重要的一项活动即"筹款捐办"，但此次"捐款"并非由官绅出资，而是从"通省公费银内摊捐办理"，即从用于地方办公的"公费银"中"摊捐"工费，实际上相当于压缩办公经费，将节省出来的资金用于维修城楼。

在陕西巡抚朱勋的主导下，陕西布政司陈观督饬西安府知府费瀞，按照工程做法，对南门城楼应修部分逐加确估，总共需工料、运输等经费约 31259 两。① 当时陕西全省每年固定开支的"公费银"为 30650 两，系地方办公经费。朱勋、陈观、费瀞等人协商认为，维修南门城楼所需的工程款项应从"通省公费银内摊捐办理"，但是由于各地办公尚需经费，不可能一次性划拨如此巨款，因而可以分作 5 年划拨，即每年"捐扣"出约 6251.8 两。

不过，为了这项维修工程能够"及时修理完固"，遂从陕西布政司库存的"耗羡项"下先行"借支"31259 两，由西安知府费瀞负责"赶紧兴修"。借支的款项按照前述计划从"公费银"内每年捐扣 6251.8 两，归还陕西布政司库，5 年还清。虽然这一做法有"东挪西借"之嫌，但也是在特殊情况下为了开展亟待维修的城楼工程，同时又尽最大可能"于办公亦不致掣肘"，较好地兼顾了维修和办公两方面的开支需要。从此次南门城楼经费需银高达 31259两来看，远较嘉庆十六年（1811）维修"楼座房屋"耗费的 9887两为多，足见此次工程量之大，也从侧面反映出失火事件对于南门城楼造成的损毁程度之深。陕西巡抚朱勋在奏折中建议"饬令地方官赶紧兴修"之语，反映了当时陕西地方官府对于南门城楼维修的

---

① 陕西巡抚朱勋：《奏为借项修建西安省垣城楼事》，嘉庆二十年九月九日，朱批奏折，中国第一历史档案馆，04 - 01 - 37 - 0069 - 003。

迫切心情，而嘉庆皇帝对此建议的朱批为"工部知道"①，而非通常的"工部议奏"，表明嘉庆皇帝认可朱勋的提议，有要求工部加快进度配合陕西地方官府开展此次工程的隐含语意。

需要指出的是，时任西安知府费瀹是在嘉庆十九年（1814）十二月由陕西巡抚朱勋奏请，将其从延安知府调任西安知府。当时陕西布政司、陕西按察司在众多地方官员中遴选，最终以延安府知府费瀹"在陕年久，老成干练"的特点而加以选调。从其履历中可以看出，费瀹以江苏副榜出身，就职州判，乾隆五十六年（1791）来陕，任职县丞；嘉庆四年（1799）任长安县知县，七年（1802）升补葭州知州，十二年（1807）题补潼关厅同知，加捐知府，十六年（1811）四月赴部引见，奉旨"费瀹著发往陕西，以知府用，钦此"。陕西巡抚朱勋赞誉费瀹"才优年富，办事勤能，于通省情形最为熟悉，以之调补西安府知府，实堪胜任"②。此次西安城工能够顺利开展，作为西安知府的费瀹无疑发挥了重要的督工作用。

综合分析来看，此次工程极有可能在嘉庆二十年（1815）九、十月即开始兴工，有鉴于其较大额度的勘估经费，工程量无疑也会相应较大，有可能延续至嘉庆二十一年（1816）竣工。依照朱勋在奏折中的筹划，此次竣工后，仍然按照工程惯例"造册具题报销"，并且对工程质量予以"保固"。

三　道光元年北门城台与月城维修工程

经过嘉庆年间两次较大规模的整修活动，西安城墙景观面貌得以延续，防御能力也进一步提升。进入道光朝，西安城墙又经历了道光元年（1821）、道光七年至八年（1827—1828）两次较大规模

---

① 陕西巡抚朱勋：《奏为借项修建西安省垣城楼事》，嘉庆二十年九月九日，朱批奏折，中国第一历史档案馆，04－01－37－0069－003。

② 陕西巡抚朱勋：《奏请将延安府知府费瀹调补西安府知府事》，嘉庆十九年十二月十八日，录副奏折，中国第一历史档案馆，03－1566－005。

的整修活动，其中包括一次极具代表性的"捐修"工程。相较于嘉庆二十年（1815）开展的"捐扣"办公经费维修南门城楼的城工，道光七年至八年（1827—1828）的捐款维修才真正称得上由官民尤其是士绅群体踊跃捐资完成的城工。

道光元年（1821）九月二十二日，陕西巡抚朱勋在上奏道光皇帝的奏折中称，由于乾隆五十一年（1786）城墙大规模维修之后，从乾隆五十二年（1787）至道光元年，又过去了34年之久。虽然嘉庆年间西安城墙经历了两次维修，但其工程规模远逊于乾隆四十六年至五十一年的庞大城工，因而城墙城身由于风吹雨淋等自然因素出现了较多问题，"城身里皮间有坍损"，尤为严重的是北门城台、月城等处被雨淋塌。鉴于这些部位与北门正楼相互连接，朱勋奏请"必须赶紧修理"①。

在上奏之前，陕西巡抚朱勋已经下令陕西布政司等机构进行查勘、确估。据有着"廉明公正，率属有方"②之誉的时任陕西布政使陈廷桂查知，对西安城墙负有管护之责的相关道府官员已调查明确，北门城台、月城及里口、宇墙等处，总计坍塌四段，连刨拆、接砌，共长59.5丈，同时需要维修这一段的城顶海墁，共估需工料银约3258两。陕西布政司在对主管道府移送的查勘报告按例核算后，发现工费并无浮冒，因而提请陕西巡抚从陕西布政司库存的"商筏畜税银"内照数动支，以便督工官员"赶修完固"。

陕西巡抚朱勋在将陕西布政司提交的估算册等覆核之后，便呈交工部查核，并于九月二十二日上奏道光皇帝。十月五日，道光帝

① 陕西巡抚朱勋：《奏为估修省会城垣丈尺工料需银请于司库银项动支事》，道光元年九月二十二日，录副奏折，中国第一历史档案馆，03-3622-022；户部：《移会稽察房陕西巡抚朱勋奏为陕西省会北门城台月城等处被雨淋塌须赶紧修理估需工料银请存于司库商筏畜税银内照数动支》，道光元年十月，移会，中国台北"中央研究院"历史语言研究所明清档案工作室，135595-001。
② 陕西巡抚朱勋：《奏为藩司岳龄安梁疾请旨简放并陈廷桂署理藩司等事》，道光元年八月十八日，录副奏折，中国第一历史档案馆，03-2512-083。

朱批："工部议奏。"此项工程旋即进入工部复核预算的阶段。就在工程前期筹备阶段的九月，陕西布政使陈廷桂已接到调任江苏按察使的任命。[①] 随后由唐仲冕暂时担任陕西布政使,[②] 至十一月十八日，则由诚端接任陕西布政使。[③] 从官员的变动来看，在此次工程的实际施工中，很有可能诚端协助护理陕西巡抚卢坤完成了此次工程。

从朱勋的奏折中可以看出，虽然当时城墙内侧出现了土皮坍损的情况，但似乎尚不算严重，而北门城台、月城等部位的情况亟待维修，以免危及北门正楼、箭楼，因而总体衡量来看，工程主体是北门城台、月城，所需经费也相应较少。这次维修有可能在当年内即完工。不过，朱勋在此奏折中还针对当时"城身里皮间有坍损"的情况，称"现在查勘，另行办理"。可见，在维修了北门城台、月城之后，很有可能还开展了对城身其他段落的维护，可惜笔者未能搜检到相关奏折，在地方史志中也未发现相关记载，只能留待今后继续鬼集资料进行分析。

四 道光七年至八年维修工程

在道光元年针对北门城台、月城等进行维修之后，仅时隔六七年，陕西地方官府又于道光七年至八年（1827—1828）对西安城墙进行了一次重大维修，其规模仅次于乾隆四十六年至五十一年的大型城工。从经费来源看，乾隆四十六年（1781）开始议修的西安城工，经费来自公帑，而道光七年至八年的城墙维修经费，则来自官

---

① 陕西布政使陈廷桂：《奏为调任江苏皋司谢恩并请陛见事》，道光元年九月九日，录副奏折，中国第一历史档案馆，03-2513-096；陕西巡抚朱勋：《奏请陈廷桂俟新任藩司到任后再交卸起程事》，道光元年九月十日，录副奏折，中国第一历史档案馆，03-2513-097。

② 陕西巡抚朱勋：《奏请陈廷桂俟新任藩司到任后再交卸起程事》，道光元年九月十日，录副奏折，中国第一历史档案馆，03-2513-097。

③ 护理陕西巡抚卢坤：《奏报诚端到陕接署藩司日期事》，道光元年十一月二十日，录副奏折，中国第一历史档案馆，03-2517-007。

民捐款。

1. 工程缘起

有关此次维修工程的起因，护理陕西巡抚徐炘在道光七年（1827）五月二十一日上奏的《奏为筹议捐修省会城垣事》中指出，西安城垣"外砖内土"的城身周长 4900 余丈，自从乾隆五十一年（1786）请动公帑进行大修之后，至道光七年（1827）时已经过去了 41 年之久，"早经保固限满"。虽然嘉庆年间、道光元年西安城墙经历过三次维修，但由于阅时既久，积年雨水浸渗、刷涤，城顶海墁"多有坍陷"，而城根地脚"渐次锉限"①。

从嘉庆二十四年（1819）至道光六年（1826）的 7 年间，咸宁、长安两县向西安府、陕西省多次汇报有关城墙坍损的情况，主要包括：（1）城墙"里皮"坍陷的段落共长达 2000 余丈，宽二三尺至二丈余不等；（2）所有马道、卡房、角楼、垛口、女墙均出现"坍裂"的情形；（3）"外皮"城身砖块亦有间段剥落；（4）北门"头重大楼"接连城台券洞，于道光六年秋季被雨坍塌 12 丈。② 由此可见，坍损之处涉及城墙内侧、外侧墙身、城顶、城根、马道、卡房、角楼、垛口、女墙、北门正楼接连城台券洞等，城墙及其附属建筑物的面貌给人以"千疮百孔"的印象，显然已经到了非修不可的地步。徐炘指出，西安作为省城，"为全秦保障"，城垣既然已经坍塌严重，就应当尽快兴修，以免由于拖延，"坍陷愈多，工费益巨"③。

2. 捐款修城

在上述种种情况下，护理陕西巡抚徐炘遂与陕西布政使颜伯焘

---

① 护理陕西巡抚徐炘：《奏为筹议捐修省会城垣事》，道光七年五月二十一日，朱批奏折，中国第一历史档案馆，04 - 01 - 37 - 0088 - 005；护理陕西巡抚徐炘：《奏报筹议捐修省会城垣》，道光七年五月二十一日，军机处档折件，中国台北"故宫博物院"图书文献处，055802。

② 护理陕西巡抚徐炘：《奏为筹议捐修省会城垣事》，道光七年五月二十一日，朱批奏折，中国第一历史档案馆，04 - 01 - 37 - 0088 - 005。

③ 同上。

带领西安知府、咸宁知县、长安知县亲历查勘，委派官员确估工程量和工费。由于当时清王朝正在"办理口外军务，需用浩繁"，因而户部要求耗资较大的建设工程，一律"停缓三年"，以免国家财政吃紧，影响军务开支。这一国家政策对于西安城墙的维修也产生了重要影响，即无法从官府划拨公帑进行维修。有鉴于此，护理陕西巡抚徐炘经过与陕西布政使颜伯焘、陕西按察使何承薰"再四熟筹"，又同署理陕甘总督鄂山多次协商，认为在当时"经费支绌"之际，不能向朝廷请动公帑，"冒昧请修"，但是面对西安城墙坍陷损坏的严重状况，又不能"因循不办"。而只有解决了资金来源问题，才能顺利推进西安城工的开展。

徐炘等人在商议后提出了建议，考虑到西安、同州、凤翔三府"土沃风淳"，绅民一向"慕义急公"，因而可以"俯察舆情，量加劝谕"，调动广大绅民捐款。通过民间捐款修城，而不动用公帑，自然不在户部规定的"停缓三年"之列。陕西布政司在对工程勘估之后，逐一核实估计，统计共需银12万余两。旋即按照这一数目摊派三府分捐，即西安府属捐银6万两，同州府属捐银4万两，凤翔府属捐银2万两。这一捐款比例无疑是参照了当时三府管辖地域的大小、人口的多少以及富庶的程度等诸多因素而确定的。当然，作为陕西省城、西安府城，又是咸宁、长安两县县城，西安府下辖各州县捐款应当最多，而同州府、凤翔府与西安相距较远，规定的捐款数额也相应减少。

捐款修城之议经过西安府、同州府、凤翔府官员在各州县民众间进行传达之后，出现了"各州县陆续禀覆，该绅民等闻风踊跃，报效情殷"的捐款热潮。各州县中既有及时缴纳捐款的，也有先进行一定数额的"认捐"，待捐款达到一定数额时，随时解交陕西布政司库。各地的修城捐款均作为专款存贮在陕西布政司衙门。徐炘等官员指出，若各地捐款"倘有不敷"，则会再采取其他方式筹款。

在此次西安城墙维修工程之前，三原县、三水县等城垣已经通过当地绅民捐赍修葺，因而为捐款兴修西安城墙提供了可资借鉴的样板，所谓"本有成案可循，自应仿照办理"。西安、同州、凤翔三府劝谕以"殷实绅士"和"富饶商民"为主体的民众，以"量力捐输"为原则，号召民众积极捐款。捐款以自愿为基础，"弗稍抑勒科派"，因而对绅商和普通民众均没有强制捐款的情况出现。恰逢当年麦收"上稔"，而广大绅民亦深知"捍卫梓桑之举"，因此"无不勉抒芹曝之诚"①。可见地方官府的"劝捐兴修"② 之议是在夏季小麦丰收、民众有可能乐于捐资的情况下提出的。

表1—6　　　　道光七—八年捐修城工银数在300两以上官绅姓名清单③

序号	州县	职衔	姓名	捐银数量（两）
1	大荔县	候选通判	李汝櫆	1700
2	渭南县	生员	严焯	1200
3	朝邑县	革生	谢温	1200
4	咸宁县	议叙州同职衔	晁凝福	1000
5	咸阳县	监生	程一夔	1000
6	临潼县	监生	宋春隆	1000
7	渭南县	从九品	贺汝祥	1000
8	富平县	州同职衔	刘玉琦	1000
9	华州	生员	吴启蒙	700
10	蒲城县	郎中职衔	张联捷	700

① 护理陕西巡抚徐炘：《奏为筹议捐修省会城垣事》，道光七年五月二十一日，朱批奏折，中国第一历史档案馆，04 - 01 - 37 - 0088 - 005；护理陕西巡抚布政使徐炘：《奏报筹议捐修省会城垣》，道光七年五月二十一日，军机处档折件，中国台北"故宫博物院"图书文献处，055802。

② 护理陕西巡抚徐炘：《奏为西安省会城垣如式捐修完竣请奖捐输各员事》，道光八年八月二十二日，朱批奏折，中国第一历史档案馆，04 - 01 - 37 - 0089 - 013；护理陕西巡抚徐炘：《奏报西安省会城垣如式捐修完竣由》，道光八年八月二十二日，军机处档折件，中国台北"故宫博物院"图书文献处，061401。

③ （清）徐炘：《吟香书室奏疏》卷六，清刊本。

续表

序号	州县	职衔	姓名	捐银数量（两）
11	咸宁县	民人	贺万年	600
12	咸阳县	贡生	李维清	600
13	岐山县	贡生	宋象郊	600
14	咸宁县	监生	于文燦	500
15	长安县	民人	李含馥	500
16	长安县	民人	高景淳	500
17	三原县	候选教谕	刘映苴	500
18	渭南县	监生	赵郁炤	500
19	渭南县	民人	严铎	500
20	朝邑县	生员	张星浩	500
21	朝邑县	民人	薛迎瑞	500
22	朝邑县	民人	王协恭	500
23	朝邑县	民人	刘照清	500
24	郃阳县	捐职守御所千总	党双世	500
25	韩城县	童生	牛琨	500
26	华州	童生	姬庆笃	500
27	蒲城县	州判职衔	杨殿辉	500
28	凤翔县	童生	白源长	500
29	郃阳县	游击职衔	王景清	480
30	岐山县	同知职衔	郭命嘉	450
31	咸阳县	附生	刘调元	400
32	临潼县	县丞职衔	段文燦	400
33	临潼县	民人	丁长隆	400
34	三原县	候补中书	李锡龄	400
35	三原县	同知职衔	胡锡爵	400
36	三原县	生员	郭景仪	400
37	三原县	童生	武煁	400
38	渭南县	民人	杜映梅	400
39	大荔县	捐封三品	张凤仪	400
40	大荔县	游击职衔	李怀瑾	400
41	大荔县	同知职衔	杜佩桪	400

续表

序号	州县	职衔	姓名	捐银数量（两）
42	大荔县	理问职衔	张星耀	400
43	大荔县	理问职衔	赵有玉	400
44	朝邑县	民人	李庆祥	400
45	朝邑县	民人	雷酉金	400
46	澄城县	候选员外郎	东荣震	400
47	澄城县	民人	高瑞麟	400
48	韩城县	童生	苏勇祥	400
49	华阴县	同知职衔	郗世隆	400
50	华阴县	武生	刘澄清	400
51	蒲城县	光禄寺署正职衔	王绂	400
52	蒲城县	监生	惠官瀍	400
53	岐山县	州同职衔	曹嘉珍	400
54	凤翔县	童生	郑士丰	360
55	咸宁县	童生	李福德	350
56	扶风县	贡生	刘兆吉	320
57	咸宁县	贡生	王振声	300
58	咸宁县	监生	贺万镒	300
59	临潼县	监生	余大成	300
60	临潼县	武生	周万成	300
61	临潼县	民人	蒲忠孝	300
62	三原县	议叙从九品职衔	张连瑞	300
63	三原县	议叙从九品职衔	张楹	300
64	三原县	童生	刘映菁	300
65	渭南县	前任河南州判	刘乙丙	300
66	渭南县	贡生	刘全锐	300
67	渭南县	武生	田增蔚	300
68	富平县	生员	井长清	300
69	醴泉县	游击职衔	吕大武	300
70	醴泉县	同知职衔	张屏藩	300
71	潼关厅	商民	陈彝鼎	300
72	潼关厅	商民	常灼	300

续表

序号	州县	职衔	姓名	捐银数量（两）
73	朝邑县	工部主事	谢正原	300
74	朝邑县	武生	李遇龙	300
75	郃阳县	贡生	安日昌	300
76	郃阳县	武生	谭连登	300
77	郃阳县	民人	党廷纪	300
78	澄城县	民人	同逢清	300
79	华州	贡生	赵顺兴	300
80	华阴县	布政司理问职衔	员行西	300
81	华阴县	布政司经历职衔	郗颖振	300
82	蒲城县	捐封二品	惠继常	300
83	岐山县	廪生	杨建寅	300
84	扶风县	知县	袁汝嵩	1000（倡捐）
85	沔县	知县（署岐山县事）	徐通久	400（倡捐）
86	麟游县	知县	秦绍成	360（倡捐）
87	郿县	知县	褚裕仁	300（倡捐）

这次"捐款兴修"西安城墙的活动，前后共捐银多达124597两。经护理陕西巡抚徐炘与督工官员"撙节估用"，工程用银约116562两，余剩银约8034两。余剩的8034两交给当商、票号等"生息"，留作城墙"岁修"支用。[①] 从修城资金的数额来看，这是清代西安城墙维修的第二大工程，仅次于乾隆四十六年至五十一年维修工程耗银约159万两，从一个侧面显示出道光初年关中民间绅商财力的雄厚，以及广大民众对维修西安城墙的鼎力支持。

对照捐款总额和维修活动实际需银数量，即可发现，前期勘估工作十分细致，估算需费数量甚为精准，因而能够按照估算经费向西安、同州、凤翔三府进行合理"摊捐"。而维修工程未用完的捐

---

① 护理陕西巡抚徐炘：《奏为西安省会城垣如式捐修完竣请奖捐输各员事》，道光八年八月二十二日，朱批奏折，中国第一历史档案馆，04-01-37-0089-013。

款，则通过存贮在票号、当铺等商业机构收取利息，作为城墙日常修缮、维护之用，称得上一种颇为巧妙的城墙经费管理和利用方式。随着捐款数额的增加，基本工费已经到位，因而能够进入购料兴工的阶段。徐炘当即责成主管城墙维修的粮道尹佩珩督同西安府、咸宁县、长安县官员，抓紧利用当时天气晴和，尚未进入雨季的一段时间，先将城墙坍陷各段鸠工清理，同时购集料物，次第兴办。①

需要说明的是，道光七年（1827）五月一日，道光皇帝降旨命颜伯焘补授甘肃布政使、林则徐补授陕西按察使。② 闰五月二十五日，颜伯焘已就任甘肃布政使，并向朝廷提交了《奏报途经陕甘等地察看沿途麦豆情形事》③ 一折，其中报告称：

> 再臣自陕西起程，沿途询察农事，本年春夏以来，雨水调匀，所经陕省之长安、咸阳、醴泉、乾州、永寿、邠州、长武等州县二麦菜豆俱已收割，极为丰稔。甘省之泾州、平凉、固原、隆德、静宁、会宁、安定、金县、皋兰等州县，节候较迟，麦豆有已经登场者，有将次收割者，亦有正在升浆结实者，收成约在七八分以上，咸称为近年所罕见，地方安静，民气绥如。理合附片，奏慰圣怀，谨奏。

由此可见，此次城墙维修工程具备了良好的农业收成背景，因

---

① 护理陕西巡抚徐炘：《奏为筹议捐修省会城垣事》，道光七年五月二十一日，朱批奏折，中国第一历史档案馆，04-01-37-0088-005；护理陕西巡抚徐炘：《奏报筹议捐修省会城垣》，道光七年五月二十一日，军机处档折件，中国台北"故宫博物院"图书文献处，055802。

② 署理陕甘总督陕西巡抚鄂山：《奏为遵旨奏复拟俟颜伯焘到甘即令升司杨健交代查照后进京陛见事》，道光七年五月十六日，朱批奏折，中国第一历史档案馆，04-01-16-0129-066。

③ 甘肃布政使颜伯焘：《奏报途经陕甘等地察看沿途麦豆情形事》，道光七年闰五月二十五日，朱批奏折，04-01-22-0049-036。

而关中三府绅民能够响应官府"劝捐"的号召，踊跃捐款。

最晚至道光七年七月，林则徐已到陕任职。道光七年五月一日上谕命林则徐"补授陕西按察使，署理布政使事务"①，因而他实际上身兼陕西布政使、按察使两项职衔。作为"练达精明，尽心公事"②的名臣，林则徐毫无疑问参与了这次捐修西安城墙的工程。

维修工程的具体内容包括两方面，一是对城墙坍塌段落2000余丈，包括马道、卡房、角楼、垛口、女墙以及北门头重大楼接连城台券洞坍塌12丈，均按照原有样式修理完整；二是对原来没有勘估的"续行增添之工"③，有损毁的墙身与建筑亦一律修补坚固。经过这两方面的维修工作，城墙墙身与附属建筑物的面貌均大为改观，堪称一次颇为彻底的大规模整修。道光八年（1828）八月二十二日，护理陕西巡抚徐炘向道光皇帝上《奏为西安省会城垣如式捐修完竣请奖捐输各员事》一折，表明此次工程从道光七年（1827）五月二十一日上奏提议兴修后，历时约一年三个月，终于圆满竣工。

在工程竣工后，护理陕西巡抚徐炘亲自勘验工程质量。其具体做法是，"拆视"城墙外皮砖灰层数，以及墙身内侧土胎包筑之处，以便验证维修做法是否依照工程规则。勘验的结果是此次维修均按照工程做法，"毫无偷减"，因而能够达到"经久远而资捍卫"④的预期目标。

① 陕西按察使林则徐：《奏为奉旨补授陕西按察使谢恩事》，道光七年五月二日，朱批奏折，中国第一历史档案馆，04-01-30-0056-039。

② 护理陕西巡抚徐炘：《奏为商令署藩司林则徐亲往确勘略阳县城修复或改迁事》，道光七年七月，朱批奏折，中国第一历史档案馆，04-01-37-0088-010。

③ 护理陕西巡抚徐炘：《奏为西安省会城垣如式捐修完竣请奖捐输各员事》，道光八年八月二十二日，朱批奏折，中国第一历史档案馆，04-01-37-0089-013。

④ 同上。

3. 竣工请奖

早在筹划解决修城资金、准备"劝捐兴修"之际，护理陕西巡抚徐炘便和时任陕西布政使颜伯焘、陕西按察使何承薰就竣工后的"请奖"有过考虑，并且会同陕甘总督鄂山联名上奏，提议将会在工程竣工后，按照西安、同州、凤翔三府绅民捐款的数目划分等级，向朝廷请求按不同标准予以相应奖励。当时道光皇帝朱批"俟奏到时再降谕旨，钦此"①，对此建议予以认可。

在道光八年（1828）八月工程完竣之后，护理陕西巡抚徐炘会同陕甘总督杨遇春、陕西巡抚鄂山于二十二日向道光皇帝上呈《奏为西安省会城垣如式捐修完竣请奖捐输各员事》一折。在这份奏折中，徐炘查核了相关定例与成案，提议对捐款的"士民"分五类予以奖励。第一类，10 两以上者，赏给花红；第二类，30 两以上者，奖以匾额；第三类，50 两以上者，申报上司，递加奖励；第四类，捐款额高达 300—400 两者，奏请给以八品顶戴，若已有顶戴，则给予"议叙"；第五类，捐银 1000 两以上者，"酌给职衔优叙"②。这一奖励标准与当时的捐款等级一一对应。由此可以看出，当时捐款的大致层次就包括五大类，既有高达 1000 两以上，也有刚刚超过 10 两的。对于较低额度的捐款者，赏给"花红"和"匾额"，在很大程度上属于名誉性的奖励，是对其"量力捐资""急公慕义"的肯定和褒扬，能够显著提高捐款士绅的社会地位和乡里威望。捐款额度在 300 两以上，乃至于超过 1000 两的捐款者，往往是城乡地区社会地位较高的士绅，一般拥有大规模商业、田产背景，或者是已有相应官职虚衔的士绅，资财实力雄厚。对于这些士

---

① 护理陕西巡抚徐炘：《奏为西安省会城垣如式捐修完竣请奖捐输各员事》，道光八年八月二十二日，朱批奏折，中国第一历史档案馆，04 - 01 - 37 - 0089 - 013；护理陕西巡抚徐炘：《奏报西安会城垣如式捐修完竣由》，道光八年八月二十二日，军机处档折件，中国台北"故宫博物院"图书文献处，061401。

② 同上。

绅给予的奖励措施更具诱惑力，即能够进入官员诠选序列，有给予实职的可能。徐炘指出，无论捐款数额大小，参与捐修的绅民均属"急公慕义，量力捐资，各抒芹曝之微诚，勉效桑梓之善举"，因而应当"量加鼓励"。捐款数额在银 300 两以下者，由徐炘及相关衙门依照惯例和规章办理；捐银在 300 两以上的绅民，以及各地"捐廉首倡"的地方官，则开列清单，"恭呈御览"，由道光皇帝批示恩准，由吏部付诸实施"议叙"、升迁等具体事宜。①

与动用公帑进行维修的工程不同，此次城工系绅民捐修，因而无须向工部、户部造册报销。

第八节　清代咸丰、同治、光绪年间西安城墙修筑工程

咸丰、同治、光绪年间，清朝国力进一步衰弱，内忧外患日趋严重。朝廷处于风雨飘摇之中，而国家也进入了"多事之秋"。作为西北重镇、陕西省会，西安在咸丰、同治、光绪年间面临的军政形势更为复杂多变，既有来自农民斗争的压力，也有回民起义的战火，特别是同治年间陕甘回民起义，使西安城乡地区的社会经济、聚落、交通、文化等受到严重影响。在风云诡谲、战火屡起的这一时期，地方官府对保卫阖城官民安全的西安城墙、城壕和四关城进行过多次维修、疏浚和拓展。这些维修活动提高了西安城墙防御体系的军事防御力，也延续了西安城墙景观的面貌。

---

① 护理陕西巡抚徐炘：《奏为西安省会城垣如式捐修完竣请奖捐输各员事》，道光八年八月二十二日，朱批奏折，中国第一历史档案馆，04 - 01 - 37 - 0089 - 013；护理陕西巡抚徐炘：《奏报西安省会城垣如式捐修完竣由》，道光八年八月二十二日，军机处档折件，中国台北"故宫博物院"图书文献处，061401。

一 咸丰三年捐修城工

在道光七年至八年（1827—1828）捐款兴修之后，至咸丰三年（1853），西安城墙又度过了 25 个春秋。在长达 25 年的风吹雨淋之后，西安"外砖内土"的墙身多处出现了臌裂的情况，而城楼也间有损坏。与此同时，西安城又面临着严峻的攻防形势。咸丰二年（1852）九月，太平天国起义军攻进湖北，"陕省东南境戒严"，陕西巡抚张祥河与陕甘总督舒兴阿"商榷布置，拨兵防御"①。在上述情况下，陕西巡抚张祥河再度主持开展了官民捐修城垣的工程，所谓"捐修省垣，浚通城濠，以资捍卫"② 即言此。

从咸丰二年冬季起，陕西巡抚张祥河与陕西布政使、陕西按察使、督粮道等官员，率同西安府知府、咸宁县知县、长安县知县等，对城墙损坏和有待维修的情况进行了细致查勘，获得了第一手的数据。与以往城墙倾圮、毁坏的主要原因相似，"积年雨水"对城顶、城身"浸渗刷涤"③，导致墙身内侧坍塌 7 段，计长 2000 余丈；而外侧墙身由于包砌有砖，所以损坏情况较轻，主要是砖墙臌裂多处，共长 70—80 丈，宽 2—3 尺，及至 2 丈不等；另外城楼等附属建筑物亦有损坏的情况。

针对城墙、城楼等处的损坏情况，张祥河等人提出"俱照旧式修理坚固"的方案，并估计了所需的工料、工粮、运费等工费。由于当时朝廷和地方官府财政支绌，无法划拨修城经费，因而张祥河借鉴了道光七年至八年"劝捐修城"的经验，筹划通过官民捐款进行维修，而不动用公帑。

为了更好地调动广大官民捐款修城的积极性，张祥河等省级官

---

① （清）张茂辰：《先温和公年谱》，清同治刻本。

② 同上。

③ 陕西巡抚张祥河：《奏报官民捐修省会西安城垣等工完竣事》，咸丰三年三月二十七日，录副奏折，中国第一历史档案馆，03-4517-067。

员以身作则，率先捐款，起到了显著的垂范作用。在张祥河捐银
1000两后，陕西布政使吴式芬、陕西按察使（后升任奉天府府尹）
长臻、督粮道陈景亮也相继分别捐银1000两。四位省级官员共捐
款4000两白银，拉开了"倡捐"的序幕。从咸丰三年（1853）正
月起，张祥河饬派官员、绅士"购集料物，鸠工兴修"。可见这是
一次由官员带头捐款，由官府组织，有绅士参与领导的维修城墙活
动。相较于清前期和乾隆年间城墙维修工程而言，道光、咸丰年间
民间力量在维修城墙等城乡建设活动中发挥了越来越大的作用。

　　需要说明的是，这次倡捐和维修也是在关中地区风调雨顺、粮
价中平的情况下开展的。咸丰三年（1853）三月二十七日，陕甘学
政沈桂芬在所上《奏为途经凤翔等地察看得雨情形事》一折中即
载："三原已于本月初二、初六日等日连得甘霖，民情极为欢
豫。"[1] 咸丰三年三月十七日，陕西巡抚张祥河在《奏报陕西省二
月下旬至三月上旬雨水田禾并二月粮价情形事》一折中亦称："兹
据西安、延安、凤翔、汉中、榆林、同州、商州、邠州、乾州、鄜
州、绥德等府州属陆续具报，于二月二十三至二十八九及三月初
一、二、三、五、六、七等日先后得雨一、二、三、四寸至深透不
等。臣查关中年景首重麦收，当芄苗秀发之时，叠逢甘雨滋培，于
农田大有裨益，民情欢悦，粮价中平。"[2] 可见，丰收年景是开展捐
款修城非常重要的基础，省级官员之所以进行倡捐，也正是考虑到
了广大绅民在风调雨顺、民情欢悦的情况下有能力"量力捐输"。

　　在施工过程中，陕西巡抚张祥河会同西安八旗将军舒伦保"亲
历查勘"，督察城工进展。八旗将军作为西安八旗驻防军队的最高
将领，主要负责军事事务，也有驻守、防护城墙之责，因而此次维

---

① 陕甘学政沈桂芬：《奏为途经凤翔等地察看得雨情形事》，咸丰三年三月二十七日，录
副奏折，中国第一历史档案馆，03 - 4467 - 012。
② 陕西巡抚张祥河：《奏报陕西省二月下旬至三月上旬雨水田禾并二月粮价情形事》，咸
丰三年三月十七日，录副奏折，中国第一历史档案馆，03 - 4474 - 077。

修城墙工程与八旗驻防的关系十分紧密，体现出了"军地协同"的工程建设传统。

前已述及，此次维修活动，是对于坍塌的城墙内侧和臌裂的城墙外侧均依照"旧式"修理坚固，这一做法继承了历次城工对于城墙、城楼面貌的保护，即进行维修、补修，而不曾轻易改动城墙与城楼的规制、面貌和格局。同时，这次维修工程还对城墙上的炮台等进行了"补葺"，在强化城墙被动防御力的同时，也提升其主动攻击的能力。约至咸丰三年（1853）三月底四月初，此次捐修工程告竣。据张祥河评判认为，整修过的西安城墙"洵足以经久远而资捍卫"①。

作为一次综合性的城池维修工程，这次城工不仅补葺了城墙、城楼、炮台等，而且还对环护城墙的护城河进行了疏浚，并将通济渠引入城壕，②此举更增强了西安"金城汤池"的防御能力和景观面貌。与道光七年至八年的城工相同，此次城工属捐款完成，未曾动用公帑，因而无须向工部、户部等造册报销。

二 咸丰七年、同治四年城工

据《咸宁长安两县续志》卷四《地理考上》载，西安城墙在咸丰七年（1857）、同治四年（1865）分别进行过维修。这是两次完全以增强军事防御能力为目的的城工，即"资保障"成为维修主旨，而"壮观瞻"已基本上难以考虑在内。由于迄今尚未搜集到有关这两次维修工程的奏折档案和其他细节化的资料，仅可依据《咸宁长安两县续志》的寥寥记载，结合当时的区域军事态势等进行概要分析。

---

① 陕西巡抚张祥河：《奏报官民捐修省会西安城垣等工完竣事》，咸丰三年三月二十七日，录副奏折，中国第一历史档案馆，03 - 4517 - 067。

② 同上。

为应对太平军、捻军的威胁，陕西巡抚曾望颜特别重视西安城防事宜。咸丰七年（1857），他大力"缮治守具"①，修缮、购置大量用于城墙防守的器械、工具；同时，逐一修葺城楼、垛口、敌楼、角楼等防御设施，以便在城墙攻防战中占得先机。这些增强城防的举措，既是对守军的鼓舞，也是对城内官民心理的安慰，同时还能够对敌军形成有效的震慑，达到"不战而屈人之兵"的效果。

咸丰七年基于军事防御需要对城墙进行"修葺"之后，仅过了6年，西安将军穆腾阿于同治二年（1863）上奏挖掘护城壕池。②显然，这一举措是随着同治初年陕甘回民起义愈演愈烈、西安城防形势较咸丰年间更趋严峻而出现的。由于咸丰七年对城墙、城楼、垛口、敌楼、角楼等维修过后历时未久，因而此次维修的重点区域是环绕城墙一周的护城壕。从历次西安城池维修的过程来看，护城河的修缮主要可分为两种类型，一种是通过疏引潏河水、浐河水进入城壕，增大敌军攻城的难度，达到"金城汤池"的防御效果；另一种是在城外潏河、浐河水量较小，或者财政紧绌、无力疏引的情况下，对干涸的城壕进行挖深掘宽，也能够增强城壕的防御功能。在乾隆中后期，毕沅担任陕西巡抚期间，对护城河的维修就包括这两种类型。

两年之后，即同治四年（1865），虽然朝廷镇压回民起义已经有所收效，但西安城的防御事宜在时任各级官员眼中，仍属头等大事，因而当年又由督办西征粮台学士袁保恒对西安城墙进行了"补修"③。

从咸丰七年至同治四年短短8年时间，西安城池便经历了3次

---

① 民国《咸宁长安两县续志》卷四《地理考上》，民国二十五年（1936）铅印本。
② 同上。
③ 同上。

维修。很显然，此类城工属于特定战时阶段增强防御能力的举措，与乾隆、道光年间承平之际动用官帑或者官民捐资修城在起因和背景上迥然有别。承平之际，维修城墙不仅注重"资保障"，也特别强调"壮观瞻"的功效；而在战乱年份，维修城墙和护城壕则专注于如何提升城墙的御敌能力，"壮观瞻"往往无从顾及。同时，在回民起义期间，西安大城和四关城墙的部分段落均遭遇过战火，激烈的攻防行动给城墙带来的损毁远较多年风雨造成的倾圮、损坏为大，因而战争期间对城墙的维修频次较高，也从侧面反映了战火的破坏之烈。

论及工程规模，可以推测的是，在同治陕甘回民起义期间，由于关中地区城乡经济遭受严重破坏，大量村落、市镇被毁，人口被杀，因而无论从地方官府还是民间社会，都没有雄厚财力来对西安城墙、护城河等进行较大规模的维修，只能是在确保防御能力的情况下对城墙进行较低程度的修葺和补修。这也是缘何以上3次城池维修工程在地方史志中仅寥寥数语加以记载，而在奏折档案中迄今尚一无所获的可能原因。

三　同治六年兴修城墙、卡房工程

在同治四年（1865）督办西征粮台学士袁保恒对大城墙进行"补修"后，仅经过2年，同治六年（1867）又由西安将军库克吉泰筹款对西安城墙、卡房等进行了维修。从这一城工过程可以看出，战争对于城墙及其附属建筑物造成了较大破坏。

同治六年，陕西仍然处于清军与捻军、回民起义军相互攻伐阶段，西安作为省会城市，承负的防御压力极大，而城墙作为防御的基础，由于自然和人为因素损毁严重，维修便成为亟待开展之事。同治六年九月十日，陕西巡抚乔松年、西安将军库克吉泰、左翼副都统图明额联名上奏，总结了西安城墙必须尽快修缮的两大原因。

首先，城周约 28 里的西安大城，城墙高厚，面铺大砖，"工料本极坚实"，因年久失修，间有塌裂，加上同治六年秋雨过大，浸渗刷削，致使城墙内侧和外侧倒塌段落较多，因而应"择要兴修"，以杜绝捻军和回民起义军"窥伺"①的念头；其次，内外墙身之所以倒塌较多，固然与年久失修、大雨灌注有关，但加速其倾圮的却是人为活动。据陕西巡抚乔松年、西安将军库克吉泰等称，自从同治元年（1862）回民起义爆发，西安军民进入"守城"阶段以来，每次防御战均在城墙上"开放大砲"，导致"地基震动，陆续内塌已有十数处"。倒塌的城身段落虽然"丈尺不同"，长短不一，但令人庆幸的是，倒塌处均向内倾倒，而城顶较宽，仍无碍士兵行走。外侧砖墙"完全如旧，无碍城守"。可见，当时守军在城墙上向外放炮轰击回民起义军，造成的剧烈震动对内侧墙身影响较大，长期且高频次的使用火炮对于夯土城身的结构影响显著。在这种情况下，连绵秋雨的灌注更使城身损毁状况"雪上加霜"。

自同治六年八月六日起，直至二十一日，"秋雨如注，连旦连宵"。天气放晴后未久，又下了两三场大雨，致使城面震松的段落向内侧倾圮 20 余处。其中最为关键的是，东北城上炮台、垛口居然向外侧"坐塌"，宽达 5 丈，出现了"城砖斜坐，直至平地，有如阶段，循步可登"的危险情形。西安将军库克吉泰与陕西巡抚乔松年迅即添派官兵，在缺口处"筑立帐房，安设枪砲"，作为临时守御之策。但终属应急之举，向外倾圮的城墙必须"赶紧兴修"。墙身向内侧倾圮之处，丈尺较宽的地方若不及时填补，无疑"愈塌愈宽"，此后兴修时不仅工程量更大，而且如果回民起义军向西安逼近，一经

---

① 西安将军库克吉泰等：《奏为筹款兴修西安城墙卡房等工事》，同治六年九月十日，录副奏折，中国第一历史档案馆，03－4988－038。

城顶开炮，势必又会震裂城墙，就有可能"贻误大局"①。

除了城墙向内侧、外侧倾圮，以及东北城台上的炮台、垛口坐塌之外，受到风雨影响的还有城墙上的卡房。卡房是作为守城官兵栖身之所，但历年渗漏，至同治六年秋季止，受秋雨影响，又陆续坍塌多达 40 余处，不利于官兵在城上的驻守和防御。

西安将军库克吉泰与陕西巡抚乔松年经过"通盘筹画"，认为值此"捻回交讧之秋"，省城西安作为"根本重地"，城内西北隅又居住有大量回民，官府不得不提防其向城外回民起义军泄露城内防御的"虚实"。因而尤应设法筹款兴工，以资捍卫。然而，这一时期陕西官府"饷源枯竭"，官兵每月的饷粮"尚忧匮乏"，根本无力划拨官帑对城墙进行"补筑"。一筹莫展的库克吉泰与乔松年"踌躇至再"，左右权衡，最终决定只能采取"择要补苴之计"，对待修之处分别缓急，先补筑紧要的城墙段落。

在"择要维修"的大原则下，库克吉泰与乔松年命令西安八旗满城内驻防的协领、佐领等官员会同咸宁、长安两县地方官对城墙"逐段详细勘估，开具丈尺清册"，进行细致统计。将损毁段落分为三种类型，即：1. 抓紧抢修向外倾圮的城墙段落，以防敌军由此攻入；2. 对于内塌的各段城墙，由库克吉泰与乔松年选择坍陷丈尺较长的段落和位置最关紧要的部分，先进行"填补"；3. 其余向内倾圮的段落"从缓再办"②。城墙上的卡房虽然也应予以维修，但是限于经费，只能留待有款可筹之时再"陆续修造"③。"择要补筑""先急后缓"的维修策略是在当时防御情势严峻、经费支绌的情况下所能提出的最佳方案。

陕西巡抚乔松年、西安将军库克吉泰、左翼副都统图明额于九

---

① 西安将军库克吉泰等：《奏为筹款兴修西安城墙卡房等工事》，同治六年九月十日，录副奏折，中国第一历史档案馆，03－4988－038。

② 同上。

③ 同上。

月十日联名上奏的奏折，九月十八日由军机大臣奉旨"知道了，钦此"①。表明这一修城之议得到了同治皇帝的允准。尽管关于此次城工的施工过程、竣工时间、工费数额等目前尚无从查考，但结合当时的军事形势和经济状况分析，应当是一次耗资较小、工期短促的维修工程，有可能在同治六年内即已竣工。

虽然迄今并未能从地方史志中寻获有关此次城工的相关讯息，但从若干奏折档案的记载中仍能补充这次城工的背景信息。在陕西巡抚乔松年、西安将军库克吉泰等人筹划城工的大致同一时期，乔松年在奏折中上报了当时的秋雨和粮价变动情况，为深入认识此次城工提供了更多线索。

同治六年（1867）七月二十一日，乔松年在《奏报陕西各属六月份雨水苗情及省城粮价昂贵情形事》一折中载："陕省自种秋禾以来，雨泽频霈，禾苗长发畅茂，实于秋收大有裨益。现在西安粮价大米每仓石价银仍在六两七钱以上，小米新旧不接之际每仓石价银在二两六钱以上。"② 八月二十三日，乔松年又在《奏报陕西各属七月份雨水苗情及省城粮价昂贵情形事》一折中提道："八月间，西安府附近一带自初六日起，阴雨旬余，甫行晴霁。秋禾将熟，经此久雨，不免减色。……至现在西安粮价，大米每仓石价银仍在六两七钱以上，小米每仓石价银仍在二两六钱以上。"③ 九月二十一日，乔松年在《奏报陕西各属八月份雨水田禾等情形事》中称："兹据西安、凤翔、汉中、同州、兴安、商州、邠州、乾州等府州属陆续具报，于八月二、六、七、八、九、十至十一、二、

---

① 西安将军库克吉泰等：《奏为筹款兴修西安城墙卡房等工事》，同治六年九月十日，录副奏折，中国第一历史档案馆，03-4988-038。

② 陕西巡抚乔松年：《奏报陕西各属六月份雨水苗情及省城粮价昂贵情形事》，同治六年七月二十一日，录副奏折，中国第一历史档案馆，03-4963-470。

③ 陕西巡抚乔松年：《奏报陕西各属七月份雨水苗情及省城粮价昂贵情形事》，同治六年八月二十三日，录副奏折，中国第一历史档案馆，03-4963-456。

三、四、五、六、七、八、九及二十二、三、四、五等日，先后得雨甚多，秋禾正当成熟之时，经此久雨，稻谷穈黍收成不无减色。……至西安粮价大米每仓石价银仍在六两七钱以上，小米每仓石价银仍在二两六钱以上。"① 从这些奏折记载可知，当年七月、八月、九月确实下雨较多，不仅对城墙、卡房等的稳固造成负面影响，而且也造成了农作物收成"减色"，致使粮价始终保持在较高的水平，这是在经费支绌情况下开展城工的不利因素。

四　光绪三十三年维修工程

经过同治回民起义的沉重打击和战火的摧残，关中区域社会经济直至清末都未能恢复元气，而此时的清王朝也已经进入垂暮之期，国力衰弱至极，加之列强肆意侵凌、掠夺，因而朝廷和地方官府均面临财力紧张的难题。清末时期西安城同其他区域中心城市一样，经历着从封建时代向近代的转型过程，在文化教育、商业贸易、警政改革等领域出现了某些亮色，但从根本上而言，已经无力再像乾隆朝、道光朝那样通过动用大量公帑或者号召民众捐款来维修城墙。不过，仍出现了小规模的维修活动，起到了维系城垣安全的作用。

年久失修、秋雨灌注造成城墙塌陷仍然是此次城工的主要原因。光绪三十二年（1906）闰四月二十六日，松湉抵达西安出任八旗将军之后②，即会同左翼副都统恩存、右翼副都统克蒙额巡查由八旗军队驻守的城墙各处，实际查勘的结果是"坍塌之处颇多"。同年

---

① 陕西巡抚乔松年：《奏报陕西各属八月份雨水田禾等情形事》，同治六年九月二十一日，录副奏折，中国第一历史档案馆，03－4963－509。
② 西安将军松湉：《奏报到任接印日期事》，光绪三十二年闰四月二十六日，朱批奏折，中国第一历史档案馆，04－01－16－0290－094。

秋季，由于秋雨较大，经雨水灌注，城墙"续有塌陷"①。松湆随即与时任陕西巡抚曹鸿勋协商，派遣督工官员进行维修。松湆在前往西安接任途中，注意到"陕西各属雨旸时若，农民安谧"②，从一个侧面反映出此次城工是在年成较好的情况下开展的，对于征募工匠、购买工料与工粮提供了较好的区域社会经济基础。

光绪三十三年（1907）正月二十日，松湆在《奏为陈明西安修复城工一律工竣事》中上报称，"现在一律工竣"，表明此项工程主要是在光绪三十二年下半年施工。从施工期限较短的情况分析，其工程规模较小。松湆在该奏折中行文简短，并未提及具体的施工过程、经费和督工官员等情况，也同以往竣工奏折详细陈述施工过程、缕陈官员政绩等有所区别，同样反映出此次城工规模不大。

这次维修工程结束之后不到两个月，松湆于光绪三十三年三月六日交卸西安将军印务，由新任将军恩存接任。③ 可见，光绪三十二年年底至光绪三十三年年初（1906—1907）的西安城墙维修工程，是西安将军松湆在任不到一年时间内开展的一项重要建设工程。作为八旗将军，松湆在西安八旗军制改革等方面虽无辉煌政绩，但对西安城墙的这次维修却是明清544年间的最后一次维修，也支撑着西安城墙进入了又一个新的时期。

---

① 西安将军松湆：《奏为陈明西安修复城工一律工竣事》，光绪三十三年正月二十日，朱批奏折，中国第一历史档案馆，04－01－37－0147－002。

② 西安将军松湆：《奏报到任接印日期事》，光绪三十二年闰四月二十六日，朱批奏折，中国第一历史档案馆，04－01－16－0290－094。

③ 调补荆州将军松湆：《奏报交卸西安将军印务并起程日期事》，光绪三十三年三月六日，朱批奏折，中国第一历史档案馆，04－01－30－0189－051。

第 二 章

明清西安"城中之城"的城墙
修筑工程

　　明清时期，西安城墙体系颇为复杂，除了城周约 28 里的大城墙外，与之相互依凭、组合防守的还有堪称"城中之城"的城墙，即明代的秦王府城墙、清代的满城城墙。倘若研究西安城墙维修保护的历程忽略了曾经是西安城池防御体系中重要组成部分的秦王府城墙和满城城墙，不能不说是一大缺憾。明代的秦王府城墙与清代的满城城墙不仅从形态、规模上来说，具有城墙作为防御工程的实质，而且在城市内部格局划分、市容景观塑造等方面具有深远影响。

　　早在战国时期，列国都城在建设时便出现了"筑城以卫君，造郭以守民"的规划思想和布局模式。居于明代西安东北隅的秦王府城，和当时众多区域中心城市兴起的藩王府城一样，是供 13 世秦王及其眷属等大量人口居住之地。同西安大城城墙既有联系又有区别的是，秦王府城拥有双重城墙，其间环绕护城河。虽然在明代，秦王府城的双重城墙和护城河并未经受战火的考验，但也是历世秦王屡有维修、保护的基础设施，尤其护城河是秦王着力营建的"水域园林"，成为西安城中环境最为优美的地方之一。从某种意义上说，秦王府城的护城河与城墙充分发挥了"壮观瞻"的功能，对于丰富明代西安城市景观具有积极作用。

清代八旗满城作为隔离性的军事堡垒,兴建于西安城内东北隅,其城墙与西安大城墙紧密相依,在结构上彼此关联、互通,这一点同明代秦王府城墙单独矗立在城内截然不同。满城城墙的兴建,不仅为西安八旗军兵及其眷属"圈"出了一大片专属居住区,而且使西安城墙的结构更趋复杂,防御功能也因而大为增强。从1911年辛亥革命爆发时的满城攻防战即可看出,满城城墙与西安大城城墙彼此相连,使得八旗军队延长了抵抗新军进攻的时间。

因此,"城中之城"的城墙应当被视为明清时期西安城墙的一部分,而不应当被忽略。其建设、维修和变迁的历史,也是西安城墙维修、保护及变迁的历史,尤其是在城墙和护城河的管理、维修、保护及利用方面,有较多的历史经验值得借鉴和参考。

第一节　明代西安秦王府城墙的修筑与变迁

明代西安秦王府城与大城内外呼应,共同形成两道城河、三重城墙的典型重城结构,这是西安城作为明代西北军事、政治重镇的重要景观特征之一。秦王府城作为明洪武十一年(1378)至崇祯十六年(1643)十三世秦王所居之地,内部布局肃穆严整,建筑庄严华美,园林景致如画。

一　秦王府选址与重城格局的形成

秦王府城的选址遵循了明太祖的要求,并直接决定了大城的扩展方向和规模。据《明太祖实录》载云:"(洪武三年秋七月辛卯)诏建诸王府。工部尚书张允言:'诸王宫城宜各因其国择地,请秦用陕西台治,晋用太原新城,燕用元旧内殿⋯⋯'上可其奏,命以明年次第营之。"① 可见秦王府城与其他藩王府选址借用原有城市大型建筑基址一样,所谓"国之亲王府基⋯⋯要之必取郡地之最广与风气最适中者用之"②。遂在元代陕西诸道行御史台署旧址的基础上进行建设。这在当时天下初定、民力尚未恢复的情况下可减少军民役作。在明初曾屡获战功的长兴侯耿炳文于洪武二年跟随徐达大军攻进西安,旋即驻守于此,并在秦王受封后被拜为秦府左相都金事。他在主持秦王府建造之外,同时身为西安大城扩建工程的负责人之一,由此可以看出,秦王府城的兴建与西安大城向东、北的扩建当有统一的规划,又几乎是同时开工建造、同时竣工完成。秦王府城自洪武四年(1371)开始兴建,至洪武九年(1376)基本竣工,在洪武十一年(1378)秦王就藩西安时已完全竣工。

从明初分封各藩王所建府邸选址看,基本都处于城市核心区,在各个城市都形成了城中之城的格局,尤其以西安、成都、太原、大同、北京、济南、武汉、长沙、桂林等城市为代表。藩王府城在很大程度上影响甚至决定了这些城市内部格局和功能区的形成与发展。明初部分区域中心城市的拓展主旨就在于容纳规模庞大的藩王府城。藩王府城成为城市布局的核心,直接影响到城乡其他功能区的布设。藩王府城及其郡王府在清代一般均由重要官署和军事机构承继,对清代官署和军政机构的分布影响深远。

二 秦王府重城形态与城墙规模

1. 重城形态

明代秦王府城在与西安大城构成重城形态之外,本身也是内外重城结构。按照明代亲藩府宅的统一规定,藩王府城池均为重城结

---

① 《明太祖实录》卷五十四,洪武三年七月辛卯。
② (明)朱国祯:《涌幢小品》王府条,明天启二年刻本。

构，内城为王府城的宫城，其外皆有周垣。从嘉靖《陕西通志》、康熙《陕西通志》和雍正《陕西通志》的城图中可以明显看出，秦王府城的形态是呈内外二重城垣，东西窄、南北长，并且南面稍向外凸出的倒"凸"字形。这一形态当是仿照南京皇城和宫城而建造的。

嘉靖《陕西通志》对秦王府重城形制有明确记载，其内为砖城，外有萧墙。"萧墙周九里三分；砖城在灵星门内正北，周五里，城下有濠，引龙首渠水入。"① 明西安府城号称"周四十里"，实际大城（不含东关城墙）周长约 28 里，由两者城周长度相比可见秦王府规模之大，不仅成为西安城最大的建筑群，而且令其他城市诸藩王府难以望其项背。

2. 城墙规模

明弘治八年（1495），兵部尚书马文升曾指出秦王府城规模居各藩王府之首，"洪武年间，封建诸王，惟秦、晋等十府规模宏壮，将以慑服人心，藉固藩篱"②，主要表现在其占地面积、城墙高厚、城河深广与宫室间数等方面。

（1）秦王府内城——砖城的占地面积

西安大城城区（不含关城）面积约 11.62 平方公里，现以此为比照对象考察近年来关于明代秦王府内城——砖城的实测数据，以估算其占地面积。

按照明 1 里长度为 572.4 米推算，砖城"周五里"应为 2862 米，比最大实测数据 2316 米尚多 500 余米，这正可说明砖城并非规整长方形，历次实测数据均未包括砖城向南凸出部分，从而出现误差较大的情况。表 2—1 中历次所测长度当均小于砖城的实际长度，因而其面积应不少于 0.3 平方公里，即约为西安大城面积的 1/

① 嘉靖《陕西通志》卷五《藩封》，明嘉靖二十一年刻本。
② （清）龙文彬：《明会要》卷七十二《方域二·亲王府》，清光绪十三年永怀堂刻本。

38。秦王府外城萧墙因废毁已久，尚未有实测数据，但其占地规模无疑更大。

表2—1　　　　　　　　明代西安秦王府内城规模调查数据对比

数据来源	形制	长、宽	周长与面积
《明秦王府建置考暨现状调查》①	长方形	东、西墙长731米，南、北墙长427米	2316米/0.31km²
《秦王府北门勘查记》②	长方形	长671米，宽408米	2158米/0.27km²
《中国文物地图集·陕西分册》③	长方形	南北长约700米，东西宽约430米	2260米/0.3km²
《陕西省西安市地名志》	长方形	南北长671米，东西宽408米	2158米/0.27km²

明初分封于北京的燕王，与秦王同为"塞王"，手握重兵，而其府城占地规模则远小于秦王府城。《春明梦余录》载明洪武年间起建的燕王府基址规模云，"明洪武元年八月大将军徐达遣指挥张焕计度元皇城，周围一千二十六丈，将宫殿拆毁。至二十二年封太宗为燕王，命工部于元皇城旧基建府"。按明清时期约以180丈为一里计算，则燕王府周长约5.7里，明显小于秦王府萧墙周九里三分，仅比秦王府内城稍大。与明代其他藩王府城相较，秦王府占地规模也罕有其比。如开封周王府萧墙九里十三步，高二丈许，"紫禁城"高五丈。④ 银川庆王府萧墙周二里，高一丈三尺。⑤ 成都蜀王府砖城周五里，高三丈五尺，外罗萧墙。⑥ 这些区域中心城市藩

---

① 卢晓明、景慧川：《明秦王府建置考暨现状调查》，1989年油印本。

② 陕西省考古研究所北门考古队：《明秦王府北门勘查记》，《考古与文物》2000年第2期，第17—21页。

③ 国家文物局主编：《中国文物地图集·陕西分册下》，西安地图出版社1998年版，第11页。

④ （明）不著撰人：《如梦录》卷三《周藩纪》，清光绪至民国间河南官书局刊本。

⑤ 嘉靖《宁夏新志》卷一《王府》，明嘉靖刻本。

⑥ 万历《四川总志》卷二《蜀府》，明万历刻本。

王府城的占地规模都小于秦王府城。

　　清人在考察秦王府城基址后，也将其占地规模与南京的宫城相提并论，指出"明代紫禁城尚在，完整如新，且其地址宽于南京。明祖本志在都秦……太子亡而作罢"①。万历重修《明会典》载藩王府城的标准规模为，"定亲王宫城周围三里三百九步五寸，东西一百五十丈二寸五分，南北一百九十七丈二寸五分"②，显然秦王府内城远大于这一规定。

　　（2）秦王府城的城池与宫室规模

　　《明太祖实录》载藩王府城"高二丈九尺五寸，下阔六丈，上阔二丈，女墙高五尺五寸，城河阔十五丈，深三丈"③。明人朱国祯在《涌幢小品·王府条》载，亲王府制"城河阔十五丈，深三丈"④。万历重修《明会典》卷一百八十一《王府·亲王府制》亦载城河"阔十五丈"。当时西安大城城河阔仅八丈，作为城市中心区的秦王府城河不大可能超越这一数字，故以五丈为准，但也不能排除护城河宽达 15 丈的可能。从名称差异分析，萧墙当为夯土墙，砖城则以砖石包砌土墙。砖城实际高度约 11.5 米，比藩王府城的统一规定高出 2 米余。实测砖城上宽 6.5 米左右，下宽 11.5 米左右。上阔与规制基本相符，下阔则窄于规制宽度。砖城墙体的这种结构，较统一形制更加高耸，且墙壁略呈梯形，坚实浑厚，大大增强了城墙的防御能力。⑤

　　明秦王府城的宫室规模史志中未有明确记载，《明会典》载藩王府殿宇等级的统一规定云，"正殿基高六尺九寸，月台高五尺九

---

　　①　（清）唐晏纂，刘承幹校：《庚子西行纪事》，《中国野史集成》编委会、四川大学图书馆编：《中国野史集成》第 47 册，巴蜀书社 1993 年版。

　　②　万历重修《明会典》卷一百八十一《工部一·亲王府制》，明万历内府刻本。

　　③　《明太祖实录》卷六十，洪武四年正月戊子。

　　④　（明）朱国祯：《涌幢小品》王府条，明天启二年刻本。

　　⑤　张永禄主编：《明清西安词典》，陕西人民出版社 1999 年版，第 63 页。

寸，正门台高四尺九寸五分，廊房地高二尺五寸，王宫门地高三尺二寸五分，后宫地高三尺二寸五分"①。曾官至首辅的明人朱国祯在《涌幢小品》中载藩王府制云，"正殿基高六尺五寸、月台五尺九寸，各有定数，而殿之尺寸不著。秦府殿高至九丈九尺，韩府止五丈五尺，大相悬绝，岂秦、晋、燕、周四府，乃高皇后亲生，故优之，诸子不得与并耶?"② 表明秦王府殿宇规模在诸王府中居于首位，宫室数目也应在其他藩王府之上。③ 又《明史·舆服志》载洪武十二年（1379）诸王府告成，"（其制）凡为宫殿室屋八百有奇"，因此秦王府城宫室数目亦当在"八百"之上。除大小门楼、墙门、井之外，藩王宫室的标准规模为 805 间，虽然秦王府城从整体上均大于定制，但基本格局和宫室的间架数当不会与此相差太远。

明洪武九年（1376）"定亲王宫殿门庑及城门楼皆覆以青色琉璃瓦"④，秦王府城宫殿建筑在兴建之初和此后重修工程中便按照规定大量使用青色琉璃瓦，这些琉璃瓦均来自渭北同官县秦王封地。⑤ 负责烧造的琉璃厂位于同官故城东南 40 里，今铜川市立地坡盆景峪。"正统、景泰、天顺、成化间，皆尝经理督造。迨嘉靖甲申（嘉靖三年，1524）、乙未（嘉靖十四年，1535）之岁，秦宫室及承运等殿，复动工重建，而琉璃之费无穷"⑥。从秦王府修造工程专设琉璃厂、"琉璃之费无穷"的情况也可见其规模之大。

三 秦王府城墙各门与护城河

秦王府城内区域依其职能可分为四大区，由中轴线自南而北可

---

① 万历重修《明会典》卷一百八十一《工部一·亲王府制》，明万历内府刻本。

② （明）朱国祯:《涌幢小品》王府条，明天启二年刻本。

③ 王璞子:《燕王府与紫禁城》，《故宫博物院院刊》1979 年第 1 期，第 70—77 页。

④ 万历重修《明会典》卷一百八十一《工部一·亲王府制》，明万历内府刻本。

⑤ 秦凤岗:《立地坡琉璃厂》，《铜川城区文史》1989 年第 2 辑，第 45—46 页。

⑥ （明）苏民:《重修立地坡玻璃厂敕赐崇仁寺下院宝山禅林碑记》，乾隆《同官县志》卷九《艺文志》，清乾隆三十年钞本。

分别视为祭祀区（砖城西南部、萧墙灵星门西北）、宫殿区（砖城内大部区域）与园林区（主要在砖城内东部、后花园及护城河），在砖城与萧墙之间的外围地区，还布设有秦王府下辖的众多官署和部分王府军队，为官署、护卫以及服务人员生活区。

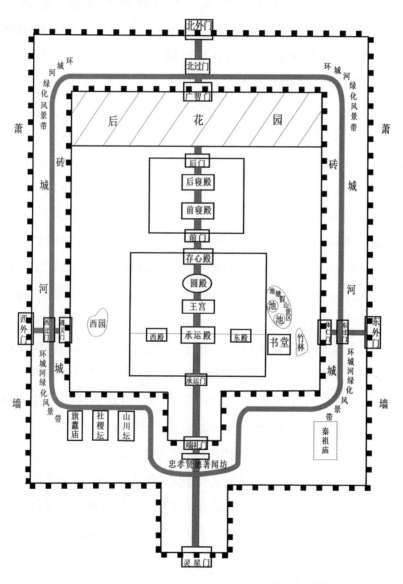

图2—1 明代西安秦王府城内部格局及其园林绿化示意图

1. 城门名称与位置

秦王府城主要宫殿与砖城四门名称，均按照朱元璋洪武七年（1374）的统一规定而命名，即"定亲王国所居前殿曰承运，中曰圆殿，后曰存心。四城门南曰端礼，北曰广智，东曰体仁，西曰遵义。上曰：'使诸王能睹名思义，斯足以藩屏帝室，永膺多福矣'"①。四门的命名显然是按照"仁、义、礼、智"的古训而制定的，目的就在于使诸藩王身居各地府城之中而能"睹名思义"，不忘"藩屏帝室"的重任。

正是由于对秦王府城的双重城形制和内部格局缺乏了解，所以关于秦王府城的12门，存在诸多错误认识。例如，《西安市莲湖区地名录》称秦王府四门为"东称东华门，南称端履门……西称西华门，北称后宰门"②，就将明清两代地名相互混淆。东华门和西华门的名称就目前所见资料看，最早出现在康熙《咸宁县志》和《长安县志》城郭图的标注中，西华门因其作为满城的西三门之一而有记述，但东华门尚未见到有文献记载。不过从上述二城郭图的标注中可以看出，东华门并非满城中的地名，而是作为"废秦王府"的门名加以标注。从武汉楚王府、太原晋王府的城门设置情况分析，东华门、西华门在明代就已经出现了，由此推测东华门、西华门也应是秦王府的东西二门。从晋王宫城有东、西、南华门推断，西安的东、西华门实际上就是体仁门和遵义门，只是到清代修建了满城之后，秦王府萧墙被拆毁，砖城也改为八旗教场，东华门可能仍用来称呼砖城东门，而西华门则用以称呼满城西面中间一门了。

王城与萧墙之间的城河上还因建有桥梁而设有"过门"，皆以所处方位命名，有"东过门，在体仁门前左右廊东""西过门，在遵义门前左右廊西""北过门，在广智门前左右廊北"。南过门虽

---

① 《明太祖实录》卷八十七，洪武七年正月乙亥。
② 西安市莲湖区地名办公室编：《西安市莲湖区地名录》（内部资料），1984 年，第 56 页。

未见记载，但存在无疑。护城河上所建桥梁与大城护城河上的吊桥有很大的差异。吊桥为活动桥，军事防御特色十分突出，而四过门所在的秦王府城河上的则是极具观赏价值的固定"廊桥"。桥上建廊，既可遮风避雨，又与桥下护城河园林绿化带结为一体，成为西安城市园林中引人瞩目的"廊桥"景观。据嘉靖《陕西通志》记载，秦王府外城萧墙与内城砖城四门相对，也设有4门，除南门灵星门外，其余3门按其方位称为东、西、北3外门。秦王府城从内到外共有3层12门，四方位各门相对。万历重修《明会典》载藩王府城共有大小门楼46座，而秦王府城仅12座门，因而可能在萧墙上还有其他门楼。砖城限于内城地位，四周还有护城河，四门之外当未开设其他门。

由灵星门、端礼门、承运门、圆殿、存心殿、广智门、北过门、北外门所构成的南北轴线，及由东外门、东过门、体仁门、承运门、遵义门、西过门、西外门所构成的东西轴线均十分明显。承运门与砖城南门端礼门之间（即今新城广场址）、端礼门与萧墙灵星门之间、灵星门与西安城东大街之间各有一广场。三个广场纵向次第排列，强化了南北中轴线的作用。[①]

2. 护城河建修与秦王府景观

明宗室以其政治上的显赫地位和经济上享有的诸项特权多在府宅内营建规模较大的园林，各城市中藩王府均有园林化建设。[②] 明代西安更以宗室园林为城市园林的主体。其中尤以号称"天下第一藩封""拥赀数百万"[③]"今天下诸藩无如秦富"[④] 的秦王府园林规模最大、布局构景最具匠心、景观层次最为丰富。

---

① 吴宏岐、党安荣：《关于明代西安秦王府城的若干问题》，《中国历史地理论丛》1999年第3辑，第149—164页。

② （明）不著撰人：《如梦录》卷三《周藩纪》，清光绪至民国间河南官书局刊本。

③ （清）彭孙贻：《流寇志》卷八，清钞本。

④ （明）倪元璐：《倪文贞奏疏》卷十《救秦急策疏》，清文渊阁四库全书本。

　　秦王府城从整体上看宛如一座大花园，秦简王朱诚泳在《小鸣稿》中即描绘说"府城外内，水陆草木之花甚多"①。秦王府园林主要由三部分组成，砖城内东部书堂附近为秦王及其子弟读书之所，园林意境高雅清幽；后花园规模较大，花草树木种类繁多，充分体现了王府园林的风格；护城河园林则以广阔水面和莲花为主要特色。

　　明嘉靖年间陕西左布政使张瀚在《松窗梦语》中载秦王府砖城内东部"台池鱼鸟之盛"云："书堂后引渠水为二池，一栽白莲。池中畜金鲫鱼，从池上击梆，鱼皆跃出，投饵食之，争食有声。池后垒土垒石为山，约亭台十余，座中设几席，陈图史及珍奇玩好，烂然夺目。石砌遍插奇花异木，方春海棠舒红，梨花吐白，嫩蕊芳菲，老桧青翠，最者千条柏，一本千枝，团栾丛郁，尤为可爱。"② 可见秦王府园林中池塘的构景之功突出。池中鱼莲动静相映，池畔假山亭阁倒映水中，四周花树团簇，品类奇异。成化年间秦简王朱诚泳有诗赞云："朱明守夏熏风凉，花开正作黄金妆。红者惟红白者白，宫城十里飘清香。金鱼无数长过尺，出水荷翻尾摇赤。"③ 记池旁假山云，"好山四面画屏开，百斛青螺净如洗。……假山虽假有真趣，云影倒蘸涵天光"④。秦王府虽假亦真的山水风光尽得自然之趣。书堂周围广植竹林，取意清幽，充分体现了园主的个人情趣与爱好。秦简王《宾竹轩记》记载了秦王府竹林的形成及其中"宾竹轩"的得名。"予书堂之西轩，旧有丛竹，岁久枝叶殄瘁，几无留良焉。乃命侍人悉芟除之，别植数百本，不三二岁，蓊然成林，萧然有洞庭九嶷之趣，予甚乐之。……遂颜其轩曰'宾竹'。"能"蓊然成林"的竹林规模在这一时期西安城市园林中并不多见。

---

① （明）朱诚泳：《小鸣稿》卷九《瑞莲亭记》，清文渊阁四库全书本。
② （明）张瀚：《松窗梦语》卷二《西游纪》，清钞本。
③ （明）朱诚泳：《小鸣稿》卷三《临池》，清文渊阁四库全书本。
④ （明）朱诚泳：《小鸣稿》卷三《玩假山池亭》，清文渊阁四库全书本。

作为秦王府园林的主体，后花园规模远较书堂周围园林为大，且畜养孔雀、仙鹤等珍禽。其内"植牡丹数亩，红紫粉白，国色相间，天香袭人。中畜孔雀数十，飞走呼鸣其间，投以黍食，咸自牡丹中飞起竞逐，尤为佳丽"①。后花园中各色牡丹竞吐嫩蕊，广达数亩，其间孔雀时翔时栖，鸣叫不已。宾客进奉的数只仙鹤也为秦王府园林增色不少，"放之庭下自舒逸，有时飞上苍松巅。落地蹁跹如寄傲，风动霜翎舞还蹈"②。这正是对仙鹤绰约神姿的生动描绘，如此声色兼备的园林俨然已具帝王苑囿的气象。

秦王府后花园的美景其实远不止此，成化年间秦简王朱诚泳有诗咏云：

城中寸金营寸土，我爱斯园带花坞。依稀风景小蓬莱，始信神仙有宫府。钱刀不惜走天涯，殷勤远致江南花。沿阶异草多葱芡，参天老木何槎牙。谁移泰华终南石，巧作山峰叠青壁。山下池中几种莲，赤白红黄更青碧。金鲤银鲂玳瑁鱼，往来自适恒如如。一点红尘飞不到，水晶宫殿涵清虚。花时最爱花王好，魏紫姚红开更早。玉盘斜莹寿安红，却为迷离被花恼。两行槐幄夹高柳，时送清风到户牖。绿荫啼鸟共幽人，爽气自能消宿酒。黄花采采开深秋，满林红叶霜初收。几度醉游明月夜，天香万斛沾轻裘。山头一夜风吹雪，万木萧条寒栗烈。索笑闲寻绿萼梅，三种还分蜡红白。松柏苍苍斑竹青，相看同结岁寒盟。满前好景道不得，四时诗兴还相萦。③

虽然文学化的描述难免夸张，但从中依然可看出秦王府园林在

---

① （明）张瀚：《松窗梦语》卷二《西游纪》，清钞本；康熙《长安县志》卷三《物产》，清康熙刊本。

② （明）朱诚泳：《小鸣稿》卷三《悼鹤》，清文渊阁四库全书本。

③ （明）朱诚泳：《小鸣稿》卷三《后园写景》，清文渊阁四库全书本。

四季轮替中的景观变迁，春天的万紫千红、夏天的绿荫覆地、秋天的红叶黄菊、冬天的红梅傲雪，使秦王府园中四季风景均有引人入胜之处。秦王府园林营建规模之大，也反映在其中动植物及建筑材料的来源之广。不仅孔雀、仙鹤来自南方，园中花草也是"钱刀不惜走天涯，殷勤远致江南花"而得来。累叠假山之石源出"泰华"①，千竿翠竹移自"渭川"。秦王还着力于园林花卉的栽培，明人徐应秋在《玉芝堂谈荟》中载"王敬美先生在关中时，秦藩有黄牡丹盛开宴客。敬美甚诧，以重价购二本携归。至来年开花则仍白色耳，始知秦藩亦以黄栀水浇其根而为之耳"②，由此形成的园林面貌自然较城内其他园林更为丰富多彩。

秦王府城双重城墙之间开掘有护城河环绕，有明一代，其军事意义相对较弱，因而成为秦王着力营造的大规模园林化区域。成化年间秦简王营造尤多，引龙首、通济两渠水入城河中，形成深三丈、宽五丈、周长超过五里的水面。③ 城河中种植莲花，建造亭台阁榭，实为西安炎夏之季消暑纳凉的佳地。秦简王称其景色可与西湖相媲美：

> 予府第子城外，旧环以堑，引龙首渠水注焉。岁久渠防弗治，水来益微，堑遂涸矣。弘治壬子春，监司修举水利，渠防再饬，堑水乃通，盖一二十年，平陆复为澄波也。予喜甚，遂命吏植莲其中。复即体仁门外为亭，水中以寓目。亭之北则旧有长廊十余间，牖皆南向，与亭相对而连属焉。是岁夏季，莲乃盛开，……花香袭人，端可与西湖较胜负。④

---

① （明）朱诚泳：《小鸣稿》卷二《假山》，清文渊阁四库全书本。

② （明）徐应秋：《玉芝堂谈荟》卷三十六《牡丹谱》，清文渊阁四库全书本。

③ （明）王世贞：《弇山堂别集》卷二十六《史乘考误七》，清文渊阁四库全书本，载许襄毅任陕西巡抚时"与镇守内臣同游秦王内苑，厮打堕水，遗国人之笑"，表明秦王府城园林水域面积较大。

④ （明）朱诚泳：《小鸣稿》卷九《瑞莲诗序》，清文渊阁四库全书本。

秦王府护城河园林化的一大特色在于以莲花和水景取胜。朱诚泳在《瑞莲亭记》中即云：“予府城外内，水陆草木之花甚多，而莲品为尤甚。一日偶至体仁门之南廊，俯瞰清泠芳敷掩映朱华，绿带缘沟覆池，乃饰左右廊其室为亭，将与知音者赏之。亭成，有嘉莲产池中，两歧同干，并蒂交辉，光彩夺目，臣民观者为之色动。”① 明弘治七年（1494）永寿王朱秉欓《瑞莲诗图附清门帖》中直接将护城河部分区域称为莲塘，表明当时护城河的防御功能已经衰退，而园林美化成为主要功能。“秦藩体仁门外莲塘数亩，时花盛开，众中一茎并蒂两花，香清可爱，诚世之罕见者也。”永寿王为此赋诗云：“雕槛朱闳瞰碧涟，绕亭云锦净芳妍。鹦鹦燕燕肩肩并，小小真真步步联。匀粉润沼荷上露，吹香晴散镜中天。分明瑞应宜男飞，麟趾螽斯不浪传。”②

第二节　清代西安满城城墙的修筑与变迁

清代西安满城的兴建是明清西安城空间发展过程中继明代初期城池扩展和秦王府城兴建、钟楼移建、建修关城之后的第四次重大变化，这一变化既是城市实体空间的分割，也是明清西安城军政重镇地位进一步提升的表征。

一　清初满城城墙的兴建

1. 兴建背景

1644 年清军挥师入关、定鼎北京之后，其精锐之旅八旗兵除集中屯戍京师外，另有半数相继派驻于全国各大战略城市和水陆冲要。在“虑胜国顽民，或多反侧”的现实状况下，清廷“乃于各

---

① （明）朱诚泳：《小鸣稿》卷九《瑞莲诗序》，清文渊阁四库全书本。
② （明）朱秉欓：《瑞莲诗图碑》，存西安碑林。

直省设驻防兵，意至深远"①。为强化八旗驻防兵镇压汉族和其他民族反抗斗争的力量，维护清廷统治，各区域中心城市纷纷兴建供八旗军兵及其家属屯驻的满城。新建满城或在原有城市之内划地分治，形成"城中之城"，如西安、太原等，或在原有城市之外另筑新城，形成"子母城"，如银川满城。这些满城规模虽各异，但均以军事堡垒的形式存在。在西起伊犁，东抵南京，南达广州，北至瑷珲的广袤土地上，满城作为一种特殊的城市形态普遍而广泛地存在着，由此构成清廷控制全国的军事驻防网络。

西安作为宋元以来维系西北安危的军政重镇，也在此大背景下兴建了当时诸八旗驻防地中规模居于前列的庞大满城。顺治二年（1645）正月，清军攻克西安城。清世祖福临充分认识到西安乃"会城根本之地，应留满洲重臣重兵镇守"②，在这一指导原则下，开始兴建西安满城。

在北京之外各区域中心城市中，最早的两处八旗驻防城即江宁和西安。雍正之前全国八旗驻防地中设有将军一职的只有盛京、吉林、黑龙江、江宁、京口、杭州、福州、广州、荆州，连同西安共10处。由此反映出不仅在西北地区，就是整个中国西部也以西安的军事地位最为重要。1883年美国学者卫三畏在《中国——关于地理、政府、文学、社会生活、艺术和历史的调查》中就指出，清代"西安城是中国西北地区之都，在规模、人口和重要性方面仅次于北京"③。有清一代，八旗驻防虽变动较大，但西安、江宁、杭州三处驻防却最为稳固。

---

① 刘锦藻：《清朝续文献通考》卷二百八《兵考七》，民国商务印书馆影印十通本，1936年。

② 康熙《陕西通志》卷三十二《艺文·制词》，清康熙刊本。

③ S. Wells Williams, *The Middle Kingdom: A Survey of the Geography, Government, Literature, Social Life, Arts, And History of The Chinese Empire and Its Inhabitant*, London: W. H. Allen &CO., 1883, p. 150.

作为清代军事格局的地缘中心之一，西安满城成为清代各地满城重要的兵源供应地和中转地，曾先后向伊犁、乌鲁木齐、荆州等满城调拨兵力。西安八旗军兵骁勇善战，著称于有清一代，因而西安满城驻防军兵的出征地域范围相当广泛，不仅在宁夏、甘肃、新疆等西北地区的战役中屡建奇功，而且在乾隆年间平定西南地区大、小金川叛乱之役中也发挥了重要作用。太平天国时期，西安八旗驻防军兵在南京沙漫洲战役中两千余人全部战死，从侧面反映了西安八旗军兵的勇猛。①

2. 选址依据

有研究者认为，"清初八旗兵丁驻扎一地，并无明确的筑城规划，无非是为了安置驻兵而于城内划出一片地段，圈占一些民屋而已"，并指出杭州、西安所占都是城内最繁华的地段。② 实际情形并非如此，西安满城的兴建正是因为考虑到可能会对城市居民生活产生影响，才选择在东北城区民户稀疏之地。明代西安东北城区虽有秦王府城，但并非最繁华的城区。各地满城选址兴建时，也并非在旧城中盲目圈地，而是选择能够借助前明相关建筑加以拓展之地，这样对原住地居民生活的影响就可减到最低限度，以尽量舒缓居民的反抗情绪。

西安满城占据东北城区的原因在于，一方面，满城的兴建需要较大空间驻扎5000马甲及其家属，至雍正九年（1731）时满城内人口曾接近40000人；③ 另一方面，需考虑尽可能少地驱逐、迁徙原住居民、商户。两方面综合而言，东北城区比其他三区更符合建立"城中城"的要求。东北城区作为自明代以来的新扩城区，面积约占西安大城的40%。明代主要为秦王府城、保安王府、临潼王

---

① 朱仰超：《西安满族》，《西安文史资料》第18辑，1992年，第169—182页。

② 定宜庄：《清代八旗驻防制度研究》，天津古籍出版社1992年版，第162—163页。

③ 《清世宗实录》卷一百八，雍正九年七月癸亥。

府、沔阳王府以及秦王府下辖军兵营地占据，居民住宅、寺宇庙观、商贸市场等建筑物数量与其他三城区相比要少。由于东北新扩城区偏离传统商贸区和官署区，加之受制于渠道供水相对困难的状况，人口较少，发展较缓，空地较多，这种状况在嘉靖、万历二《陕西通志》之《陕西省城图》，雍正《陕西通志》之《西安府龙首、通济两渠图》中均有反映。

清初从顺治二年（1645）开始划定东北城区为驻防城范围，至顺治六年（1649）满城筑成。原东北城区的汉、回族居民、商户被迫迁往满城以外的区域，即所谓"汉城"。虽然尚未发现顺治初年修建西安满城时将汉、回族民户、商户大量迁出东北城区的记载，但当时北京在内、外城实行了严格的满汉分隔政策，西安满城兴建过程中的人口迁移当大致与此相似。

满人入主北京之后，曾分别在顺治元年（1644）和顺治五年（1648）两次将汉人由内城迁往外城。尤其于顺治五年下移城令，驱汉人迁出内城，到外城居住。顺治帝指出，"此实参居杂处之所致也，朕反复思之，迁移虽劳一时，然满汉各安，不相扰害，实为永便。除八旗投充汉人不令迁移外，凡汉官及商民人等尽徙南城居住"①。西安满城的兴建正当此期间，势必受到京师满汉隔绝政策的影响，将东北城区汉、回族人口驱往其他城区居住，在短时间内迅速形成一个满、蒙族的聚居区。

3. 城墙规模与形制

在大城之内构筑小城使整个城市构成"重城"形态以加强军事防御职能，是古都西安城市发展史上的一个显著特点。自西汉以迄明代，长安（西安）城均以"重城"为主要特征。清代西安府城亦属重城形态，外城为西安府大城，在大城之内，不仅因用明代秦

---

① 《清世祖实录》卷四十，顺治五年八月辛亥。

王府城旧基在东北城区改筑满城以驻扎八旗兵甲，还在东南城区建南城以驻守汉军。

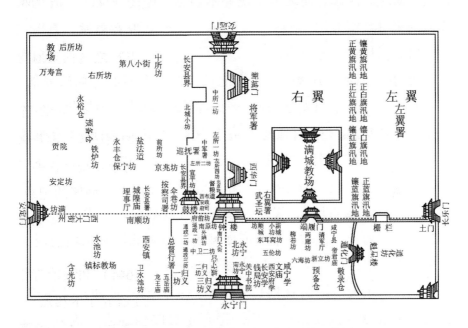

图2—2　清代西安满城城墙、南城城墙示意图

资料来源：嘉庆《咸宁县志》，卷一《城图》，民国二十五年（1936）重印本。

　　清代在西安大城内兴筑满城和南城，是满族统治者为牢牢控制军事重镇而采取的重要工程举措。清代西安的重城形态虽与前代略有相仿，但大城内的小城在具体功用上与前代又有不同。前代长安（西安）城内的小城，有的是帝王或藩王宫城（如西汉长安未央宫、长乐宫、北宫和明光宫诸宫城，隋唐长安宫城以及明西安秦王府城），有的是官署所在的衙城，如隋唐长安皇城、唐末五代长安衙城、宋金京兆府衙城和元代奉元路衙城。清代西安满城和南城既非帝王或藩王宫城，又非官署衙城，而是专门供八旗马甲和汉军驻扎修筑的驻防城。虽同为"重城"结构，但清代西安城内小城的性质已由以往政治中枢或行政中心转变为功能更为集中的军事堡垒。从全国的情况来看，当时具有重要军事地位的城市内部或附近大多筑有满城，但像西安城一样同时布设满蒙八旗驻防城和汉军驻防城的情况并不多见，这充分反映了清代西安城的军事重镇地位。

（1）城墙走向与功能

清初兴建西安满城时，在东北城区西、南两面"修筑界墙，驻扎官兵"①。西墙自安远门起，南至钟楼；南墙自钟楼起，东至长乐门。从康熙《陕西通志》卷首《会城图》、雍正《陕西通志》卷六《疆域·图》所附《会城图》、嘉庆《咸宁县志》卷一《疆域山川经纬道里城郭坊社图》所附《城图》、光绪十九年（1893）《陕西省城图》、民国《咸宁长安两县续志》卷一《城关图》等可以看出，满城虽然有四面城墙，但其北墙和东墙借用了西安大城城垣，仅南墙和西墙为新筑。准确而言，南墙自钟楼东南角起，沿东大街南侧直抵长乐门南侧；西墙从钟楼东北角起，沿北大街东侧直抵安远门东侧。据雍正《陕西通志》卷六《疆域·会城图》分析，满城南墙和西墙厚度不及西安大城，但城墙高度似与之相当。②

满城南墙与西安大城东垣相接处，正是长乐门外月城南垣与西安大城东垣相接处。虽然大城东垣从中穿过，但满城南墙与长乐门外月城南垣已连成一线，这样可使东门外月城、瓮城与大城、满城构成一个完整的防御体系。一方面，满城的安全有赖于大城防御能力；另一方面，如敌军兵临东关时，月城、瓮城上的守军不但可以得到来自大城守军的支援，亦可得到满城守军的协防。由此，长乐门外月城、瓮城可视为满城向外延伸的部分。满城西墙通过大城北垣与安定门外瓮城东垣相通，并进而与瓮城、月城形成互为犄角之

① 雍正《八旗通志》卷一百十七《营建志六》，清文渊阁四库全书本。
② 朱仰超：《西安满族》，《西安文史资料》第18辑，1992年，第169—182页。

势。清代西安满城在防御方面对大城东、北二门，尤其是东门的倚重可见一斑。

（2）占地规模

雍正年间编修之《八旗通志》载西安满城"南北长一千二十八步，东西长一千二百步"①。乾隆《西安府志》卷九《建置志上·城池》引明《一统志》记述西安府满城"周九里"，实际上误引了明秦王府萧墙规模。民国《咸宁长安两县续志》卷四《地理考上》引光绪十九年（1893）陕西舆图馆《测绘图说》称"又满城周一千六百三十丈，为十四里六分零。东西距七百四十丈，为四里二分零，南北距五百七十五丈，为三里一分零"。雍正、光绪年间两次实测数据之间有一定差异，这应是测量方法和起测点不同所导致的。据今人实测资料，满城周长为 8767 米，东西长 2466 米，南北宽 1917 米。② 满城面积约 4.7 平方公里，约占大城面积的 40%。

在清代各八旗驻防城中，无论是地处大江之南、堪称要塞的杭州满城，还是地处塞北、"倚贺兰山以为固"的银川满城，占地规模鲜有超过西安满城的情况。顺治二年（1645）起建的杭州满城，占地"环九里有余""高一丈九尺"③。雍正元年（1723）在银川城外东北 1 公里处兴筑的满城，"周六里有奇"，后因地震于乾隆三年（1738）塌毁，遂于乾隆四年（1739）于城西 7.5 公里处建"新满城""周七里有奇，门四，濠广六丈"④。按照清 1 里等于 576 米计算，西安满城周长约清 15 里，远大于杭州和银川满城，在各区域中心城市满城中占地规模仅次于江宁满城，而兵力数量居首。

据雍正《八旗通志》所载，从占地规模、官兵人数等方面就西

①　雍正《八旗通志》卷一百十七《营建志六》，清文渊阁四库全书本。

②　朱仰超：《西安满族》，《西安文史资料》第 18 辑，1992 年，第 169—182 页。

③　（清）张大昌：《杭州八旗驻防营志略》卷十五《经制志政》，清光绪十九年浙江书局刻本。

④　嘉庆《大清一统志》卷二百六十四《宁夏府·城池》，四部丛刊续编景旧钞本。

安满城与其他满城的规模进行比较，如表2—2所示。

表2—2　　　　　　　清代西安满城与其他满城规模对比

城市	设立时间	规模	官兵数
西安	顺治二年（1645）	满城"南北长一千二十八步，东西长一千二百步"；南城"南北长四百六十步，东西宽五百一十三步"	兵8660名，匠役156名
杭州	顺治五年（1648）	于杭州府城内建筑满城一座，计营内地一千一百四亩五分，城外四旗地三百二十五亩五分，城脚基地六亩四分一厘三毫零，共地一千四百三十六亩四分一厘三毫零；界墙"环九里有余"①	兵4500名，匠役149名
江宁	顺治六年（1649）起造	自府城内太平门东至通济门东，长九百三十丈，连女墙高二丈五尺五寸，周围三千四百十二丈五尺（约清19里）	兵5093名，匠役168名
荆州	康熙二十二年（1683）	府城中东部为满城，其西为汉城，中立界墙，长三百三十丈，满城周围计一千二百五十八丈（约清7里）	兵4690名，匠役168名
太原	顺治六年（1649）	分府城西南隅为满城，东北二方设立栅栏门，关门为界，计南北长二百六十丈，东西阔一百六十一丈七尺（以长方形计算约清4.7里）	城守尉及以下官兵598人
广州	康熙二十一年（1682）	周围一千二百七十七丈五尺（约清7.1里）	兵3000名，匠役40名
开封	康熙五十七年（1718）	康熙五十八年筑造满城一座，周围六里，四面土墙高一丈	兵800名，匠役16名
成都	康熙六十年（1721）二月建成	计城垣周围八百一十一丈七尺三寸（约清4.5里），高一丈三尺八寸，底宽五尺，顶宽三尺，城楼四座，共十二间	兵2000名
归化	雍正元年（1723）八月	城垣四面共三百七十六丈，东西南三面设立关厢，周围共四百五十四丈五尺（约清2.5里）	—

①　（清）张大昌：《杭州八旗驻防营志略》卷十五《经制志政》，清光绪十九年浙江书局刻本。

续表

城市	设立时间	规模	官兵数
银川	雍正二年（1724）建成	周围六里三分，大城楼二十间，瓮城楼十二间，角楼十二间，铺楼八间	兵2800名
潼关	雍正五年（1727）起建	周围四百九十二丈二尺，以一百八十丈为一里，合计二里七分三厘四毫零，城壕宽二丈，城墙高一丈八尺，基宽一丈六尺，顶宽八尺	兵1000名
青州	雍正七年（1729）	周围长一千零四十九丈（约清5.8里）	兵2016名

资料来源：雍正《八旗通志》卷一百十七《营建志六》，清文渊阁四库全书本。

二 满城城门与教场城墙

1. 满城城门

清顺治二年（1645）始筑满城时，共开有5个城门。乾隆《西安府志》载："东仍长乐，西南因钟楼，西北曰新城，南曰端礼，西曰西华。"① 在满城5门中，东门借用大城东门长乐门，西南门借用钟楼东门洞，另外3门俱为新开之门。

清初满城3个新开城门的名称与秦王府城有紧密联系。西北门"新城门"位于明秦王府城萧墙北墙拆毁后形成的后宰门街西端出口，采用"新城"的名称是相对于明秦王府"旧城"而言；南门"端礼门"与明秦王府内城南门名称相同，但具体位置已大大南移，不仅在原端礼门之南，亦在秦王府萧墙南门灵星门之南，大致在今端履门街北口；西门"西华门"与秦王府城萧墙西过门处于一条线上，但具体位置已略微西移，大致在今西新街西口。

清前期满城又增设两个便门。据雍正《陕西通志》卷六《疆域·会城图》、嘉庆《咸宁县志》卷一《城图》及《县治东路图》，满城南墙东段开有栅栏（大菜市）和土门。此二门分别位于今大差

① 乾隆《西安府志》卷九《建置志上》，清乾隆刊本。

市（和平路北口）与大城东门西南侧（先锋巷北口一带），俱无门楼之设。当是康熙二十二年（1683）修筑南城后，为方便南城与满城的联系专门开置的便门。因而西安满城共有7处城门，以开门方向论，西面自北而南分别为新城门、西华门和钟楼东门洞，南面自西而东分别为端礼门、栅栏（大菜市）和土门，东为长乐门，北无城门。西、南两面各有3门，便于加强满城与大城内其他地域的联系，东面因用西安大城东门，北面未开城门。

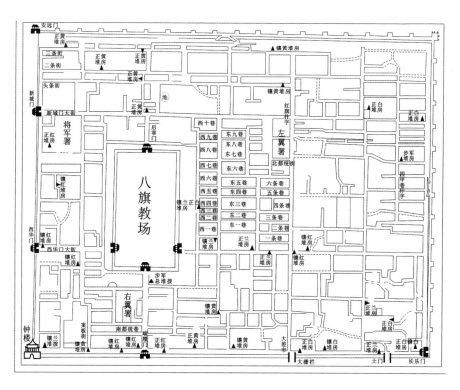

图2—3 清代西安满城街巷与堆房分布示意图

资料来源：光绪十九年（1893）陕西舆图馆绘《陕西省城图》，日本京都大学图书馆藏。

2. 教场城墙

从各种图籍资料来看，满城内最为醒目的军事设施即八旗教场。为便于八旗军兵日常操练，"乾隆二十二年将军都赍会同陕甘总督黄廷桂奏明为满营教场"①，并于其中"建屋数十楹"②。英国传教士伟烈亚力曾游览满城教场，在1856年出版的《西安府的景教碑》中留下了珍贵记述，"我们尔后去参观位于西安城另一隅的满城。在这里，我们参观了唐代的宫殿旧址，已经了无遗迹。这处旧址场地广阔，长满了草——事实上，是非常好的草坪——周边有墙环绕，现在用于练习射箭"③。

八旗教场由秦王府砖城改筑而来，设有四门，各门上均建有双层高大门楼，当是原明秦王府砖城门楼的旧迹。雍正《八旗通志》载"教场在府城内迤北，东西长三百三十步，（南北）长三百十二步"④。由此可知八旗教场东西528米，南北499米，约为0.26平方千米，占满城面积4.72平方千米的6%。八旗教场占地面积与秦王府砖城0.3平方千米相比有所减小，与清初的改筑事实相吻合。

第三节　清代西安南城城墙的兴废

清康熙二十二年（1683），随着新一轮全国范围内兴建满城高潮的来临，西安又在满城南侧兴建了南城，是明清西安城空间格局的第五次重大变化，标志着西安八旗驻防军事区的扩大和咸宁县辖域的缩小。至乾隆四十五年（1780），南城西墙拆毁，八旗驻防区恢复为咸宁县辖区，这可视为西安城空间格局的第六次重大变化。

一　兴建缘起

清初满城的兴建极大地强化了西安作为西北军事重镇的地位，

---

① 民国《续修陕西通志稿》卷六《建置一》，民国二十三年（1934）铅印本。

② 民国《续修陕西通志稿》卷一百三十一《古迹一》，民国二十三年（1934）铅印本。

③ Alexander Wylie, On The Nestorian Tablet of Se-gan Foo, *Journal of the American Oriental Society*, Vol. 5, 1856, pp. 275 – 336.

④ 雍正《八旗通志》卷一百十七《营建志六》，清文渊阁四库全书本。

但清政府为了加强在西北地区的统治，又于康熙二十二年（1683）向西安增驻左翼八旗汉军，在满城之南修筑"南城"作为其驻防城，就更将西安作为西北军事桥头堡的地位推向极致。类似西安这样一座大城内同时兼容两座军事驻防城的城市格局在有清一代区域中心城市中并不多见，也从侧面说明了西安的军事地位在西北乃至全国确为重中之重。

南城作为满城的一个扩展区，选址显然经过慎重考虑，主要表现在南城未将西安城东南部全部占据，而是选择了"东南隅余地"作为新的扩展区。

二 城墙走向、规模与城门设置

1. 城墙走向与规模

南城与满城关系之紧密，不仅表现在因位于满城之南而得其名，更是从选址、规模等方面都体现了其为满城之附属和补充。在城东南隅划地兴建南城时，就是为了北、东、南三面依赖大城和满城城墙，仅新筑一道西城墙。雍正《八旗通志》载："康熙二十二年增设驻防官兵，建造房屋，其地不敷，将城内东南隅余地修筑界墙。自南界墙中咸宁县东边起，至府城南墙止。南北长四百六十步，东西宽五百一十三步。将南界旧墙拆毁，合为满城一座。"[①] 南城东西约 820 米，南北约 736 米，面积约 0.6 平方千米。清代西安南城约占大城面积的 5%。满城与南城合计面积为 5.32 平方千米，约占大城面积的 45%。

以嘉庆《咸宁县志》卷一《疆域山川经纬道里城郭坊社图》所附《城图》和《县治东路图》对照今西安区地图分析，康熙二十二年（1683）始筑南城时，北墙借用了满城南墙东南段（尚

---

① 雍正《八旗通志》卷一百十七《营建志六》，清文渊阁四库全书本。

德路南口以东），东墙借用了西安城东门以南城墙，南墙借用了西安大城今和平门以东城墙，新筑的西城墙位处今马厂子、东仓门一线，其城墙并非由北一直向南，而略有弯折。南城形状大致呈北长南短、东直西斜，且西南角缺失的不规则梯形。

康熙二十二年（1683）始筑南城时，为加强与原有满城的沟通，满城南墙东段被拆除，南城与满城实际上连接成一个防御整体，合为一座新的驻防城。后在南城西墙开设通化门，嘉庆《咸宁县志》载："乾隆四年于新筑墙开门一，曰通化。"[①] 这使新驻防城拥有 6 座城门，西向 4 座，为新城门、西华门、钟楼门洞、通化门；南向为端履门；东向为长乐门。从嘉庆《咸宁县志》卷一《疆域山川经纬道里城郭坊社图·城图》和《县治东路图》分析，乾隆四年（1739）新开的通化门虽开于"新筑城垣适中处"，但并非位于南城西城墙正中间，而稍偏北，具体地点在今马厂子街南口一带。新驻防城开设了通化门之后，土门和栅栏作为旧满城的两个小门，可能随驻防城内部的一体化而逐渐失去其本来的功能。

核实而论，南城其实属于满城的扩展部分。满城在康熙二十二年（1683）的扩张使其面积增大，形制也发生了改变。在康熙二十二年（1683）至乾隆四十五年（1780），西安大城可视为被分割成东、西两部分：满城区与非满城区，这类似于湖北荆州府城与其满城之间的空间关系。

西安满城的顺城巷因南墙东段的拆毁而不复存在，这样就使汉人从长乐门穿越满城进入大城西部的汉城区更趋困难，东关城因此得以较大发展。关于原有满城和新筑南城之间界墙被拆除的事实，还可从清末辛亥革命时新军攻克满城的战斗状况加以证实。1911 年 10 月 22 日西安响应武昌首义，新军首先攻克的是位

---

① 嘉庆《咸宁县志》卷十《地理》，民国二十五年（1936）重印本。

于大差市以东的一处民房后墙，若未知悉原来满城和南城之间界墙被拆除过的史实，就很难想象为何满城会用民房后墙作为城墙的一部分。可以推测的是，康熙年间原来满城和南城之间的界墙被拆除，两者之间相互贯通，没有任何阻隔，因而在界墙旧址上就逐渐因人口增加而兴建起了民房。当乾隆年间南城撤销，南城西墙被拆除后，旧满城又需要一道完整的南城墙。若重新补建顺城巷东口以东部分的城墙，工程势必浩大，所以可能就利用了已经存在的民房，并且又补建部分北向民房的方式来弥补这一段城墙的缺失。既能以民房后墙形成满城界墙，同时又可增加满城房屋间数，为日趋增加的人口提供居住之所。这在当时是一个较好的选择，但自此满城城墙就有了较大的缺陷，为辛亥革命时被攻陷埋下了伏笔。

2. 南城内部格局

清代西安南城面积较小，内部格局就相应简单。以嘉庆《咸宁县志》卷一《县治东路图》，结合光绪十九年（1893）《陕西省城图》分析，汉军驻防地主要集中在南城西北部，以大菜市向南的街道为中轴线，呈东西向整齐排列。街东自北往南依次有头道巷、二道巷、三道巷、四道巷、五道巷、六道巷、七道巷、八道巷和九道巷；街西自北往南依次有头道巷、二道巷、三道巷、半截巷、小庙巷、回回巷和观音寺巷。南城东北部为左翼汉军副都统署，袭用明部阳王府旧址，中有南北街，布局严整。其地在乾隆四十五年（1780）"汉军出旗"以后重归咸宁县管辖。新中国成立之初为中共中央西北局驻地，后驻陕西省政协、省档案馆、省作家协会等单位。左翼汉军副都统署东西两侧各有一条南北向短街，西街约当今建国路北段，北口接头道巷，并隔墙与满城小差市相望；东街约在今先锋巷一带，北口亦与头道巷连接，并有土门可北通满城。南城北部还有集贤庵（在通化门内北侧）、旃檀林（在通化门内南侧）、万寿庵（在今和平路中段东侧）、五火庙（在今和平路南段东侧）、火药库（在今建国路南段东侧）、关帝庙（在今建国路南段西侧）和真武庵（在左翼汉军副都统署正东，紧邻南城东城墙）等宗教场所与军事设施。

第 三 章

明清西安四关城墙的修筑与拓展

　　东、西、南、北四座关城是西安城池防御体系的重要组成部分，也是与大城共同构成明清民国时期西安城市格局的重要空间基础。毋庸置疑，四座关城的城墙与西安大城城墙一样，值得进行深入探讨，但是在以往的研究和讨论中，四关城墙的形态、规模与重要作用却多被忽略。究其原因，主要是四座关城城墙在新中国成立后被彻底拆除，仅留存下了当今可见的西安大城墙，给人们在空间感知上便形成了不完整的认识。

　　明清民国时期，四关城墙与大城墙一样经历了多次维修，这类城工自然也应当被视为西安城墙的维修保护活动，对于"资防御""壮观瞻"发挥了重要作用。与西安大城城周在明初形成后即固定下来有所不同的是，四座关城中的东关城占地规模庞大，城墙长度远超其他三座关城，在清代后期还经历了拓展的过程，这是基于其外围没有护城河环护的实际情况，通过扩建部分城身来延展城墙长度，扩大关城城区。

　　相较居于核心的西安大城墙，四关城墙的相关文献记载极少，以下结合地方史志与奏折档案，对其建修时序、规模与关城景观进行分析和论述。

第一节　明代西安四关城墙的修筑

西安城的四个关城作为城市空间扩展的基本途径，虽然兴建时间上有先后，格局和规模大小也有区别，但从根本上来说都是基于军事要素而兴起的。四个关城构成对城市最外围的保护，在攻防频繁的战争时代，关城发挥了重要的军事价值。明末西安四关城的完善使城市空间进一步得到扩展，这是继移建钟楼之后城市空间的又一次重大变化。

一　明代西安四关城墙的修筑时序

康熙《咸宁县志》载四关城起建时间云，"历崇祯末巡抚孙传庭筑四郭城"①，民国《咸宁长安两县续志》亦沿称"明末始筑四关城"②，实则从现有嘉靖、万历《陕西通志》所附《陕西省城图》来看，东关城在明前期已然存在，且被称作"东郭新城"，并非晚自明末方始兴建。

前文对明代西安"城周四十里"说进行辨析时已指出，东关城应是明初扩城工程的一部分，其长度被计入城墙总长"四十里"之中。在明初西北军事形势仍相对紧张的情形下，虽然秦王府城与西安大城已经构成了双重城的防御格局，但对于"天下第一藩封"的秦王来说，保障其安危仍显得不够，因此又修筑了东关城。从嘉靖、万历二《陕西通志》所附《陕西省城图》可以看出东关城的南北长度占到整个东城墙的一半多，这就构成了对新扩的东城区更有力的外围防护。以秦王府为中心来看，防护体系就有府城内城（砖城）、府城护城河、府城外城（萧墙）、大城、

---

① 康熙《咸宁县志》卷二《建置》，清康熙刊本。
② 民国《咸宁长安两县续志》卷四《地理考上》，民国二十五年（1936）铅印本。

大城护城河、东关城等多圈层防护网，从而能使秦王府城处于最安全的地位。因而明末当是新建西、南、北三关城，同时对东关城进行维修。三座关城的新建也是基于拱卫所在城门的需要。

四关城皆为夯土筑成，墙体材质自明至清未有改变。清光绪二十七年（1901）粤籍官员伍铨萃游览西安城时，记述关城状况云，"（正月）十五壬午望，……出南门，城三重，土周外重"①。明末新建西、南、北三关城之后，西安城由此前的四区一关的空间格局转变为四区四关的空间格局，这一格局对此后城市的功能区尤其是商贸区的发展产生了深远影响。

二　四关城墙规模与关城景观

1. 四关城墙规模

民国《咸宁长安两县续志》卷四《地理考上》对四关城数据有较为准确的记载，其中虽然东关城在清代后期曾有扩充，但工程规模较小，不会影响用这一数据反映明清西安城四关的相对比例关系。

按照明营造尺为 31.8 厘米，明里为 572.4 米，清尺为 32 厘米，清里为 576 米，两者之间相差甚微，可忽略不计，因而下文以清尺数据进行换算。旧制平均一步为五尺，十尺为一丈，则一步约合今 1.6 米。四关城中除东关城为不规则长方形外，其余三关均为相对规整的长方形，东关城面积在计算时已将其不规则处予以考虑。由于东关城墙早已拆毁无存，但根据现存最早的西安城乡地形图，即民国二十四年（1935）西京筹备委员会实测绘制的 1∶10 万比例尺地形图，量算可知东关城城墙长度约为 8 里。

---

① （清）伍铨萃：《北游日记》，吴湘相主编《中国史学丛书》，中国台北学生书局 1976 年版。

表3—1　　　　　　　　　　明清西安四关城墙与关城规模

区域	形状	长（明清步/今公里）	宽（明清步/今公里）	面积（平方公里）
东关	不规则	东西1085/约1.74	南北914/约1.46	2.03①
西关	长方形	东西880/约1.41	南北320/约0.51	0.72②
北关	长方形	南北440/约0.7	东西232/约0.37	0.26③
南关	长方形	南北350/约0.56	东西190/约0.3	0.17④

从关城所占面积来看，南关最小，这一点在光绪十九年《陕西省城图》上反映得并不明显，但按照实测数据计算的结果应较地图绘制更能准确地反映关城的占地大小。大城面积约为11.62平方公里，则东关城仅占其约六分之一，这与地图所反映的比例关系基本吻合。

明清西安城八区面积合计为14.8平方公里，考虑到量算的误差，明清西安城占地面积约在15平方公里。各区所占比例分别为：东北城区29.35%，西北城区27.95%，东南城区12.3%，西南城区11.67%，东关11.81%，西关3.98%，北关1.53%，南关1.4%。

2. 关城格局与景观

（1）内部格局

四关城内部格局的共同特征在于均有一条与大城城门相对、与四门大街相贯通的主干道，将四关城分成基本对称的两部分。关城主干道可视为城内四门大街向外的延伸，使关城与大城紧密联系起

① 黄云兴：《八仙庵〈忙笼会〉》，《碑林文史资料》第3辑，1988年，第125页，称东关"幅员十二多平方里"，未知所据。

② 田克恭：《西安城外的四关》，《西安文史资料》第2辑，1982年，第201—217页，称西关面积"约有东关的十分之三"。

③ 田克恭：《西安城外的四关》，《西安文史资料》第2辑，1982年，第201—217页，称北关面积"大致相当东廓城的十分之一"。

④ 田克恭：《西安城外的四关》，《西安文史资料》第2辑，1982年，第201—217页，称南关面积"看来有东关的十分之一"。

来。关城内的其他街巷均布设于四条干道两侧。基于关城自身的军事性，除东关城以外的其他三关城中的街巷、居民区相对较少。

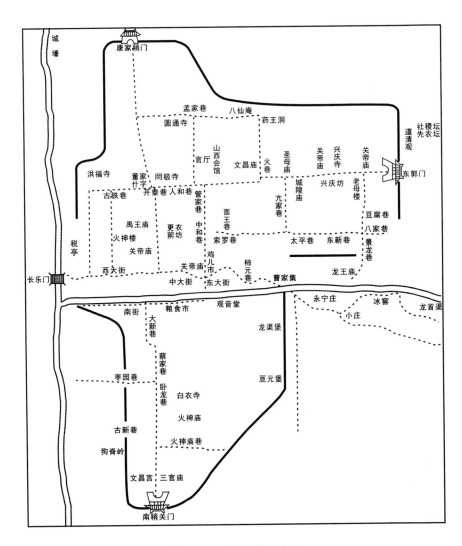

图 3—1 东关城城墙走向

资料来源：嘉庆《咸宁县志》卷一《东郭图》，民国二十五年（1936）重印本。

东关城为西安府城东面的门户和进出的必经之地，至清代后期，东关城中划分为 12 坊，有 11 街、4 堡、24 巷，以东关社统之，隶于咸宁县。东关内有罔极寺、圆通寺、兴庆寺、八仙庵、北极宫、圣母宫等著名寺院道观；又有官厅、厘税总局、鲁斋书院、山西会馆等设施与机构。清同治年间东关城曾有小规模的空间扩展过程，民国《咸宁长安两县续志》载："郭城自嘉庆宁陕兵变，当道筹防，营缮一新；同治八年拓筑东郭，橄邑绅杨彝珍董其役，辟新郭门，谓之新稍门，以小庄、永宁庄并入郭内；寻辟郭东北门以便关民耕种，从士绅商民之请也。"① 东关的新郭门和东北郭门为同治八年（1869）新开，主要是为了方便关民出入。

西关城为长安县管辖，平面形制为横长方形。关城西墙中部开西郭门，南墙中部偏西开南郭门，北墙中部偏东开小门，关城东段南北两侧开南火门、北火门，共五门。关城中部有东西大街，从西郭门直通护城壕吊桥，为从西面进出西安城的必经通道。

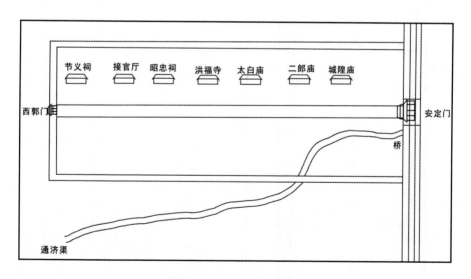

图3—2 西关城城墙走向

资料来源：嘉庆《长安县志》卷《外郭图》，清嘉庆二十年刻本。

---

① 民国《咸宁长安两县续志》卷四《地理考上》，民国二十五年（1936）铅印本。

北关城南抵东、西火巷，平面形制为纵长方形。关城北墙中部开有北郭门，关城中部有南北向北关大街贯通郭门至北门护城壕前。咸宁、长安两县以北关城中央南北大街为界东西分治。

南关城，属咸宁县管辖，形制为南北长东西短的纵长方形。关城中部南北大街为南关中轴线。南墙中部开有南郭门，东、西墙北部开有东、西两郭门。

图3—3 北关城城墙走向

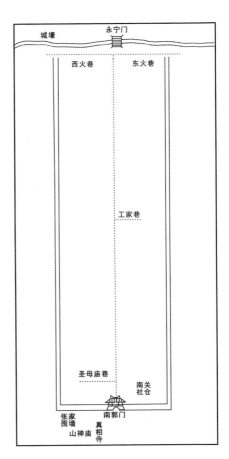

图3—4 南关城城墙走向

资料来源：嘉庆《咸宁县志》卷一《北郭图》、《南郭图》，民国二十五年（1936）重印本。

（2）景观特征

明清西安四关城因位于城乡接合的城市边缘区，同时又位处出入城市的交通孔道，人口与物资流动所经，在军事意义之外，商业贸易、宗教信仰、迎来送往等活动较为活跃，由此关城中分布有众多的市场、店铺、厘税局、接官厅以及寺宇。就城市景观而言，四关城最显著的特征在于"亦城亦乡"，尤以东关城为代表。

明代东关城外就有秦王封地和园林，居民也多为在扩城时圈入城区的农民，相当多的耕垦土地在东关之外。清同治八年（1869）开辟东北郭门，主是为了便于"关民"外出耕种。而东关城内依然有片片农田，长乐坊原尊德中学（现市三中）所在地，迄至民国十四年（1925）还是一片麦地①。民国尚且如此，明清东关内农田的亩数当更多，从而形成"城市农业"这一传统城市中特有的景观。东关城中还分布有较多园林、花圃。1896 年在英国伦敦出版的《亚洲》第 1 卷《北亚和东亚》即载西安"关城里分布有众多园林、田地"②。光绪十七年（1891）四月七日粤籍官员伍铨萃游览东关城花园，在《北游日记》中载："路游花园四、五处，经龙渠堡、景龙池，村落园花少，茂树小池，紫碧错杂。牡丹芍药均已罢放，惟榴花梅桂夹竹桃尚盛，余购兰二盆，金英菊一盆归。"③ 东关内花园既多，花神庙遂由此兴盛，"花神会"也成为东关的重要祭祀和民俗活动之一。东关中既有较多花园，又有若干村落。与农业生产方式相适应，东关内村落的聚居形态、命名方式等也与大城内街巷坊里有较大差异，这就在农业景观之外又以农村聚落的形式增添了东关城的乡土气息。

---

① 黄云兴：《八仙庵〈忙笼会〉》，《碑林文史资料》第 3 辑，1988 年，第 125 页。

② A. H. Keane, *Asia*, *Northern and Eastern Asia*, London：Edward Stanford, 1896, Vol. 1, p. 406 .

③ （清）伍铨萃：《北游日记》，吴湘相主编《中国史学丛书》，中国台北学生书局 1976 年版。

第二节 清代西安四关城墙的修筑与拓展

随着明末陕西巡抚孙传庭兴筑西、南、北三关城，西安"一大城、四关城"的城市空间格局自此奠定下来。进入清代，尤其是同治回民起义之后，四关城的修筑活动较前增多，充分凸显了关城城墙在西安城防体系中的重要性。

就防御功能而言，四座关城的城墙各自独立，与大城城墙之间有护城河相隔，俨然大城之外的"拱卫者"，具有宋元时代京兆府城与长安、万年两县县城相互依恃的"子母城"遗风。但明清时代的四座关城分别对应着西安四座城门，在护卫形态上更为严密，能够对大城最易受到攻击的城门、吊桥形成有效保护。同时，四座关城内部空间较为裕如，不仅能供商民居住，而且可以驻守军队，从而构成西安大城最外围的防御网络。

就城墙形态而言，四座关城又可分为两大类，即东关城的不规则形与其他三关城的长方形。东关城占地面积最大，城墙走向多有曲折，无疑是明代初年扩展西安大城墙时，因地制宜一并兴筑的结果。能够合理推测的是，之所以东关城墙形成了不规则形态，当属明初借助自然地形高下兴建城墙的结果。明初，太祖朱元璋将唐代兴庆宫遗址赐封给秦王作为离园，供其游赏。这一史事极有可能影响到了东关城墙的走向和最终形态。

"关城"在地方志中又被称作"郭城"，其维修历史的记载极其简略，仅民国三十年代修纂的《咸宁长安两县续志》对西安四关城城墙的维修活动有所记述。据《咸宁长安两县续志》卷四《地理考上》载，四关城城墙在清代中后期的维修工程始于嘉庆年间，当时由于白莲教起义等民间反抗斗争风起云涌，因而陕西官府为增强西安军事防御能力，对四关城城墙"营缮一新"。从此记述可以推测，此次维修当属一次较大规模的修缮工程，能够使素来被忽视的关城城墙面貌达到"一新"的程度。

同治八年（1869），陕西和西安官府又有"拓筑东郭"之役。在这次拓展东关城城墙工程中，地方官府采取了由民间士绅"经理"的做法，即要求咸宁县绅士杨彝珍具体监督施工。这一做法与同治回民起义之后民间士绅在区域社会事务中的地位有所上升相关。此次施工不仅在东侧拓展了东关城城墙，而且随着东关城区的扩大、城墙的延伸，又开辟了新郭门，称作"新稍门"。新延展的东关城城墙将原属郊区的村落"小庄""永宁庄"并入东关城内。为了便于东关城内居住的农民外出耕作田地，在士绅商民的请求下，又开辟了东关城的"东北门"。

光绪十三年（1887），陕西省、西安府和长安县官府重修西关城城墙，开辟南北火巷、介家巷等处"郭门"，并且"起筑郭楼"，又兴建了"西郭门"和"文昌楼"。虽然《咸宁长安两县续志》记载简洁，但约略能窥得此次工程规模亦较大，堪称对西关城墙、郭门、街巷和文教建筑的一次系统建修。光绪二十一年（1895），由于"河湟回乱"，青海、甘肃地区的回民斗争又趋高涨。陕西、西安官府再度下令咸宁县绅士寇卓等人主持"补葺"东关城城墙，以备不虞。① 同年，陕西巡抚魏光焘又下令由长安县知县林邕、长安县士绅王典章、张振国、寇永祥、窦鹏等人维修北关城城墙。② 可见修缮东关、北关城城墙工程均借鉴了同治八年拓筑东关城的工程经验，由地方士绅主持维修，收到了良好的效果。③

----

① 工部：《为筹修陕西光绪二十一年所属州县城垣事致军机处咨文》，光绪二十二年四月三日，工部咨文，中国第一历史档案馆，03－7162－058。

② 护理陕西巡抚张汝梅：《奏报陕西省光绪二十一年十月份雨泽麦苗并省城西安粮价情形事》，光绪二十一年十一月二十八日，朱批奏折，中国第一历史档案馆，04－01－25－0555－040。

③ 护理陕西巡抚张汝梅：《奏为修整陕西省各属城垣及修理四川堡寨行坚壁清野之法办理情形事》，光绪二十一年七月十日，录副奏折，中国第一历史档案馆，03－7416－048。

第 四 章

明清西安护城河的引水
及其兴废

　　"金城汤池"是我国封建时代城防体系的形象描绘，反映了城墙与护城河相互配合、发挥军事防御功能的状况。在探讨西安城墙维修保护历史之际，不能忽略对护城河疏浚、保护和利用史实的深入探究和分析。从防御功能上讲，倘若将城墙视为"硬"防御体系的话，那么护城河（城壕）就是"软"防御体系。二者若能刚柔相济，形成良好配合，就能获得最佳的御敌效果。概括而言，明清西安的护城河在水源充沛的情况下，确实能形成"金城汤池"的景观和防御系统，而在水源断绝、无水可引的情况下，干涸的城壕凭借其"宽""深"的基本特征，也能够起到阻碍敌军接近城墙的作用。从这一角度来说，有水的护城河或者干涸的城壕便构成了明清西安城墙外围的主要景观之一。

　　在论及护城河（城壕）的维修、保护和利用方面，可以分为两大类型的修筑工程，一是陕西和西安地方官府、军队等从郊区的浐河、潏河等引水灌注护城河，二是对干涸无水的城壕疏浚深阔。两者均可增强城池的防御能力。当然，在明清时代的文献中，以引水灌注护城河的相关工程活动记载为多。

第一节 明代护城河引水渠的开浚与兴废

西安城自明洪武四年开始向东、北扩展，洪武十一年扩建完毕，秦王朱樉当年就藩西安。城市驻军和相应人口随即大量增加，使灌注城河、日常汲引、园林绿化等方面用水量激增，而元代所修引水渠道早已湮废，仅靠凿引地下井水远远不能满足对日常用水的需求。城市规模的扩大和人口的增加对开凿疏浚新的引水渠道提出了迫切要求。

明代西安城先后开凿有两条引水渠道，即洪武十二年（1379）开凿的龙首渠和成化元年（1465）开凿的通济渠。清陕西巡抚毕沅在《关中胜迹图志》中载云：（西安城）"东有龙首，西有永济。""永济"即通济渠的别名。龙首、通济二渠引水入城，对明清西安城的发展起着至关重要的作用。两渠水网密布城内，不仅利于日常生活及军事防御之用，且使城市园林因水面的点缀而颇具灵气。总体而言，明清西安城供水系统（主要是渠道引水）建设是城市水利兴修的主要内容。按照供水系统的主体及其所发挥的作用不同，可将这一时期西安城市水利兴修划分为三个阶段。

一 龙首渠的开浚与供水

从明洪武十二年（1379）龙首渠的开凿至成化元年（1465）通济渠开通，可称为龙首渠阶段。这一时期以龙首渠为城市供水主体，井水为辅助。

1. 龙首渠的开浚

明代初年西安大城扩展完工以及秦愍王抵达西安府城后，即于洪武十二年（1379）疏凿城东龙首渠。据《明实录》记载："（洪武十二年十二月）开西安府甜水渠。初，西安城中皆齼卤水，不可饮。

至是，曹国公李文忠以为言，乃命西安府官役工凿渠砻石，引龙首渠水入城中，萦绕民舍，民始得甘饮"① 龙首渠始凿于隋初，② 为隋唐长安城的重要引水渠道之一，先后在宋元时期得以疏浚并引水入城，明初借助前代工程基址重新疏凿，费时较短，工程量也较小，这对于扩筑城池后不久的西安城而言极为重要。选择位于城东的龙首渠进行疏凿，也是出于方便为秦王府城供水的考虑，秦王府城河和大城城河均需要引水灌注，才能充分发挥城池的防御功能，这也表明龙首渠的开浚是城池扩展工程的继续，可能均在扩城规划之中。

2. 龙首渠的渠源与城外流路

龙首渠源于秦岭北麓大义峪，经城东部入东关并进而流入城内。清人毕沅在其《关中胜迹图志》一书中明确记载道："（龙首渠）发源于大义谷第一派之水，东过真武原至引驾回镇，又东北至鸣犊镇入浐河，复引水入渠口，西北行，经留空村至田家湾诸处，经流渐细。"③ 由于大义峪和浐河虽同发源于秦岭北麓，但具体峪口不同，因此龙首渠实际上有两个渠源，一为"大义谷第一派之水"，另一为"浐河"。因引大义峪水在前，引浐河水在后，故一般将大义峪口视为龙首渠的起始渠源，除上引《关中胜迹图志》以外，乾隆《西安府志》在记载龙首渠城外流路时亦是从大义峪水源地开始记述。④

另外，从大义峪口至鸣犊镇桥头入浐河的龙首渠段，在诸多方志相关图幅中均有标绘，虽然并无准确比例关系，粗疏也相差较大，但基本可反映大致流路走向，如《关中胜迹图志》卷三十二《龙首永济二渠图》、雍正《陕西通志》卷三十九《水利一》所附《灞浐渠图》《西安府龙首通济两渠图》、嘉庆《咸宁县志》卷一《疆域山川经纬道里城郭坊社图》之《戎店社图》《尹家卫社图》

---

① 《明太祖实录》卷一百二十八，洪武十二年十二月。
② （明）王恕：《修龙首通济二渠碑记》，《关中两朝文钞》卷一，清道光十二年守朴堂藏版。
③ （清）毕沅：《关中胜迹图志》卷三《大川》，清文渊阁四库全书本。
④ 乾隆《西安府志》卷五《大川志》，清乾隆刊本。

《鸣犊社图》《三兆社图》《黄渠社图》《元兴社图》《韩森社图》及《东郭图》等均有标绘。从图可知,上述龙首渠"二源"的记载接近实际,即龙首渠上半段是从大义峪口引水至鸣犊镇桥头入浐河,下半段则是从留公引浐河水至西安城东门入城。明人王恕在《修龙首通济二渠碑记》中记载龙首渠流路称,"引浐河水经倪家村、龙王庙、滴水崖、老虎窑、九龙池至长乐门入城,分作三渠,……西入秦府,始作之人无考"①。

从上引方志文献来看,龙首渠渠源与流路较为清楚,然今人却有不同说法。黄盛璋先生在所撰《西安城市发展中的给水问题以及今后水源的利用与开发》一文中就认为:"(龙首渠)由大义峪往东流经龙渠村、辅江村、高村、引驾回、张家沟、仁村堡、鸣犊镇东北前村至桥头入浐河,这是一支,虽名龙首,但与入城水源无关。"② 基于此论点,其文中所附《明清西安城引水渠道及其复原》图中仅绘出自留公至西安城东门的龙首渠道。马正林先生《丰镐—长安—西安》一书附图《明清西安城引水渠道河流示意图》亦大体如此,③ 这一看法显然与实际情况不符。

从大义峪口至鸣犊镇桥头入浐河的引水渠道既然在《关中胜迹图志》等诸多地方志文献中有明确记载和标绘,就应当是引水入城的龙首渠的重要组成部分,而绝非如黄盛璋先生所言"与入城水源无关"。这从最初建议开浚龙首渠的明人言论中也可得到证明。据《明实录》记载,天顺八年(1464)陕西巡抚项忠奏疏云:"旧有龙首一渠,引水从东门以入。然水道依山,远至七十里,难于修筑。"④ "旧有龙首一渠"即指明洪武十二年(1379)在西安城东南

---

① (明)王恕:《修龙首通济二渠碑记》,《关中两朝文钞》卷一,清道光十二年守朴堂藏版。

② 黄盛璋:《西安城市发展中的给水问题以及今后水源的利用与开发》,《地理学报》1958年第4期,第406—426页。

③ 马正林:《丰镐—长安—西安》,陕西人民出版社1978年版,第107页。

④ 《明宪宗实录》卷十二,天顺八年十二月甲午。

开凿之龙首渠，而"水道依山"则指龙首渠源于秦岭北麓，显然是将大义峪口视作渠源，故而渠道总长度才"远至七十里"。项忠的奏疏是通过讲述龙首渠"难于修筑"的理由来说明新开通济渠的必要性，如果说龙首渠仅是从留公引浐河水至城东，不仅根本无"七十里"之数，兴复起来恐怕也并非过于艰难。又据明人王恕《修龙首通济二渠碑记》①，弘治十五年（1502）陕西巡抚周季麟、西安知府马炳然修浚龙首渠时，"又将城外土渠六十里亦疏浚深阔，筑岸高原，以防走泄"。其说"城外土渠六十里"，与项忠所言"远至七十里"略近，确实证明在时人的观念中，从大义峪口至鸣犊镇桥头入浐河的引水渠道是龙首渠的重要组成部分，而龙首渠的渠源通常也从大义峪口算起。

明清西安城东龙首渠之所以分作上、下两段并有两处水源地，有其内在合理性。浐河在当时虽说是西安城东南的一条大河，但至明清之际，由于秦岭水源区植被环境的相对恶化，水量已大不如前，修凿龙首渠时引大义峪水向东北注入浐河，很明显是为了增加浐河的水量，这样再从浐河引水向西北注入西安城的龙首渠的水量相应也就有了更为可靠的保障。前引黄盛璋先生在所撰《西安城市发展中的给水问题以及今后水源的利用与开发》一文中，虽然也指出龙首渠有大义峪水和浐河这两个引水源头，但又说从大义峪口至鸣犊镇桥头入浐河的引水渠道"与入城水源无关"，显然并未对明清西安城周围诸河流水量变化以及当时龙首渠的开浚者为了增加入城水量而煞费苦心的情况进行全面分析。

3. 龙首渠的城区供水网络及其维护

龙首渠供水网络主要集中在城市东部，主要供给对象是以秦王府城为重点的城东区宗室、官宦府宅。从嘉靖、万历二《陕西通

① 康熙《陕西通志》卷三十二《艺文·碑》，清康熙刊本。

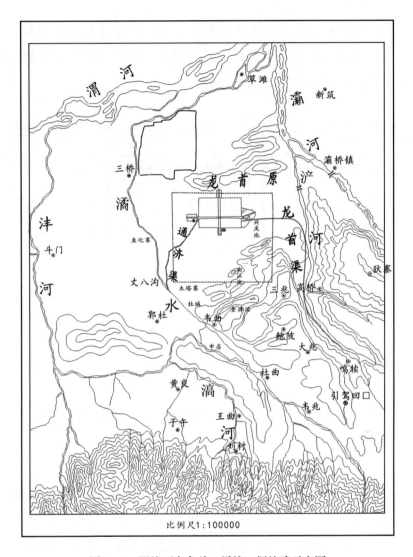

图4—1　明清西安龙首、通济二渠流路示意图

资料来源：西京筹备委员会制《西京胜迹图》，1935 年。

志》所附《陕西省城图》及雍正《陕西通志》所附《西安府龙首通济两渠图》可以看出，龙首渠在城东部被引入秦王府、临潼王府、汧阳王府、郃阳王府、保安王府、杨大人宅等府第。尽管在明初扩城前后总体上城西部人口要多于东部，但陕西官府并没有选择自城西开渠引水就很能说明问题。龙首渠向城西也只延伸到西北的莲花池,虽然这也受其引水量的限制,但其供水重心却很明确。新扩展的城区促进了龙首渠的开浚,反过来,龙首渠的开浚也极大地推动了城东新扩区和东关城的发展。

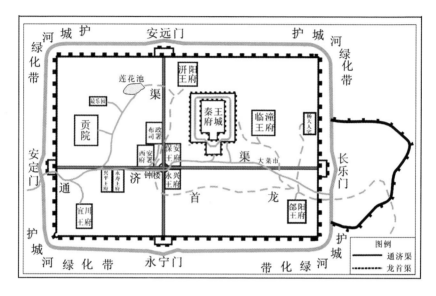

图4—2　明代西安城内宗室府宅分布与龙首、通济二渠流路示意图

明代中央和地方政府在兴工开凿之外,亦重视龙首渠的持续维护,以确保西安的西北重镇地位。洪武十二年(1379)龙首渠开通未久,洪武二十九年(1396)明太祖朱元璋便"诏修西安城中水渠"①。像这样由皇帝下令疏浚城市引水渠道的例子在同一时期西北众多城市中极为少见。此次修治,一是疏浚城外经过黄土台原地区的引水渠道,二是为城内渠道"覆以石甃,以障尘秽。计十家作渠口一,以便汲水"。在确保城外渠道畅通的基础上,保证城内的渠水卫生。此距明初开凿龙首渠尚不及二十年,足以反映出明朝中央政府对西安城供水问题的重视。城内渠道以石甃砌,成暗沟形式,

---

① 《明太祖实录》卷二百四十四,洪武二十九年正月丙子。

坚固耐用，亦防渠水污染，饮水卫生的防护较明初前进了一大步。

4. 龙首渠的修治与衰废

通济渠开通后，龙首渠受其引水量小及渠道易崩塌等因素影响逐渐处于辅助供水的地位，但依然受到地方政府的重视。如弘治五年（1492）西安府就曾专事修治龙首渠。秦简王朱诚泳《瑞莲诗序》载此次修治云，"予府第子城外，旧环以堑，引龙首渠水注焉，岁久渠防弗治，水来益微，堑遂涸矣。弘治壬子春，监司兴修水利，渠防再饬，堑水乃通"①。由此可见龙首渠的兴废对于城内安全防御设施等用水量较大的处所盛衰影响之大。

基于龙首渠所经地区的黄土台原地貌条件，时日稍久，便易引起渠道崩塌，这是其逐渐湮废并最终为通济渠取代的主要原因。成化间陕西巡抚项忠就曾指出："迨今世远物迁，（龙首渠）堤倚高原，日见削损"，"年久渠道崩塌土崖，随修随坏，致水或断或续，利用日少，缺用日多，难以纪极，况城中之用，不能周遍"②。

二　通济渠的开浚与供水

从明成化元年（1465）通济渠开通至清乾隆中叶因补修西安城垣而废弃二渠入城水门③，可称为通济渠阶段。这一时期以通济渠供水为主，龙首渠和井水为辅助，是明清西安城供水量最为充沛的时期。明人王恕就指出，"昔之未开通济渠也，汲之不足，城池惟西北一隅有水。自有通济渠之后，汲之不乏，城池四面举皆充溢周流"④。

1. 通济渠的开浚

前已述及，龙首渠供水量有限，"利用日少，缺用日多"，"城

---

① （明）朱诚泳：《小鸣稿》卷九《瑞莲诗序》，清文渊阁四库全书本。
② （明）项忠：《新开通济渠记》，碑存西安碑林。
③ 嘉庆《咸宁县志》卷十《地理》，民国二十五年（1936）重印本。
④ （明）王恕：《修龙首通济二渠碑记》，《关中两朝文钞》卷一，清道光十二年守朴堂藏版。

中之用，不能周遍"，水利止及城东，西安城西部居民甚少惠及。而其修治更需"引水七十里，修筑不易"，"计费亿万"，开凿新的引水渠道取而代之势在必行，加之汉唐以来均有引城西河水入城的先例。在这种情况下，项忠等人经过实地踏勘选线，于成化元年（1465）开浚了因地势高下相宜而水性顺畅、流量充沛、水质优良、无渠道崩塌之虞的通济渠。嘉靖《陕西通志》记述成化元年（1465）开通济渠缘由云："通济渠，今省城西南也。盖城南故有秦汉隋唐旧渠，久废。皇明天顺中，西安府知府余公子俊相度城东南龙首渠水入城稍微，西城官民食水苦咸不便，议修复废渠。时都御史项公忠巡抚陕西，遂具疏上闻。允命既下，余公即躬督疏浚，不一载渠成。引交、潏二水，自城西南隅入城。城中官府、街市、坊巷皆支分为渠。"① 通济渠水入城后，与龙首渠供水网相互衔接，二水相济，东西城区居民可均享其利。

从龙首、通济二渠流路图上可以看出，尽管自丈八沟至南门才为最短距离，但通济渠仍从西门引入城中，这主要是因为南门外地势过高，引水困难。这一状况在民国西京建设水厂时也有表现，"建设水厂之地址，……本城西、南两门外旷地，皆为良好之厂址。……缘南门外地势高阜，较西门约高十余公尺。……若厂址设于南门，势将拦河坝加高十余公尺，靡费孰甚？"②

表4—1　　《新开通济渠记》碑阳所载供事人员名单一览（43人）

序号	官署	职别	人名
1	巡抚陕西都察院	右副都御史	项忠
2		巡按监察御史	吴绰
3		都使挥使	林盛

① 嘉靖《陕西通志》卷二《山川》，明嘉靖二十一年刻本。
② 何幼良：《西安自来水工程初步计划书》，西安市档案局、西安市档案馆编《筹建西京陪都档案史料选辑》，西北大学出版社1994年版，第287页。

序号	官署	职别	人名
4		左布政使	张莹
5		右布政使	杨瑢
6		按察使	李俊
7		都指挥同知	邢端
8			司整
9		都指挥佥事	申澄
10			单广
11			陈杰
12			张瑛
13			马云
14		左参政	胡钦
15		右参政	娄良
16			张用瀚
17	陕西等处承宣布政使司		张绅
18	（以上总理其纲）	副使	刘福
19			郭纪
20			姚哲
21			强宏
22		右参议	杨瓒
23			杨壁
24			陶铨
25		佥事	李玘
26			叶禄
27			赵章
28			华显
29			胡钦
30			胡德盛
31			刘安止
32			吕益
33	陕西都指挥使司	都指挥佥事	樊盛
34	西安左卫	指挥同知	张恕

续表

序号	官署	职别	人名
35	前卫	指挥佥事	东铉
36	后卫	指挥佥事	毕昱
37	西安府（以上大播百工之和）	知府	余子俊
38	咸宁	知县	王铎
39	咸宁	县丞	宋泓
40	长安	知县	刘升
41	长安	县丞	柴干
42	长安	主簿①	傅源
43	税课司（以上计工虑材以供事）	大使	邓永刚

表4—2　《新开通济渠记》碑阴所载供事人员名单一览（103人）

序号	官署	职别	人名
1	陕西按察司	照磨	李志
2	西安府	同知	任春
3	西安府	同知	赵珪
4	西安府	同知	赵瓒
5	西安府	通判	张俊
6	西安府	经历	赖让
7	西安府	知事	张泰
8	西安府	照磨	贺昭
9	西安府	检校	田畯
10	西安府	吏	雷允
11	西安府	吏	朱顺
12	西安府	吏	温清
13	西安府	吏	阎洁
14	西安府	吏	田㕦
15	西安府	吏	张凤
16	西安府	吏	杨宗

---

① （清）谈迁：《国榷》卷三十五，清钞本。

序号	官署	职别	人名
17	西安府	吏	段零
18			杨芳
19			李钊
20		阴阳生	陈子昭
21		水工	王材
22			谢荣
23		木工	申茂
24			南茂
25			岳泰
26			王茂
27			孟喜
28		石工	葛英
29		泥水匠	贺全
30			马亨
31			石整
32		井匠	冯英
33			刘仲良
34		搭材匠	赵信
35			卞英
36			张学
37			杜旺
38	西安左卫	指挥使	费澄
39		指挥同知	朱政
40		知事	冀镔
41		镇抚	程真
42		百户	徐锃
43			张雄
44			李能
45	西安前卫	指挥使	康永
46		指挥同知	张鼎
47		指挥金事	周玺

序号	官署	职别	人名
48	西安前卫	经历	杨晃
49		知事	解琰
50		镇抚	张升
51		千户	刘清
52	西安后卫	指挥使	高玉
53		指挥同知	尤盛
54		指挥佥事	廖斌
55		经历	江仍
56		知事	程鹔
57		镇抚	孙胜
58		千户	刘钊
59	咸宁县	主簿	郝英
60		典史	陈浩
61		吏	李荣
62			郑文
63			田贵
64		老人	张安
65			郑忠
66			刘鉴
67			许成
68			雷信
69			宋良
70			吴平
71			李成
72			韩玄
73			任义
74			孟益
75			席真
76			黄荣
77			赵贵
78			郭整

续表

序号	官署	职别	人名
79	咸宁县	老人	柴铭
80			张升
81	长安县	典史	冀宽
82		吏	卢成
83			薛悦
84			吕振
85			白真
86			赵恕
87			冀良
88			张义
89		老人	韩贵
90			王恕
91			田秀
92			常钦
93			王信
94			杜郁
95			白彪
96			谢兴
97			翟闰
98			左林
99			张广
100			解林
101			马升
102			周能
103			李荣

2. 通济渠的城区供水网络及其衰废

通济渠在城内的流路远较龙首渠长，自城西入，自城东出。其水网不仅覆盖了城西区的大部分地段，而且也是城东区和城壕用水的主要来源。相较而言，龙首渠的作用在明前中期独占鳌头，而自明成化以后，全城居民日常用水则主要仰赖通济渠。

从嘉靖、万历二《陕西通志》所附《陕西省城图》及雍正《陕西通志》所附《西安府龙首通济两渠图》可以看出，通济渠被引入城西宜川王府、兴平王府、永寿王府、陕西贡院、西安府署、布政司署、莲花池、最乐园等处，城东秦王府城、东关景龙池等亦均有引入。"金城汤池兮百二独雄，挼蓝曳练兮声漱玲珑，烟火万家兮仰给无穷。"正是通济渠开通后相当长时期内对西安城供水之功的最好写照。

乾隆年间出于军事防御之需，在修筑西安城墙时废弃了引二渠水入城的水门，这直接导致了"龙首、通济之入城者遂不可复"①。虽然后世修治二渠时又数次疏通水门、引水入城，但从这时开始，龙首、通济二渠再也未能恢复往日的引水盛况。

3. 通济渠在城内外渠道长度辨析

引水渠道长度是反映城市水利规模与成就的主要指标，而史志中记载繁杂，多有不一致处，这就需要在研判图籍资料的基础上加以辨明。王其祎、周晓薇二位先生《明西安通济渠之开凿及其变迁》（以下简称《通济渠》）一文②，主要据明成化元年（1465）刊刻之项忠所撰《新开通济渠记》碑对有关问题做了较为细致的研究，但其中关于通济渠城内外长度的论述颇值商榷。

关于通济渠在西安城外的渠道长度，史料中相关记载颇不一致，或曰十五里许，或曰二十五里，或曰二十六里，或曰一舍（三十里），《通济渠》一文经过考证，通过"以地图及实际距离度之，当以十五里许为准"，根据有四：（1）《新开通济渠记》碑文云"去城西南十五里许"。（2）《明经世文编》卷六十一《余肃敏公文

---

① 嘉庆《咸宁县志》卷十《地理》，民国二十五年（1936）重印本。
② 王其祎、周晓薇：《明西安通济渠之开凿及其变迁》，《中国历史地理论丛》1999 年第 2 辑，第 73—98 页。

集》"地方事类"云"复从西引潏河之水自地名丈八头起，……到于西门，远有一十五里"。以碑文撰于当时，且项、余二人又均为凿渠之主事人，其所记通济渠之里数必不会有误。（3）又乾隆四十四年（1779）《西安府志》卷五引《通志》云皂河"即潘河之讹，自牛头寺入县境，西北至丈八沟，（按此有小注曰'沟在县西南十五里，即潘河岸最深处'。）一分流为通济渠，一西北流经三桥镇入渭"，亦可证明自丈八沟到西城之里数确为十五。（4）又光绪二十五年（1899）《陕西全省舆地图》中之《长安县图》，依其每方十里之比例推算，自丈八沟村至西城门亦为十五里。

首先，上述"十五里"均为自丈八沟至西城门的距离，而不涉及通济渠的渠道长度。史志中记载的两地距离大致是其间道路的里程（即通常所谓"道里"），从地图上按比例尺量算出的距离则为直线距离（即通常所谓"鸟里"），二者在平原地区差别不是很大（一般是前者略大于后者），所以就丈八沟至西门之间的距离而言，文献记载的数字与据图量算的结果均约十五里。然而通济渠在西安城外的渠道长度与丈八沟至西门之间的距离却并不能画等号。丈八沟与西门之间有台原、村庄、坟茔等往往需要绕避之地，同时引水渠道还需兼顾沿途农田灌溉之用，因此通济渠道不可能自丈八沟笔直地开凿至西门，而是从丈八沟先西行、北行一段里程后才又折而东行抵达西门的，所以通济渠依地势高下和沿途实际状况而呈现弯曲的形态，这从雍正《陕西通志》卷三十九《龙首通济二渠图》、乾隆《关中胜迹图志》卷三十二《龙首永济二渠图》、民国二十四年《西京胜迹图》上清晰可见。因而通济渠在城外的渠道长度就一定会远远大于十五里之数。

其次，从丈八沟设闸处至西门的通济渠长度，相关史料有清楚记载。康熙《陕西通志》引明人王恕《修龙首通济二渠碑记》云：

"城外土渠亦疏浚修筑二十五里,视昔尤加深厚。"① 可见通济渠城外部分的渠长为二十五里,此次补修仅是"深厚"有所增加,而长度并未变化。

最能证明通济渠在西安城外的渠道长度与丈八沟至西城门之间的距离明显不同的是雍正《陕西通志》引《县册》云:"(通济渠)水自闸北西行二里许,折而北流,过丈八头小石桥,又北至南窑头,皆系地渠。又北达甘家寨,转东北流过糜家桥,又北至解家村,又北至外城郭,俱系土堤,高一丈二三尺,阔倍之。又转东至安定门吊桥边,自闸口至此凡二十六里。"② 这段文字不仅详细记述了通济渠的流向及具体经由路线,而且指出从丈八沟闸口至西门的渠长为"二十六里",与王恕《修龙首通济渠二渠碑记》所说的"二十五里"相近,可见两个数字大致都不会错。另外,嘉靖《陕西通志》也有涉及通济渠长度的记载:"成化元年,……西安水泉斥卤,宋有龙首渠,久湮废,居民病之,(项)忠奏开一渠,合三十里。"③ 明万历年间邓元锡所撰《皇明书》亦说:"(成化元年)关中水泉卤,故有龙首渠,久湮废,(项忠)为开渠三十里。"这里所谓"三十里",当为"二十五里""二十六里"的约数。

《通济渠》一文对王恕《修龙首通济二渠碑记》所载"二十五里"和雍正《陕西通志》引《县册》所云"二十六里"一并否定,认为"以王恕与项忠、余子俊是同时代人,所记不应有误,则二十五里恐为一十五里之传写刻印所讹","所谓《县册》,至迟也是清初文字,差误竟如此之大,其谬失盖与'二十五里'者同"。从古籍整理角度而言,"一十五里""传写刻印"讹误为"二十五里"的可能性极小(反过来可能性要大一些),"二十六里""三十里"更绝无

---

① 康熙《陕西通志》卷三十二《艺文·碑》,清康熙刊本。
② 雍正《陕西通志》卷三十九《水利一》,清文渊阁四库全书本。
③ 嘉靖《陕西通志》卷一十九《文献六·全陕名宦》,明嘉靖二十一年刻本。

可能性。《通济渠》一文误将通济渠在城外的渠道长度与丈八沟至西门之间的距离等同，从而否定他说，未能准确反映渠道长度。

关于通济渠在西安城内的渠道长度，前引《通济渠》一文也有明显错误，其文云："又通济渠入城后分为三渠，其长度可分别依其起迄而推定之，大约总在十里有奇。据王恕《通济渠记》知城内砖渠尝甃砌一千四百五十丈，至弘治十五年又甃砌七百二十丈，则城内渠道中有砖甃砌之长度约两千余丈，仅是城内渠道长度的十分之一。"若依该文论述计算，则"城内渠道长度"应该在两万余丈，约一百一十里之数，与前述"十里有奇"的说法互相矛盾，相差有十倍之巨。

其实，既然通济渠入城后分为三脉，其总长度则可由三脉长度之和求得。据雍正《陕西通志》卷三十九《水利一》所附《西安龙首通济两渠图》等相关地图资料，城内三脉的渠道长度可计算如次：从祠堂经长安县廨东流，过大菜市、真武庵出城的一脉应较西安南城墙稍长，约在 7 里（今里，下同）左右；从广济街北流，过钟楼转西，再过永丰仓流入贡院的一脉约为 2.5 里；从永丰仓东街口北流入注莲花池的一脉与其他分流支渠约在 3.5 里。这样，通济渠在西安城内的渠道总长度大致应是 13 里。另据王恕《修龙首通济二渠碑记》所载："（通济渠）自西关厢入城，俱用砖甃砌一千四百五十丈①。（弘治十五年）又于余公甃砌未周处以砖甃砌七百二十丈。"以明 180 丈为今 1 里计算，则城内砖砌渠道至少约 12 里，与上述估算数据相近，而《通济渠》一文称通济渠城内渠道"大约总在十里有奇"显然过少。

4. 龙首、通济二渠在西安城内的流路与会通点

《明史》卷八十八《河渠志六》引项忠天顺八年（1464）奏疏

---

① 雍正《陕西通志》卷三十九《水利一》作"一千五百五十丈"，误，清文渊阁四库全书本。

云："龙首渠引水七十里，修筑不易，且利止及城东。西南皂河去城一舍许，可凿，令引水与龙首渠会，则居民尽利。"民国学者陈子怡在其所撰《长安水道变迁考》一文中也强调龙首渠是由西安城东入城，而通济渠则是由城西入城，二渠"以城中会通，非城外加入也"。以下着重对二渠在城内的会通点加以分析。

龙首渠在西安城内分作三脉，其各自的流路，据王恕《修龙首通济二渠碑记》记载："一从元真观南流，转羊市，过咸宁县、总府，西流转北过马巷口；一从真武庵北流；一从羊市分流，过书院坊西入秦府。"又雍正《陕西通志》亦载："分三派，一经流郃阳王府前，至西分一渠，经流大菜市，往北入临潼府；一经流京兆驿，并永兴府至西转北，经马巷口入莲花池。"① 此一记载虽然称入城渠道"分三派"，却只描述了两派。不过对照王恕《修龙首通济二渠碑记》就不难发现，雍正《陕西通志》所说"经流郃阳王府，至西分一渠"的渠道原本是分成二支的，除了主流"经流大菜市，往北入临潼府"，还另"分一渠"，分流点距离"郃阳王府前"不是很远，而真武庵恰与郃阳王府东西相邻，所以应当就是王恕所记的"一从真武庵北流"的那条支渠。从雍正《陕西通志》中的《西安府龙首通济两渠图》来看，从真武庵北流的龙首渠支脉越过东大街，北流入于杨大人宅②。

---

① 雍正《陕西通志》卷三十九《水利一》，清文渊阁四库全书本。
② 结合王恕《修龙首通济二渠碑记》（《关中两朝文钞》卷一，清道光十二年守朴堂版）、雍正《陕西通志》三十九《水利一》（清文渊阁四库全书本）"龙首渠"条记述及其附图《西安府龙首通济两渠图》、嘉靖与万历二《陕西通志》中的《陕西省城图》，可基本复原明时西安城内龙首渠的流路。前揭黄盛璋先生《西安城市发展中的给水问题以及今后水源的利用与开发》一文所附《明清西安城引水渠道及其复原》图中，错误之处甚多，如将汧阳王府置于北大街西侧，将保安王府置于秦王府的南侧，京兆驿与郃阳王府也并绘为一排。实际上据嘉靖与万历二《陕西通志》中《陕西省城图》，汧阳王府位于北大街东侧，是在秦王府的西北；保安王府位于北大街与东大街十字夹角处，是在秦王府的西南；郃阳王府与京兆驿呈东南—西北向布列。由于诸多位置被搞错，龙首渠与汧阳王府和保安王府的相对关系在黄先生的图中就与史实相去甚远，经由郃阳王府与京兆驿的龙首渠的渠道本应是东南—西北流向，也被简单地绘成东西流向。

通济渠亦分作三脉，据雍正《陕西通志》所记："一从长安县东流过广济街，又东过大菜市、真武庵，流出城，注入东城濠；一从广济街北流，过钟楼，折而西过永丰仓前入贡院；一从广济街直北过麻家十字街口汇入莲花池。"① 将龙首渠和通济渠在西安城内的诸脉流路略事比较就可发现，龙首、通济二渠各有一脉注入莲花池，这样不仅部分地解决了二渠余水的排泄问题，又可保证莲花池有可靠的给水来源②，起到美化城市环境的作用，并为西安城居民提供了一处优美的游憩场所。由于通济渠主脉自西门入城，又从城东出城，而龙首渠在城内又有三条大致呈南北向的分支渠道，因而二渠的"会通点"除了莲花池之外，应当还有三处，即马巷口（今钟楼东）、大菜市街口（今大差市）和真武庵（今东门南侧）附近。

由此龙首、通济二渠的渠道就连接成一个复杂的供水网络，二渠之水互通有无，遍及全城各个角落，从而达到"居民尽利"③ 的目的。当然，形成这种局面，也是明人开凿通济渠的初衷之一，即"兼以预为龙首渠他日不可修复之计"④。二渠之开凿虽说有先后之分，但通过上述的"会通点"，可使二渠形成一个整体，以使城内供水不至于因其中任何一渠的湮废而受到影响。成化年间后开的通济渠水量充沛，水质甘洌，不仅在城西渠网密布，而且在渠水流往城东的过程中借助上述二渠的"会通点"与龙首渠的渠网相贯通，弥补了后者水量的不足，并进而替代其向城东各处供水。从实际情况来看，在龙首渠失修无水的时期，城内原龙首、通济二渠的供水渠道均可被视为通济渠的渠道网络，二渠渠网的一体性特色正是通

① 雍正《陕西通志》三十九《水利一》，清文渊阁四库全书本。
② 康熙《长安县志》卷八《古迹》载莲花池"明时水满池塘，碧波绿树，涵映虚明，盖通济渠水灌注之也"所说不甚全面，忽略了龙首渠的灌注之功，清康熙刊本。
③ 《明史》卷八十八《河渠志六》，清乾隆武英殿刻本。
④ （明）项忠：《新开通济渠记》，碑存西安碑林。

过二渠的"会通点"得以充分体现出来的。

表4—3　　　　　　　明清时期龙首、通济二渠相关情况比较

类别 ＼ 渠名	龙首渠	通济渠
开凿时间	洪武十二年（1379）十二月	成化元年（1465）七八月间
城外渠道长度	"水道依山，远至七十里"①；"又将城外土渠六十里亦疏浚深阔，筑岸高厚以防走泄"②	"自皂河上源按察使胡公堰起至西城壕约长七十里"
开凿技术特色	裁弯取直，"架空飞渡"③	"度地之高者则掘而成渠，地之卑者则筑而起堰"④
渠政管理	洪武二十九年（1396）"龙首渠覆以石礶，以障尘秽。计十家作渠口一，以便汲水"⑤	—
	弘治十五年（1520）用砖礶砌，"以砖为井栏，以磁为井口，以板为盖，启闭以时，则尘垢不洁之物无隙而入，湛然通流无阻"⑥	同龙首渠
	—	"每长一里于沿河附近金定人夫二名，通设老人四名分管，时常巡视，爱护修理"
城内供水范围	以城东部为主，"水利止及城东"⑦；自城东入，止于城西北莲花池	兼顾城东西两区；自城西入，遍流全城，出城东灌注城壕
供水持续时段	洪武十二年（1379）至道光五年（1825）	成化元年（1465）至光绪二十九年（1903）

① 《明宪宗实录》卷十二，天顺八年十二月甲午。

② （明）王恕：《修龙首通济二渠碑记》，《关中两朝文钞》卷一，清道光十二年守朴堂藏版。

③ 康熙《长安县志》卷一《地理》，清康熙刊本。

④ （明）项忠：《新开通济渠记》，碑存西安碑林。

⑤ 《明太祖实录》卷二百四十四，洪武二十九年正月丙子。

⑥ （明）王恕：《修龙首通济二渠碑记》，《关中两朝文钞》卷一，清道光十二年守朴堂藏版。

⑦ （明）项忠：《新开通济渠记》，碑存西安碑林。

续表

类别 ＼ 渠名	龙首渠	通济渠
渠道配套设施	—	成化元年（1465）"西城壕西岸置水磨一具，水磨之北置窑厂一所"；"西城壕西岸窑厂之东，置木厂一所"①；道光二十四年（1844）陕西巡抚魏光焘在西门吊桥南"置水碾"②
修浚时间与主修人	弘治五年（1492）西安府；弘治十五年（1502）陕西都御史周季麟、西安知府马炳然；康熙三年（1664）陕西巡抚贾汉复；乾隆二年（1737）陕西巡抚崔纪；乾隆三十九年（1774）陕西巡抚毕沅；道光五年（1825）陕西巡抚卢坤	弘治十五年（1502）陕西都御史周季麟、西安知府马炳然；康熙六年（1667）陕西巡抚贾汉复；嘉庆九年（1804）陕西巡抚方维甸；道光年间西安知府叶世倬；光绪二十四年（1898）陕西巡抚魏光焘；光绪二十九年（1903）陕西巡抚升允

5. 明清史志对于龙首、通济二渠的混淆

明代与清前期西安城内的供水主要依靠龙首、通济二渠，形成所谓"东有龙首，西有永济（即通济）"③ 的引水格局。龙首、通济二渠于明代先后开凿，龙首渠自城东入城，通济渠自城西入城，对明清西安城的建设和发展发挥了重要作用。但由于二渠渠源均在秦岭北麓，在城内的流路有会通之处，加之渠道的开凿技术、渠政管理制度也曾相互参照，续修工程在时间上又此起彼伏，因而明清

---

① （明）项忠：《新开通济渠记》，碑存西安碑林。

② 民国《咸宁长安两县续志》卷五《地理考下》，民国二十五年（1936）铅印本。

③ （清）毕沅：《关中胜迹图志》卷三《大川志》，清文渊阁四库全书本。

史志文献中对于二渠的记载多有混淆之处，今人在引用时又不细加甄别，导致岐说并见。

明人陆容《菽园杂记》记述明成化元年西安知府余子俊开凿通济渠事云："陕西城中旧无水道，井亦不多，居民日汲水西门外。参政余公子俊知西安府时，以为关中险要之地，使城闭数日，民何为生？始凿渠城中，引灞、浐河从东入，西出。环甃其下以通水，其上仍为平地。迤逦作井口，使民得以就汲，此永世之利也。"[①] 明人陆应阳亦云："西安城中旧无水道，居民日汲水西门外，子俊凿渠城中，引灞、浐水从东入，西出。环甃其上，下以导水，上仍为平地，作井口使民就汲，诚永世之利也。"[②] 由于陆容为成化二年（1466）进士，后来又曾奉旨前往西安会见过秦王[③]，当时距余子俊开凿通济渠不久，所以他的说法就被一些人信为实录，不仅稍后的陆应阳因循其说而不加质疑，而且今人也不乏盲从者。[④] 实际上，陆容《菽园杂记》关于余子俊开凿通济渠的论述有以下几点错误。

第一，所述通济渠水源有误。陆容《菽园杂记》云余子俊开渠是"引灞、浐河"，显然是将龙首、通济二渠所引水源也张冠李戴了。关于通济渠的水源，史书或云引"皂河"[⑤]，或云引"潏河"[⑥]，或云引"交、潏二水"[⑦]，似乎稍有不同。通济渠是在丈八沟设闸

---

① （明）陆容：《菽园杂记》卷一，清文渊阁四库全书本。

② （明）陆应阳：《广舆记》卷八《陕西·名宦》，清康熙刻本。

③ （明）陆容：《菽园杂记》卷一，清文渊阁四库全书本。

④ 刘清阳：《明代泾阳洪渠与西安甜水井的兴建》，陕西省文史研究馆编《史学论丛》，陕西人民出版社1998年版。

⑤ 《明史》卷八十八《河渠志六》，清乾隆武英殿刻本；乾隆《西安府志》卷五《大川志》，清乾隆刊本；民国《咸宁长安两县续志》卷五《地理志》引《陕西舆地图说》，民国二十五年（1936）铅印本。

⑥ 《明孝宗实录》卷二十三，弘治二年二月辛亥；《明经世文编》卷六十一《余肃敏公文集》"地方事类"，明崇祯平露堂刻本；嘉靖《陕西通志》卷二《山川》，明嘉靖二十一年刻本。

⑦ （明）项忠：《新开通济渠记》，碑存西安碑林；（明）何景明：《雍大记》卷一《考迹》，清文渊阁四库全书本。

引水的，所以引"皂河"说最为确当。不过皂河为潏水下游，交河也与潏水交汇，所以引"潏河"说和引"交、潏二水"说并无错误。龙首渠并未引灞河水，"引灞、浐水从东入，西出"之说毫无根据。

第二，所述通济渠城内流向有误。明成化元年（1465）陕西巡抚项忠、西安知府余子俊主持开凿通济渠引交、潏水入城事，项忠《新开通济渠记》记述颇详。据其所记，渠水自西门入城后，分为三脉。主脉是"从长安县东流过广济街，又东过大菜市、真武庵出城注入东城濠"，即"水自西城入，至东城出"，可见渠水在西安城中是"西进东出"的流路特征，这一点在嘉靖《陕西通志》卷二《山川》、康熙《陕西通志》卷三十二《艺文·碑》引明人王恕《修龙首通济二渠碑记》及雍正《陕西通志》卷三十九《水利一》中也都有明确记载，当无疑义。但陆容《菽园杂记》却云余子俊"凿渠城中，引灞、浐水从东入，西出"，即便误述为龙首渠的情况，陆氏所说的"东入，西出"也不十分准确。因为龙首渠在西安城内的渠网主要集中分布于城东，仅有一脉"经流京兆驿并永兴府，至西转北，经马巷口入莲花池"①，此一脉水道虽然涉及城西，但并曾出城，所以整个龙首渠仍是"利止及城东"②，这也正是成化元年余子俊开凿通济渠的起因之一。无论如何，陆容《菽园杂记》所述既为余子俊开凿通济渠事，故其所云"引灞、浐水从东入，西出"应相应改为"引交、潏水西入，东出"，才与史实略合。

第三，余子俊"始凿渠城中"说也不正确。陆容《菽园杂记》所说"陕西城中旧无水道，……（余子俊）始凿渠城中"云云，与明初已开凿龙首渠引水入城的事实大相违悖。在洪武十二年已有

---

①　雍正《陕西通志》卷三十九《水利一》，清文渊阁四库全书本。
②　《明史》卷八十八《河渠志六》，清乾隆武英殿刻本。

曹国公李文忠修龙首渠事，渠成以后，"水入城中，萦绕民舍，民始得甘饮"，明人陆容《菽园杂记》何以得出"陕西城中旧无水道"的结论？

当然，将通济渠与龙首渠混淆在一起而产生诸多错误的并非仅陆容《菽园杂记》一书。嘉靖《陕西通志》卷十九《文献六·名宦》云："西安水泉斥卤，宋有龙首渠，久湮废，居民病之。（项）忠奏开一渠，合三十里。"① 《明史》卷一百七十八《项忠传》云："西安水泉卤不可饮，为开龙首渠及皂河，引水入城。"均误为项忠在成化元年所开者为龙首渠而非通济渠。更有甚者，乾隆《大清一统志》卷一百七十七《名宦》竟云："项忠，……（天顺七年）以大理卿召，民乞留如前，遂改右副御史巡抚其地。西安水泉卤不可饮，为开龙首渠三十里。"这就将明人的含糊记载直接误载。

实际上，项忠在《新开通济渠记》中曾明确说："天顺间镇守都知监右少监黄沁辈屡大鸠工作，修治龙首渠，计费亿万。时予为观察使，亦预知其难。"《明宪宗实录》亦云："（天顺八年十二月）甲午，巡抚陕西都御史项忠奏西安府城内井泉咸苦，饮者辄病。旧有龙首一渠，引水从东门以入，然水道依山，远至七十里，难于修筑，岁月颇繁。"② 天顺八年之后即为成化元年，上述记载表明，虽然在天顺年间有人倡言修治龙首渠，但项忠并未"开龙首渠三十里"，而是在成化元年与余子俊主持开浚了通济渠。

然而，现今却有不少学者对《明史·项忠传》的说法深信不疑。如马正林先生在《丰镐—长安—西安》一书中认为："项忠、余子俊在疏凿龙首渠时，就不得不把引水口从马登空上移至今留公村附近。……与此同时，还在城西开凿了通济渠。"③ 《陕西百科全

---

① 嘉靖《陕西通志》卷十九《文献六·名宦》，明嘉靖二十一年刻本。
② 《明宪宗实录》卷十二，天顺八年十二月甲午。
③ 马正林：《丰镐—长安—西安》，陕西人民出版社1978年版，第105—106页。

书》亦云："（项忠）与西安知府余子俊，合力主持重开龙首渠，引浐水入城，又在今丈八沟附近开渠从西面引皂水入城。"①《西安市志》也说："成化元年（1465），陕西巡抚项忠和西安知府余子俊疏凿龙首渠，并于西安城南丈八头（丈八沟）交、皂二河交汇处，开渠引水至西门入城，供城市用水，取名通济渠。"② 新近出版的《陕西省志》亦称："天顺七年十二月，项忠组织人力开龙首渠及皂河，引水入城。"③ 这些说法陈陈相因，皆误。

三　龙首渠、通济渠与护城河的关系

1. 龙首渠、通济渠水灌注护城河

与明初开凿龙首渠时以"便民汲引"为主旨相较，成化元年开凿通济渠时则将护城河用水置于优先考虑的地位。项忠在《新开通济渠记》中云："城贵池深而水环，人贵饮甘而用便，斯二者亦政之首也。若城池无水，则防御未周；水饮不甘，则人用失济。"④主政官员在重视继续供给日常饮用水之外，更为重视引渠水发挥城池的防御之功。"沟池深于外，则城郭固于内，用其深以增其高也。"通济渠水引注城壕后，更有利于实现"金城汤池分百二独雄"⑤的城建防御目标。民国时期文献在追述时亦指出城河的重要作用，"西安城周围约四十里，……城外又绕幅十余公尺之构池，终年积水，可助防御"⑥。

---

① 陕西百科全书编辑委员会编：《陕西百科全书》，陕西人民教育出版社1992年版，第721页。
② 西安市地方志编纂委员会编：《西安市志》第一卷《总类·大事记》，西安出版社1996年版，第63页。
③ 陕西省地方志编纂委员会编：《陕西省志》第七十九卷《人物志》，三秦出版社1998年版，第583页。
④ （明）项忠：《新开通济渠记》，碑存西安碑林。
⑤ 同上。
⑥ （民国）刘安国编：《陕西交通挈要》第六章《重要都会》，中华书局1928年版，第30页。

有明一代，以通济渠向城壕供水为主，龙首渠作为补充，城壕用水可谓充沛。有时还因连降暴雨，城区雨水汇聚排入城壕，以至于曾经出现过城河"水面与城脚相等"的危急情况，几乎有"浸倒城垣"之虞。在这种情况下，城壕发挥了泄洪带排洪和小水库蓄水的作用，而城墙则又起了堤防之功，确保西安城在雨季不受雨涝之灾。从这个意义上讲，西安城墙和护城河又都是相互配套、相对完善的城市水利设施。

入清之后，虽然由于渠水水量减少，城内日常用水渠道渐为湮废，但是城壕用水始终受到当政者的重视，两渠每有修治，无不以灌注城壕为先。即使是在清朝后期引水量大幅减少的情况下，也在兼顾城外沿渠民田灌溉的同时引水入壕。如道光年间西安知府叶世倬疏浚通济渠之后，"乃请每年夏秋截流灌田，冬春放水灌壕"①。又光绪二十九年（1903）陕西巡抚升允疏浚通济渠，同时使"城外近渠民田兼可灌溉，并浚城壕，引水环焉"②。两渠水尤其是通济渠水在清代灌注城壕、巩固城防方面发挥了重要的作用。清代中后期数次农民战争与回民起义屡屡对西安城构成较大威胁，但始终未能攻破城池，也从一个侧面说明拥有宽阔水面的护城河发挥了重要作用。

明代秦王府城作为雄伟壮观的城中之城，亦同西安大城一样拥有高大坚实的城墙和深阔数丈的护城河组成的城防体系。位于秦王府双重城墙——萧墙与砖城之间"阔十五丈，深三丈"③的秦王府城河在明代中后期虽然是作为府城内外环境美化的重点区域，但从根本上分析，护城河与萧墙、砖城一起构成了严密的军事防御体系，其军事性毕竟不能为红莲绿荷的美景所掩盖。秦王府城作为城

---

① 民国《续修陕西通志稿》卷五十七《水利一》，民国二十三年（1934）铅印本。
② 民国《咸宁长安两县续志》卷五《地理考下》，民国二十五年（1936）铅印本。
③ 《明太祖实录》卷六十，洪武四年正月戊子。

中之城，安全系数本已较高，再环绕以深阔各数丈的护城河，足以称"固若金汤"。明洪武十二年（1379）疏凿城东之龙首渠，引注秦王府城壕以利防御无疑是其"便民汲引"之外的又一宗旨。

虽然清代西安城内未再出现如秦王府城河同等规模的防御设施，但渠水仍被用作护城河性质的"隔离带"。慈禧太后与光绪皇帝于光绪二十六年（1900）"西狩"西安时的行宫（即北院衙署）周围曾引通济渠水绕护。光绪二十九年（1903）巡抚升允"奏设水利新军，疏浚通济渠，导水自西门入，曲达街巷，绕护行宫"①。虽然此时慈禧太后等人已回到北京，其驻跸过的行宫仍属于护卫重地，因而引渠水环护其外，犹如城河一般。

2. 护城河的绿化与利用

明代西安城外主要有两条绿化带，一是护城河沿岸，另一是通济渠沿岸，均为成化元年（1465）项忠、余子俊等当政者主持造植，属于城市水利建设的附属工程。这一措施不仅美化了西安城周环境，而且有效利用了城河水面，种植各类水产品，供应西安市场，在收到生态环境效益的同时也取得了一定的经济效益。通济渠沿岸以种植护岸保堤的柳树等为主，绿化长度约 25 里，官府明确规定，"自丈八头到城两岸栽树"，"所有两岸栽树及分水灌田，并置窑厂、木厂等项，悉依所拟。按察司转行仪卫司晓谕校尉人等一体遵依施行"②。这就将渠道绿化管理完全纳入城市水利管理体系当中。

西安护城河沿岸的大规模绿化始自明成化年间，也是作为成化元年（1465）通济渠引水入城水利设施的辅助工程。之所以到成化元年才出现护城河的大规模绿化，是因明前期西北地区仍有元残余势力及蒙古敌对势力的不断骚扰，西安作为西北军事重镇所要承担

---

① 民国《咸宁长安两县续志》卷五《地理考下》，民国二十五年（1936）铅印本。

② （明）项忠：《新开通济渠记》，碑存西安碑林。

的防御任务甚重，城墙与城河外围必须保持视野的开阔以利于军事防御，而绿化势必会削弱这一特征。但至成化前后，西北地区承平日久，官民对护城河的防御需求相对减弱，加之城市环境和商贸的发展需要，也都使护城河的绿化势在必行。前述秦王府护城河在成化年间的大规模绿化也有相同的内因。

项忠在《新开通济渠记》中详细列明了护城河沿岸绿化的分段、分工及其收益的分配等规章，"本院定行事宜，自西门吊桥南起转至东门吊桥南止，仰都司令西安左、前、后三卫栽种菱、藕、鸡头、茭笋、蒲笋并一应得利之物，听都司与各卫采取公用。自东门吊桥北起转至西门吊桥北止，仰布政司令西安府督令咸、长二县栽种，听西安府并布、按二司采取公用。若是利多，都司并西安府变卖杂粮，在官各听公道支销"。从这一记载分析，绿化工程由西安驻军与地方政府共同承担，但是从工程量上来看，咸、长二县承担的绿化带长度约是三卫的一倍。因而地方政府是这一次绿化工程的主体，军队起辅助作用。在护城河绿化带的建设中，通过"都司各卫"与西安府及咸、长二县，即军队与地方政府的明确分工，实现各自的绿化收益，也就能充分调动参与绿化的积极性。

可以推定，护城河的绿化不仅是河中栽植有菱、藕等水生植物，作为通济渠绿化工程的一个组成部分，城河两岸无疑也植有一定数量的柳树。由此可见，护城河绿化工程已经突破了单纯美化环境的目的，而是达到了从内到外整体绿化的效果，这一措施不仅美化了西安城周环境，形成了一条环城的绿化带，而且有效利用了护城河大面积水域，种植各类水产品，供应西安市场，在收到生态环境效益的同时也获取了可观的经济回报。

通济渠沿岸以种植护岸保堤的柳树等树种为主，绿化长度达25里左右，有"自丈八头到城两岸栽树"的明确规定。项忠《新开通济渠记》中规定"西安府呈行事宜，自皂河上源胡公堰起至西城壕长七十里，每长一里于沿河附近佥定人夫二名，通设老人四名分管，时常巡视，爱护修理"。这一措施虽然主要是针对渠道工程，但沿岸树木绿化无疑也在"时常巡视，爱护修理"的管理体系之中。

通济渠开通后，由于水量充沛，项忠等人遂在城西门外设水磨一具，借助地势落差以通济渠水带动水磨，加工粮食，所得收入用以修理渠道，减轻百姓负担，所谓"取息以为将来修理之用，遂便宜调度，不以科民"，即言此。官府还具体规定"西城壕西岸置水磨一具，水磨之北置窑厂一所，于西门外佥定四户看管爱护，磨课就收在彼，以备支作修渠物料之价"；又在"西城壕西岸窑厂之东，置木厂一所，收积桩木等物以备修渠，令看磨者带管爱护"。水磨、窑厂、木厂依附渠道而兴起，同时为渠道的持续利用而服务，相得益彰。这也是明代西安城市水利应用中的一个亮点。

第二节　清代护城河的疏浚、利用与景观

进入清代，由于龙首渠、通济渠从城外引水面临诸多困难，因而时有时无，这在很大程度上影响到护城河的供水以及景观。从康熙年间开始，陕西、西安官府多次维修龙首、通济二渠，以期能够尽可能地恢复护城河"水波激滟"的面貌，增强城池防御能力。

一　护城河的疏浚与利用

康熙三年（1664），陕西巡抚贾汉复在兴修陕西水利的过程中，十分重视护城河的引水问题，因而主导疏浚了龙首、通济二渠，在"利民用"的同时，也将浐河、潏河水引入护城河。[①] 至康熙六年

---

① （清）康基田：《河渠纪闻》卷十四，清嘉庆霞荫堂刻本。

（1667）重新修竣二渠，出现了"渠水流通，迄为永利"①的兴盛状况，护城河水更为充裕。西安城外围有这样一条长达 14 公里以上的水体环绕，对于城市景观、小气候的改善等均有助益。

乾隆中后期，毕沅担任陕西巡抚期间，即已注意到龙首、通济二渠的淤塞对于护城河的影响极大，两渠"淤塞多年，未经议挖，渐至渠身湮没，水脉不通，城壕积水久涸"②。至乾隆四十年（1775）前后，陕西巡抚毕沅在动议修筑西安大城城墙之前，认为两渠"并为会城日用、饮食所关，利泽可资"，因而下令由西安府知府王时薰③"顺水性，相土宜"，督办引水入城工程。其中将绕城壕沟"挑挖深阔"，以期达到"湮废者渐次兴修，而流通者灌溉优渥"④的目标。经过对两渠的疏浚和对城壕的挑挖，确实实现了"水势疏通，长流不竭"的效果，而且渠水灌注城壕，"于省会要区，实有裨益"⑤。

道光四年（1824），陕西巡抚卢坤又下令由咸宁、长安二县知县劝谕民夫，疏浚龙首渠，再度引水进入护城河。⑥咸丰三年（1853），在陕西巡抚张祥河等官员的倡捐下，西安绅商士民捐款维修城墙之外，对"多有湮塞"的城壕也"一律挑挖深阔"；并维修了通济渠，从滈河引水"由西关堰口入濠"。至当年三月，城壕中的水已"渐次将满"⑦。

---

① 雍正《陕西通志》卷三十九《水利一》，清文渊阁四库全书本。
② 陕西巡抚毕沅：《奏报陕省河渠修竣情形事》，乾隆四十年四月十六日，朱批奏折，中国第一历史档案馆，04-01-01-0341-040。
③ 乾隆《西安府志》卷二十六《职官志》，清乾隆刊本。
④ 乾隆《西安府志》卷五《大川志》，清乾隆刊本。
⑤ 陕西巡抚毕沅：《奏报陕省河渠修竣情形事》，乾隆四十年四月十六日，朱批奏折，中国第一历史档案馆，04-01-01-0341-040。
⑥ 陕西巡抚卢坤：《奏为调任西安府知府沈相彬现办河工请渠工完竣再行赴部引见事》，道光四年十月二十六日，朱批奏折，中国第一历史档案馆，04-01-01-0663-031。
⑦ 陕西巡抚张祥河：《奏报官民捐修省会西安城垣等工完竣事》，咸丰三年三月二十七日，录副奏折，中国第一历史档案馆，03-4517-067。

　　咸丰七年（1857），基于军事防御需要对城墙进行"修葺"之后，仅过了 6 年，西安将军穆腾阿于同治二年（1863）上奏挖掘护城壕池。① 显然，这一举措是随着同治初年陕甘回民起义愈演愈烈、西安城防形势较咸丰年间更趋严重而出现的。正是由于咸丰七年对城墙、城楼、垛口、敌楼、角楼等维修过后时间未久，因而此次维修的重点区域是环绕城墙一周的护城壕。从历次西安城池维修的过程来看，护城河的修缮主要可分为两种类型，一种是通过疏引潏河水、浐河水进入城壕，增大敌军攻城的难度，达到"金城汤池"的防御效果；另一种是在城外潏河、浐河水量小，或者财政紧绌、无力疏引的情况下，对干涸的城壕进行挖深掘宽，也能够增强城壕的防御功能。

　　光绪二十二年（1896），龙首渠又出现"湮塞"的情况，致使西安城壕干涸无水。在清军同知王诹②、中军参将田玉广③的主导下，军民重新疏浚龙首渠，又引水进入城壕，形成"池水畅通"的美景。光绪后期，仍有数次较大规模的疏浚龙首、通济渠并引水灌注护城河的维修工程。陕西按察使樊增祥在《碌碡堰勘堤归马上望西安城作》中即记载了一次开浚通济渠的工程："参差楼堞倚青冥，风静严关鼓角声。虎视九州秦内史，龙蟠八水汉西京。前朝塔庙留奎藻，近郭川原带晚晴。一自翠华西幸后，长安今是凤凰城。"④ 该诗赞扬了 1900 年之后由陕西地方官府开展的疏浚通济渠的活动。樊增祥作为勘查官员对碌碡堰视察之后撰写此诗，重点强调了通济渠引水对西安城的重要意义，虽然无法恢复"龙蟠八水"的胜景，

---

　　① 民国《咸宁长安两县续志》卷四《地理考上》，民国二十五年（1936）铅印本。

　　② 陕西巡抚魏光焘：《奏为特参潼关厅同知王诹等员庸劣不职请旨革职事》，光绪二十二年十二月八日，录副奏折，中国第一历史档案馆，03 - 5349 - 112。

　　③ 陕甘总督杨昌濬：《奏请以田玉广升补陕西西安城守协副将事》，光绪二十年五月二十八日，朱批奏折，中国第一历史档案馆，04 - 01 - 01 - 0997 - 034。

　　④ （清）樊增祥：《樊山续集》卷十八《鲽舫集》，清光绪二十八年西安臬署刻本。

但对引水灌注护城河、美化城池景观作用很大。

二 护城河引水衰废的原因

寻根溯源，自明至清城市水利（主要是渠道引水入城）的衰败症结在于秦岭涵蓄水源的森林遭到前所未有的大规模采伐。[①] 随着清代改变赋税制度，人口的迅速增加及土地兼并的日益加剧，广大失去土地的农民无以为生，深入秦岭垦荒伐林者日见增多，除来自关中地区外，还有"远从楚黔蜀，来垦老林荒"[②] 的人。路德所撰《周侣俊墓志》中称"南山故产木，山行十里许，松梓蓊郁，缘陵被冈，亘乎秦岭而南数百里不断，名曰老林。三省教匪之乱，依林为巢，人莫敢入，木益蕃。贼平，操斧斤入者，恣其斩伐，名曰供箱。木自黑水谷出，入渭浮河，经豫晋，越山左，达淮徐，供数省梁栋，其利不赀而费亦颇巨。一处所多者数千人，少不下数百，皆衣食于供箱者。木踰山度涧，动赖人力，遇山水陡涨，木辄漂失。比年以来，老林空矣。采木者必于岭南，道愈远费愈繁"[③]。清代秦岭水源地森林的急剧毁灭，导致两渠上源水量减少，渠道所引之水也就远比明代少。两渠上游水源地森林的大规模采伐，最终影响到西安城市水利发展由盛而衰。

黄土地带渠道难以维护也是重要影响因素之一。由于城南台原地带渠岸易于崩塌，尤其是夏季暴雨季节，渠水猛涨，多在拐弯处将渠道冲毁；同时两渠渠道较长，维护和管理相对困难，这就常引起城市供水时断时续。

城市地位变化对包括护城河引水在内的城市水利建设同样产生

---

① 马正林：《由历史上西安城的供水探讨今后解决水源的根本途径》，《陕西师范大学学报》（哲学社会科学版）1981年第4期，第70—77页。

② （清）严如熤：《三省边防备览》卷十四《艺文下·棚民叹》，清钞本。

③ 民国《续修陕西通志稿》卷三十四《征榷一·商筏税》，民国二十三年（1934）铅印本。

了重要影响。明代西安城内不仅建有号称"天下第一藩封"的秦王府，郡王等宗室府宅亦云集其中，众多官署的管辖范围也往往涵盖西北大部分区域，政治地位在西北诸城市中遂居于首位，而军事战略地位亦极为重要，因此城市供水的稳定与持续受到朝廷的高度重视。项忠在《新开通济渠记》中阐明开凿缘由时即指出："维兹陕西为西北巨藩，亲王秦邸暨都布按三司所在。"入清之后，西安虽仍为陕西省城之区，内筑满城，驻扎重兵，西北重镇的地位也相当重要，但与明时相比，政治地位已有所降低，几乎沦为一座纯粹军事意义上的城市，其引水、供水问题所受朝廷重视程度相对减弱。乾隆中出于维护城防安全的军事考量而废入城水门，城市水利建设的整体衰落也就难以避免。

作为古代城乡社会的重大工程之一，城池修筑历来同国家与区域的政治、军事、经济状况等紧密相关。自明代初期以来，在西安城墙与护城河600余年的发展历程中，先后经历了逾30次较大规模的建设、修缮工程。历次城池修筑工程多由中央朝廷、地方政府与民间社会协力完成，往往兼具城建、军事、水利等特征，带有鲜明的时代烙印。通过这些由政府与民间力量共同参与的延绵不绝的修筑活动，西安城池得以在惨烈的战火、频繁的地震、鸟鼠的侵凌、风雨的剥蚀中岿然屹立，成为各个时代的标志性建筑和景观。进入21世纪以来，随着西安南门区域综合改造工程的告竣，围绕南门箭楼复原工程，南门区域实现了城、墙、河、路、景的融合发展，在展示古都风貌、延续历史文脉方面发挥着重要作用，堪称当今时代西安城市建设的巍巍丰碑。而从城池修筑的历史过程比较来看，当今西安南门箭楼、护城河以及永宁门隧道等的改造在工程规模之大、复杂程度之高、统筹规划之周密等方面均有超越此前"城工"之处。

核实而论，封建时代晚期以至近代西安城池修筑的主旨无外乎

"崇保障""壮观瞻"两大方面。前者强调提升城池的军事防御功能，后者注重兴复宏伟壮阔的城市景观。在依赖"金城汤池"保护阖城官民免遭战火荼毒的时代，"崇保障"是城池修筑的首要目标，因而官民大力加固城墙、马面与卡房，浚深城壕；而在政局稳定、经济发展的承平之际，"壮观瞻"便成为城池修筑的重要目的，以缮修城墙与城楼、引河水入城壕、围绕护城河植树栽莲为重要举措，从而美化城市面貌，改善居住环境。

如今，国逢盛世，西安城池已无须发挥"崇保障"的防御之功，而作为"壮观瞻"的城市标志性景观的功能得以被继承并延续下来，修复后的南门箭楼在很大程度上复原了西安"城三重、门三重"的雄伟面貌，展现出故都的壮阔风骨。同时，护城河也再现了"碧水清流"的秀美景象，映射出"城贵池深而水环"的传统智慧。事实上，作为一项综合性的城建工程，西安南门区域改造在继承和发展历次城工"壮观瞻"主旨的同时，也充分实现了"利民用"的宏伟目标。例如，永宁门隧道的开通、南门广场地下停车场的启用彻底改变了此处交通拥堵的局面，而南门广场、松园、榴园的扩建、修缮也为民众提供了悠游佳地。就此而言，适应了社会发展需要、经过改造的南门箭楼、城墙、广场一带具有了更旺盛的活力、更强大的吸引力和更持久的生命力，充分彰显出"时代丰碑"的光彩。

第 五 章

民国西安城墙的修筑与利用

民国时期，西安城墙在维修、保护与利用方面，呈现出较明清时期更多样化的面貌，这一方面是由于政体变革，主管机构层级增加，相互之间需协调、合作，国家和地方政府财政困难；另一方面是由于这一时期政局动荡、局势不稳，加之天灾连连，又有外患之忧，城墙的维修、保护、利用都是在这些大背景下开展的，境况艰难而又有新的进展。以下就从城墙维修保护的发展阶段、重要工程、管理机构、实施群体、经费来源、建筑材料、城门修整、防空洞建设、城墙防御体系建设等方面进行论述。

第一节 城墙修筑工程的影响因素与阶段特征

民国时期，西安城墙维修保护经历了不同的发展阶段，尤其是在陪都西京时期，即 1932—1945 年，这一时期作为西安城市史上引人瞩目的西京建设的阶段，城墙经历了日军飞机的频繁轰炸，毁损与维修保护并存。在 1946—1949 年间，西安城墙、护城河作为军事防御工程受到政府的高度重视，通过加固、维修和兴建附属军事设施，大力加强了其防御功能。

一　城墙修筑工程的影响因素

概括而言，民国时期西安城墙维修、保护等项工程和活动是在颇为艰难的情形、环境下开展的，受到诸多因素的制约。相较于明清时期绝大多数城墙维修、保护工程和活动均是在承平之际进行的，没有受到战火的影响，财力也相对充裕，民国西安城墙的维修、保护则面临更为复杂的时局和社会环境。若从这一角度衡量，就更彰显出民国时期省市地方政府和军队等主管机关，以及营造厂、建筑公司等开展的持续不断的城墙维修、保护和利用工程当属难能可贵。

在种种制约因素中，日军飞机的空袭轰炸、政府战时维修经费的拮据直接影响到城墙的维修、保护和利用工程的实施、进展。西京筹备委员会及市政建设委员会在1940年工作实施报告中就指出："溯自本年开始以来，正值抗战两年之后，……日用货物突然涨价，而各项材料超出寻常十倍；加之敌机肆虐，几无宁日，公共建筑受害特甚。本会及工程处担负本市市政工程之责，虽在极端艰苦之中，督励所属，努力从公，未敢或懈。"[1]

1. 日机轰炸

作为军政重镇和陪都西京，抗战期间的西安堪称"大后方的前方""西北的桥头堡"，不可避免地成为日军飞机空袭轰炸的重要目标城市。日机轰炸不仅对城墙、城楼等直接造成震动、毁损，而且由于频繁的轰炸和滋扰，城墙维修、保护和利用的诸多工程不得不随时因空袭警报响起而暂停，甚或较长时间地停滞。

1939年10月11日，西京建设委员会在为增工赶修南四府街新辟城门工程给该会工程处的训令中提及，在敌机空袭来临之际，民

---

[1] 西安市档案局、西安市档案馆主编：《筹建西京陪都档案史料选辑》，西北大学出版社1994年版，第337页。

众大量出城避难，但由于当时开设的南四府街新城门自动工之后数月仍未修好，"以致民众出城拥挤，自相践踏"，曾造成"被踏伤者以数百计"的重大事故。虽然第十战区司令长官司令部电催"漏夜修筑"，加紧工期，但是由于"近来敌机轰炸本市一日数次，所辟南四府街城洞迄今犹未完工，实影响防空、交通至巨"。这就充分说明日机轰炸对于防空便门的开设、兴工等工程影响很大。即便如此，西京建委会等主管机关仍尽力要求"赶急完成，勿再延缓，以利市民，而免物议"①，希冀将日机轰炸对工程的不利影响降到最低。

1939 年，日机对西安的轰炸进入更为频繁、猛烈的阶段，在此期间各类城墙维修、保护工程均受到严重影响。其中西京建设委员会经"招商包修"，补修城墙，但由于"敌机日来滥炸"，不得不采取"缓修"措施。东门至中正门一带"所有雉堞已修者尚未完竣，而旧存者又被拆除"，也被迫暂且中止。②

正是由于日机空袭、滋扰对工程进度影响很大，因而在各类城建合同当中，一般都会明确提出，需将工程进展期间空袭警报的天数排除在工期之外。若因敌机空袭而耽搁了施工，承包方并不需要承担违约责任，只需将工期顺延即可。毕竟，敌机空袭、轰炸属于战争年代的"不可抗力"，无论是军队、地方政府，抑或是承包工程的营造厂、建筑公司，都无法预见这类事件的发生，因而在合同中均同意将空袭天数排除在外，如 1942 年《整修西门内外城楼工程合同》即为典型例证。③

2. 经费拮据

概括而言，民国西安城墙维修、保护工程的开展，大部分时段

---

① 西安市档案馆编：《民国西安城墙档案史料选辑》（内部资料），西安市档案馆，2008年，第 446—447 页。

② 同上书，第 35 页。

③ 同上书，第 228—230 页。

是在战火纷飞、物资短缺、百物腾贵的时代背景下进行的，尤其是抗战时期，政府经费拮据、开支不敷，因而在此情况下对城墙的维修、保护尤属难得。

陕西省和西安市（西京）地方当局虽然在城墙维修、保护方面多有明确目标，但是往往最终都会受制于经费短绌而不得不收缩调整。1934年10月8日，陕西省建设厅厅长雷宝华在"为开辟西安火车站城门、修筑守望室给市政工程处的训令（第650号）"中述及，该项工程经费按照预算，由省财政厅先行垫拨，"将来由市政建设委员会新市区土地售价款内归还"[①]，表明政府缺乏城墙维修、建设的直接经费，而是以"垫拨"，即"东挪西借"的方式挪用其他经费，计划以后从出售西安城东北城区（原满城）的公共土地售价款中归还。不过，核实而论，这种"东挪西借"的情况虽然属于政府经费短绌的明证之一，但从根本上来说，挪垫经费对城墙维修、保护工程的进展还没有太大影响。

与"东挪西借"的途径相呼应，政府在筹措城墙维修、保护经费时，还采取了"平分担负"的联合开支方式，由政府与相关利益机构按照一定的比例共同出资，而不是由政府大包大揽。1934年年底，陇海铁路通车至西安，火车站附近的城门、护城河上的桥梁（中正桥）等基础设施建设遂进入紧锣密鼓的阶段。由于陇海铁路的主管机关为陇海铁路管理局，因而上述城门、桥梁等配套设施既属于城市建设体系，也属于铁路、车站的相关系统。鉴于这一点，西京建设委员会在拓宽作为"城、站往来孔道"的西安车站护城石桥时，就向陇海铁路管理局发出公函，提出"本会因经费困难，修筑费用请平分担负"[②]的建议。正是由于这一桥梁拓宽工程既有益于

---

① 西安市档案馆编：《民国西安城墙档案史料选辑》（内部资料），西安市档案馆，2008年，第351页。

② 同上书，第386页。

西安市民出入，同时方便乘坐火车的旅客入城，所以拓宽经费由陇海铁路管理局与西京建设委员会共同负担，属于合情合理的建议，具备付诸实施的基础和可能。

民国时期，在西安主城区的大城墙维修、保护工程之外，四关城城墙亦经历了多次维修活动。1935 年，陕西省政府指令长安县政府对东关城城墙进行了较大规模的重修。1935 年 9 月 23 日，长安县县长翁樫在"为修理东关郭城工程费用致市政工程处公函（第 1054 号）"① 中认为，由于"郭墙倒塌"，而修理东郭城墙与历次修理城门"事同一体"，提议应由陕西省财政厅"正款开支"。省建设厅厅长雷宝华在 12 月 27 日的公函中对修理包括东关城墙在内的四关郭城工程指出，"现在省库支绌，已达极点，事事均应撙节，以恤艰难"②，明确要求降低工费预算。这也充分反映了抗战全面爆发之前陕西地方建设经费短缺的实际状况，对城墙维修工程的规模、质量等难免会造成负面影响。

随着局势的日益紧张，陕西省的财政收入在应对众多地方建设事业时捉襟见肘，反映在城墙维修上更为明显。1935 年 11 月开始的补修四关城城墙、城门工程，虽然在兴修技术上，"就城壕取土，以滑车提上，工事极为单纯"，但采掘土方、补砌城砖的花费仍然较大，"每土方需洋壹元贰角，每砖方需洋壹十壹元捌角捌分之多"。针对这一工费开支的具体情况，1936 年 1 月 17 日，陕西省建设厅厅长雷宝华在"为停止招包修理四关郭城给市政工程处的训令（第 77 号）"中更进一步强调："目前省库奇绌，筹措维艰，各项建设均需随事撙节，以不费事、不糜费为原则"，要求长安县限期

① 西安市档案馆编：《民国西安城墙档案史料选辑》（内部资料），西安市档案馆，2008 年，第 100 页。

② 同上书，第 106 页。

勘修。①

　　事实上,雷宝华提出的"不费事、不糜费"的原则在明清西安城墙修筑工程中已有不同程度的体现,属于朝廷和地方官府开展城乡建设工程的原则之一,而在20世纪三四十年代,由于处在抗战的特殊时期,强调"不费事、不糜费"的原则就更属必要。当然,这也是在经费短绌的情况下不得不采取的措施。

　　建设经费短缺的情况不唯出现在省政府、建设厅、财政厅等省级单位,在西京建设委员会、长安县政府等不同层级的主管机关更为普遍。1938年1月7日,西京建委会在"为请转令长安县修葺中山门外涵洞及东北哨门洞致省政府公函(市字第4号)"中提及,"中山门外之东北哨门洞,因年久失修,致全部崩烈[裂],西面业已坍塌。察其情形,岌岌可危,若稍事震动,势必尽毁,损失颇大,且与城防有关。又,中山门外之涵洞,北面亦塌毁一部",提议"在此经济拮据时期,可否即加修理,以减损失,而固城防"。西京建委会认为,"查修葺城墙、城门,向属长安县经管事宜",而该会已有数月未能领到经费,"如在平时,尚可勉强担负,目前万分困难",因此请求省政府下令,由长安县"迅予修葺,以固城防,至纫公谊"②。可以看出,西京建委会确实是由于经费短缺而无力维修城墙,并非推卸管理之责,但层级和重要性较之更低一级的长安县政府其实同样面临经费难以筹措的窘境,而不得不逐级向上级政府机关申请划拨公费。

　　在城墙及其附属设施维修、保护工程中,不同机关之间往往由于经费短缺而将建修事宜"移交"给对方进行,这种行政关系当然是彼此都不乐见的,无益于所谓"公谊"。1940年5月24日,西

---

　　① 西安市档案馆编:《民国西安城墙档案史料选辑》(内部资料),西安市档案馆,2008年,第107页。

　　② 同上书,第291页。

京市政建设委员会在"为派员查勘各损坏城门并抄发调查表给该会工程处训令（令字第 180 号）"中就记述了该会与西安警备司令部为"补修城门"而进行的交涉。起先，西安警备司令部在调查"本市各城门多有损坏"的情况后，认为"如不设法修整，实属有碍治安"，遂函请西京市政建设委员会派员调查修整。而西京市政建设委员会讨论认为，该会"经费竭蹶，工作繁忙，实感无法再代其他机关办理建筑工程"，因而决议"嗣后免代各机关修筑"。西安警备司令部则反驳说："是项修整工程惟属地方建设，与地方治安有关，与代其他机关办理建筑性质不同。"陕西省政府也支持西安警备司令部的提议，明确指出"修整本市各城门系属市政建设，并非代其他机关办理建筑工程；且查近来中正门外崩塌城墙及新辟南四府街南端城门等工程，均由贵会办理"。因而要求西京市政建设委员会补修各损坏城门。①

维修经费匮乏的情况一直持续到抗战末期。1944 年 12 月，西安警备司令部发现西安城南门（东边门）门板损坏，无法关闭，遂在 12 月 23 日"为修理南大门（东边门）门板致市政府代电（参字第 1370 号）"中呈请市政府"即日修理，俾利治安"②。具体的损毁情况是："大南门外东边门两扇城门下部之钢板，及大小铁钉均已无存，两门轴亦均损坏。"估计需要工费 69000 元，拟由本年度修缮费项下动支。对于这种情况，西安市市长陆翰芹在 1945 年 2 月 28 日"市政府为勘查大南门（东边门）门板损坏情形及工料款由修缮项下动支呈省政府文（市建字第 469 号）"中特别提及"际此物力维艰，购置匪易，似可藉就原有门轴加以修复"③ 的情况。可见，更换城门门板这样耗资较小的工程，也需由市政府向省政府

---

① 西安市档案馆编：《民国西安城墙档案史料选辑》（内部资料），西安市档案馆，2008 年，第 125—126 页。

② 同上书，第 196 页。

③ 同上书，第 197 页。

呈请施行，而且采取的工程做法是"修复"，而非"更换"，以此节约经费。

1945 年 4 月，西安警备司令部在对西安城墙进行查勘中发现，"西安城垣因年久失修，及连年内战之破坏与不肖官兵之拆毁移用，砖石多已残缺不完，尤以城北之城垛大半无存，既形成防守上之弱点，亦有碍观瞻；且城之北正面因有红庙坡一带高地之瞰制，城垣高度及坚度亦较薄弱，基于西安之防守计划，实有迅速修复之必要"，并将这一情况报告给第一战区司令长官胡宗南。胡宗南在随后致陕西省政府的电文中称，"查整修城垣意在保卫地方，所需工料应归地方筹办，除电陕省府查照外，仰即拟具整修计划，径向陕省府洽办并将办理情形具报"。陕西省政府此后派员实地勘量并拟订了修补计划，第一种方案计划修复全城女墙，需工料款 7800 万元，第二种方案计划修复东西两门以北之女墙，需款约 4300 万元。陕西省政府就此方案向西安市市长陆翰芹致电，询问地方政府是否能够承担开支。[①] 1945 年 6 月 1 日，西安市市长陆翰芹在"市政府为转请中央拨款修补城垣呈省政府文（市秘字第 651 号）"中明确回应称，原有两种方案所估经费"与现时市价比较，相差过远"，若照工程规模估算，第一种方案需 17696.4 万元，第二种方案需 9726.32 万元，合计 27422.72 万元。在与西安警备司令部洽商之后，西安市政府认为"以如此巨款，地方无力筹措，拟恳转请中央赐予拨款，俾资兴修"[②]。可见，工程规模过大，省、市政府均无力筹措，而是请求中央拨款。从后来的档案缺乏相关记载分析，这一大规模修缮工程由于经费问题最终搁浅，表明在抗战末期中央政府的财政也难以提供

---

① 西安市档案馆编：《民国西安城墙档案史料选辑》（内部资料），西安市档案馆，2008 年，第 42 页。

② 同上书，第 43 页。

如此庞大的经费。

抗战胜利之后，陕西省和西安市政府的财政收入状况并未立即好转，开支困难的情况仍然困扰着城墙修筑工程的进行。

1945 年 9 月 17 日，西安市政府将市临时参议会有关"贯彻交通，增辟新城门，以利市民通行"的议案呈请省政府核准。11月 20 日，省政府在回复的指令中称，虽然所拟修建防空便门、木便桥系为便利交通，"惟需款甚巨，该府本年度财政困难，筹措不易；且时值冬防期间，如果开辟城门过多，与本市治安有关"，决定待次年春季与城防主管机关商议后，再依照省政府财力决定是否实施此项工程。① 省政府明确提出"本年度财政困难，筹措不易"的理由，足见财力吃紧妨碍了开辟新城门、修建木便桥的建设工程。

与陕西省政府经费拮据的情况相似，西安市政府在城墙维修、保护工程上也显现出"有心无力"的艰难情况。1946 年 10 月 26日，西安市市长张丹柏在"市政府为请指拨专款修筑小东门城墙致省主席祝绍周代电（市建公字第 7152 号）"的公函中指出，经西安警备司令部当年 10 月 5 日汇报勘查结果：小东门城墙倒塌多处，尤其是距城北 250 公尺处为炮兵阵地，该处城墙裂缝甚巨，"亟待及早整修，免误军事"。西安市政府派员勘查属实，估需工料费 37053730 元。张丹柏称"此项工程浩大，需款至巨。本府经费拮据，无法筹措，拟请由钧府指拨专款，以便修筑"②。市政府向财政本已捉襟见肘的省政府申请建设经费，其实只是属于尽心之举，实际效果从后续档案缺载的情况看，此项工程亦未能按照计划进行。

---

① 西安市档案馆编：《民国西安城墙档案史料选辑》（内部资料），西安市档案馆，2008年，第 485 页。

② 同上书，第 70 页。

西安市政府以"经费支绌、筹拨困难"为由向省政府申请经费用于维修西安城墙的实例并不止于此。1946年10月20日，北平防空司令部第六区防空支部向西安市政府致电："本市太阳庙门公字第323号洞上城墙塌毁，饬即查修。"市政府旋即派员查勘，拟具补修工程预算，计需工款234.4万元。1946年11月1日，西安市市长张丹柏致电省政府主席祝绍周，在"市政府为请指拨专款修理太阳庙门城墙致省主席祝绍周代电（市建公字第7331号）"中以"本府经费支绌，筹拨困难，而本工程关系重要，势难延缓"① 为由，再度呈请省政府拨款，但其结果可想而知，仍是限于省政府财力，未能施行。

从深层次分析，此时省、市政府财力困窘固然是主要原因，但政府不再积极筹措款项，投资维修城墙，也是由于在抗战胜利之后，区域城乡社会经济千疮百孔，百废待兴，需要政府拨款的各项建设工程繁多，而城墙维修、保护在抗日战争结束的情况下，省政府很有可能认为其在军事防御上的重要性已渐降低，修缮城墙的作用和意义更多表现在治安和观瞻方面。相较于其他与国计民生关系更为紧密的建修工程，如道路、水利等，维修城墙的紧迫性并不高，因此省政府最终没有将拟议的城墙修筑工程及时付诸实施。

3. 季节因素

天寒地冻的天气、季节因素对工程建设的影响在明清西安城墙修筑工程中已有非常明显的表现，一般城工均是在进入冬季后即停工，直至春融再开工兴建。这种季节因素造成的停工、歇工对于工程进度来说造成了延缓，当然从工程质量的角度而言，避开寒冬天气施工，也能使建筑材料在施工过程中更好地黏接、融

---

① 西安市档案馆编：《民国西安城墙档案史料选辑》（内部资料），西安市档案馆，2008年，第72页。

合、砌筑。

民国时期，西安城墙修筑工程进展受季节因素的影响依然明显。1935 年冬，西北"剿匪"总司令部卫队第二营在驻守东门城楼期间，发现该城楼"立柱大多露根揭底，狼藉难堪，不独于观瞻不雅，更且倾覆可虞"，遂向总司令部报告。但由于"时在隆冬，未便兴工"。遂于 1936 年 7 月 9 日，向西京建委会发公函，希望"急待修理，以期安全"①。可见，避开寒冬时节仍是当时工程建设的基本认识之一。

二　城墙修筑工程的阶段特征

相较于明清时期，由于现存民国文献数量巨大，加之这一时期文献晚出，特别是档案、报刊等的记载内容十分具体，包含诸多细节，呈现的西安城墙维修、保护工程的频次远超前代。这些工程包含的施工项目规模各异，工期长短不一，开支经费有极其庞大者，也有颇为微小者，相关文献透露出的信息非常庞杂，头绪繁多，需要在整体统计、深入梳理的基础上进行分析。

民国前期，由于陕西区域社会政局动荡、军阀混战，加之天灾连连，地方政府在城墙维修、保护上所做的工作十分有限，直至 20世纪三四十年代，西安城墙维修、保护和利用才进入了颇为活跃、高涨的阶段。对此阶段城墙维修、保护工程进行系统研究，也就把握住了民国西安城墙发展变迁的脉络和特点。有鉴于此，笔者主要基于民国档案史料，统计了 1933—1949 年间的 66 次城墙维修、保护工程（见表 5—1），以此来分析 20 世纪三四十年代西安城墙维修、保护的发展阶段。

---

① 西安市档案馆编：《民国西安城墙档案史料选辑》（内部资料），西安市档案馆，2008年，第 146 页。

表5—1　　　　　　　1933—1949 年西安城墙重要维修工程一览①

序号	起讫时间	工程内容	负责机构	《城墙档案》页码
1	1933.2.7— 1934.9.12	拆除南门瓮城土基、墙垣；禁止窃取砖灰	市政工程处、省建设厅、省会公安局、西京建委会、西安绥靖公署	第169—178页
2	1934.5.30— 1934.8.23	东城门楼失火，修理门楼立柱	省建设厅、市政工程处	第133—136页
3	1934.7.21— 1936.10.24	重开玉祥门，修筑驻军房屋	市政工程处、省建设厅、省政府	第304—323页
4	1934.8.1— 1935.6.7	基于广仁寺报告开始的修补城墙及水沟工程	省建设厅、市政工程处、西京建委会、省会公安局	第3—20页
5	1934.9.27— 1935.3.30	开辟中正门，修筑桥梁、守望室（火车站城门）、城壕桥梁	省政府、西京建委会、省建设厅、市政工程处	第329—361页
6	1935.1.11— 1935.5.7	中正门建筑驻军营房	省政府、西京建委会、省建设厅、市政工程处	第362—367页
7	1935.1.30— 1935.6.5	中正门外市场，种植护城林	省建设厅、市政工程处	第368—379页
8	1935.6.10— 1937.7.16	加宽中正桥，迁移电杆，禁止铁轮大车通过	陇海铁路管理局、西京建委会、市政工程处、西京电厂、省会警察局、省建设厅	第385—404页
9	1935.7.31— 1935.9.23	修补东关郭城	长安县政府、市政工程处	第98—100页
10	1935.8.26— 1936.7.18	查勘、修补全市城墙与护城河	省会公安局、市政工程处、省建设厅	第20—25页
11	1935.9.4	修理西门水井，开瓮城门洞，开放玉祥门	西京建委会	第500页

---

① 西安市档案馆编：《民国西安城墙档案史料选辑》（内部资料），西安市档案馆，2008年。

序号	起讫时间	工程内容	负责机构	《城墙档案》页码
12	1935.9.17—1936.8.1	修筑城门洞	西京建委会总务科、市政工程处、省建设厅	第137—142页
13	1935.9.27—1936.7.10	拆除西门瓮城，铺设马路、人行道、西关大街	市政工程处、省建设厅、西京建委会	第203—215页
14	1935.10.14—1937.8.31	修补四关郭城	省建设厅、市政工程处、省政府、西安绥靖公署	第101—124页
15	1935.11.20	北城门楼搭盖顶棚	十七路军总指挥部、市政工程处、省政府	第276页
16	1936.1.1—1936.2.22	修理玉祥门	省政府、西京建委会、长安县政府	第324—328页
17	1936.1.16—1937.9.29	修理西、南城门楼及门窗	市政工程处、省政府、西京建委会、省建设厅	第216—225页
18	1936.2.27—1936.9.11	修筑西门瓮城水井看守房	省建设厅、市政工程处	第246—255页
19	1936.3.7—1936.6.19	改善中正门环境，修理城壕、城河、公园	陕西省新生活运动促进会、西京建委会、省会公安局、西安绥靖公署	第380—383页
20	1936.5.16—1936.5.26	铺凿西城门洞石条	省建设厅、市政工程处	第256页
21	1936.6.30—1936.9.1	修理东城门楼、门窗	市政工程处、西京建委会、省政府、西北"剿匪"总司令部、省建设厅	第143—150页
22	1936.8.27—1936.10.19	北城门洞凿石	市政工程处、西京建委会、省建设厅	第268—271页
23	1937.9.11	城根禁建房屋	西京建委会	第26页
24	1937.10.27—1938.4.20	修理中山门，在北门、中山门装设路灯	市政工程处、西安警备司令部、省建设厅、西京建委会	第287页

续表

序号	起讫时间	工程内容	负责机构	《城墙档案》页码
25	1937.11.30—1938.2.23	禁止在南城墙根挖防空洞，并进行补修	市政工程处、三十八军、西京建委会、西安行营、省政府、陕西电政局	第45—50页
26	1937.12.17—1938.5.6	修葺中山门外涵洞、东北稍门洞	市政工程处、西京建委会、省建设厅、长安县、省政府、省会警察局	第288—298页
27	1938.9.2—1938.12.8	补修中正桥塌陷部分，铺碎石路面	西京建委会、市政工程处	第404—409页
28	1939.2.17—1940.6.29	维修防空洞	省建设厅、西京建委会工程处、省防空司令部	第80—86页
29	1939.3.28—1939.12.28	开辟防空便门	省政府、省建设厅、西京建委会工程处	第429—454页
30	1939.4.11—1939.4.24	开凿防空洞（城墙窑洞）	西京建委会工程处、省防空司令部	第76—79页
31	1939.5.12—1941.2.26	修缮中正门外城墙	西京建委会工程处	第51—65页
32	1939.5.22—1941.12.17	修整南门城洞、东瓮城碎石马路	西京建委会工程处、省审计处	第179—192页
33	1939.5.25—1939.11.24	补修倒塌城墙	省政府、西京建委会工程处	第26—37页
34	1939	新辟城门、防空洞（城墙窑洞）、环城土路	西京建委会、防空司令部、防护团、天水行营总务处	第501页
35	1939.6.21—1939.7.26	柏树林、崇礼路新辟便门	西京建委会	第502页
36	1939.7.20	堵塞防空洞	西安警备司令部	第89页
37	1939.9.6	拆修中正门外税务局城墙	西京建委会	第503页

序号	起讫时间	工程内容	负责机构	《城墙档案》页码
38	1939.11.3—1940.4.4	修筑中山桥	西京建委会	第299—303页
39	1939.12.20—1940.2.28	西北三路、柏树林、崇礼路城门外加筑涵洞	西京建委会	第504页
40	1940.2.23—1940.3.14	西门以北拟开水车便门，修筑涵洞、土路	西京建委会、西安警备司令部	第257—258页
41	1940.5.24	查勘损毁城门	西京建委会工程处	第125页
42	1940.5.29	修整损坏各城门	西安警备司令部、省政府、西京建委会	第505页
43	1940.6.17—1940.7.1	修筑玄风桥，辟城门外木桥	省防空司令部、西京建委会、省政府	第477—479页
44	1940.6.26	四关火巷马路等级	西京建委会	第505页
45	1940.7.17	南四府街城门外桥面工程竣工	西京建委会	第506页
46	1941.1.15—1941.1.21	修建窑洞情报所	省防空司令部、市政工程处、西京建委会工程处	第94—95页
47	1941.1.16—1941.6.11	中正门外东西大街，拆除改建棚户	省会警察局、西京建委会工程处、河南旅陕同乡会、省财政厅、省政府	第410—421页
48	1941.2.15—1941.7.3	中正桥两旁空地建房	省政府、西京建委会工程处、陕西省社会服务处、国民党陕西省执行委员会	第422—428页
49	1941.9.8	北门城围内搭盖临时车棚	陆军炮兵第四十团、西京建委会工程处	第277页
50	1942.1	整修北城门楼	市政处工务局	第275页

序号	起讫时间	工程内容	负责机构	《城墙档案》页码
51	1942.1.7—1943.4	补修西、北城门楼	省建设厅、市政处工务局、省防空司令部、省政府、省审计处	第226—245页
52	1943.4.13—1943.6.23	修理南城门楼屋顶	省防空司令部、市政处	第193—195页
53	1943.8.17—1943.10.21	修补东城门楼西北部走廊	省会警察局、市政处	第151—158页
54	1944.5.10—1944.10.5	北马道巷等五处防空便门	市政处、省政府、市政府	第455—473页
55	1944.12.15—1946.6.26	修筑防空便门外木便桥	省保安司令部、市政府、省政府、市临时参议会	第480—489页
56	1944.12.23—1945.11.27	修理大南门（东边门）门板	西安警备司令部、市政府、省政府	第196—202页
57	1945.1.16—1946.2.14	修理城楼	省政府、市政府、西安警备司令部	第127—132页
58	1945.5.11—1945.6.1	修缮北城垛口、修补城垣	西安警备司令部、市政府、省政府	第41—43页
59	1945.9.10—1946.2.25	修筑东城门口楼梯	西安警备司令部、市政府建设科、省政府、市政府	第159—166页
60	1946.6.25—1946.8.20	掘筑护城河两岸土阶	北平防空司令部第六区防空支部、市政府、省会警察局、市防护团	第490—495页
61	1946.8.14—1946.8.20	堵塞开通巷、兴隆巷城墙防空洞	西安市第一区公所、市政府、西安警备司令部	第91页
62	1946.9.30—1946.10.21	修缮崇忠路城墙	西安市第四区公所、市政府、省政府	第68页
63	1946.10.5—1946.10	修缮小东门城墙	西安警备司令部、市政府建设科、省政府	第69—70页

续表

序号	起讫时间	工程内容	负责机构	《城墙档案》页码
64	1946.10.16—1947.1.9	修缮太阳庙门城墙	北平防空司令部第六区防空支部、西安市政府、省政府、省会警察局、市防护团	第71—75页
65	1947.4.28—1947.12.27	西门另辟水车便门	市政府、西安警备司令部、西安市水车业职业工会、西安市总工会	第257—265页
66	1948.5.15	开辟西门环道	市政府工程科、市财政局、省财政厅	第266—267页

在深入、细致对上述66次城墙维修、保护工程的施工项目、主持机关、经费开支等内容进行整理、分析之后，可以发现，20世纪三四十年代西安城墙维修、保护活动经历了以下四大阶段。

第一阶段：1933—1936年。

这一时期主要围绕陇海铁路火车开通至西安，兴建车站附近的中正门、建设中正桥，维修、整治城壕和周边环境；同时，西安已在1932年被确定为陪都西京，城墙维修、保护和景观建设也成为陪都建设的重要工程之一。

第二阶段：1937—1940年。

随着抗日战争的全面爆发，西安成为大后方的政治、军事重镇，来自东部地区的大量人口、企业、学校、军队等云集于此，城墙体系在防御日寇空袭、保护民众生命方面发挥着重要作用。军队和地方政府基于提升城墙军事防御能力的目的，集中进行城墙防空洞建设、开辟防空便门、加固城楼和城墙等工程。这一时期进行的城墙建修工程数量和类型最多。

第三阶段：1941—1945年。

抗战中后期至抗战胜利，这一时期西安城墙维修工程的数量相

对前一阶段有所减少，一方面是由于日军飞机轰炸滋扰，另一方面
也是由于军队和政府的财政困窘，较少开展大规模的城垣维修，而
是在前一阶段工程的基础上进行局部修补工作。

第四阶段：1946—1949 年。

抗战胜利后，随着全面内战的爆发，西安又以临近延安而成为
防御中国共产党领导的人民解放军的桥头堡，国民党所属军队和
省、市地方政府全面加强了对西安城墙防御力的重视，希冀能够依
靠西安的城高池深建立牢固的军事要塞，抵御人民解放军的进攻。
因而这一时期征召了关中各县大量民夫进行加固城墙、城壕，兴建
附属防御设施，回填城墙防空洞等工程。从客观上来说，这些举措
是抗战结束之后大规模的整修城墙、城壕的活动，西安城垣与护城
河的军事防御力较前大为提高，但依然无法阻止人民解放军胜利的
步伐。

第二节　城墙维修的管理机构与施工群体

民国时期，不唯陕西本地人士以雄伟壮阔的西安城墙作为乡土
自豪感的重要来源之一，大量往来西安的外地人士也不吝笔墨，在
各类游记、行纪、报道、论著中对西安城墙雄姿赞誉有加。如称
"西安城垣殊大，周围可四十方里，城墙高及三丈，大城建筑的宏
伟，直可媲美北平"[1]。又称"北平是内城比外城雄美，长安是外城
比内城雄美"[2]。还有旅行者认为"西安的气象仍雄壮，其城围高厚
仍为西北各城之冠"[3]。正是因为城墙高厚，防御力强大，因而有人
推论"以前杨虎城之所以能守此六月，大概一半是靠它的缘故吧！"[4]

---

① 金兑：《塞漠生活考察记（十三）》，《申报》1936 年 2 月 29 日第 22568 号第 8 版。
② 孤鸿：《长安访古》，《旅行杂志》1947 年第 21 卷第 5 期，第 29—39 页。
③ 一真：《长安古迹考》，《旅行杂志》1949 年第 23 卷第 9 期，第 17—19 页。
④ 平越：《西安之行》，《关声》1937 年第 5 卷第 6—7 期，第 636—638 页。

这些认识从侧面反映了西安城墙在民国时期虽迭经变乱，但仍巍然屹立，而这在很大程度上依赖的正是军队与地方政府坚持不懈的多次维修，以及相关保护措施的制定和施行。随着从帝制时代向共和时代的政体转变，民国时期西安城墙维修、保护的管理机构和实施群体也相应有了诸多变化。

一　主要管理机关的相互合作

相较于封建时代晚期的明清时代，民国时期陕西省、西安市以及郊区的长安县在政治体制、权力架构、官员设置等方面更为复杂，虽然同样是上级官员与政府监督、管理下级官员和政府，但是在管理层级的复杂性、周密性以及管辖事务的细致性等方面，民国之际较明清时期前进了一大步。

民国时期陕西战乱不断，西安城墙作为军事防御设施和体系，承担着远较明清时期更为重要和紧迫的捍患御侮的功能；同时，城墙在内外交通、引水入城、景观建设等城市建设、发展过程中又居于重要地位，影响广泛，因而对城墙负有维修、保护等职责的管理机构不仅涉及军事管理机关，而且牵涉地方行政机构、警察部门，"军地协同""兵民合作"的城工特点更为鲜明、突出。在民国西京时期西安城墙的维修、保护中，起领导作用的管理机构分别是军队方面的陕西省防空司令部，地方治安体系中的陕西省会警察局，地方行政管理架构中的陕西省政府、陕西省建设厅、西京筹备委员会、西京市政建设委员会等。

深入而言，由于管辖区域、事务有很大区别，层级往往不相对应，因而军事管理机关和地方行政机构之间在维修、保护西安城墙过程中的相互协作关系十分复杂。这种复杂性虽然体现了在共和时代新型军事体系和政府机构管理、处置事务的细分性，也容易追索责任，但是在不同体系、架构之间相互对接进行合作时，又容易暴露出沟通不畅、手续烦琐的弊端。

西安城墙维修、保护牵涉众多相关管理机关，因而需要相互合作，共同商议、施行，才能收到良好效果，单靠某一政府或军队机关，往往收效甚微。1934 年，西安市南门瓮城城墙被拆卸，工地遗留有大量破砖、石灰、黄土、石块。"此项材料为工程必需之物，自应格外保留，以备公共建筑之用。"但当时有部分"无知市民"，自私窃取，占为己有。在这种情况下，西安市政工程处于 2 月 23 日就"禁止私窃南门瓮城余剩砖灰等"致函陕西省会公安局第二分局，希望"亟应严禁，以保公物"。具体做法是，除了由西安市政府发布公告，严禁市民窃取外，再由省会公安局第二分局命令瓮城一带的"站岗公安生"，认真稽查，制止私人窃取瓮城砖灰土石等物，"以保公物"①。

1934 年 2 月 24 日，西安市政工程处发布了"禁止私窃南门瓮城余剩砖灰"的布告，② 其内容如下：

西安市政工程处布告

照得南门瓮城，拆后仍留砖灰。

有关建筑材料，自应格外保持。

近常发生盗窃，殊属不法妄为。

本处职司工料，派员不时查稽。

窃取砖灰发见，送警惩办法随。

特此剀切布告，其各凛遵毋违！

处长　张丙昌

---

① 西安市档案馆编：《民国西安城墙档案史料选辑》（内部资料），西安市档案馆，2008年，第 171 页。

② 同上书，第 172 页。

与此行政命令相呼应，1934 年 2 月 26 日，陕西省会公安局第二分局在《为禁止私窃南门瓮城余砖灰等复市政工程处函》中也明确表示，该局已命令南关第一分驻所暨南门什字岗警对于瓮城余剩破砖、石灰、黄土、石块加意保护，禁止私窃。①

这一保护实例充分体现出在城墙保护方面多部门合作的必要性和重要性。对于市民私自窃取城砖、石灰等"公物"的行为，西安市政工程处作为管理建设单位，只能提请市政府发布公告禁止。但公告仅属于行政命令或通告，并不能从根本上杜绝市民的偷窃行为。而省会公安局作为城区治安的主管机关，在瓮城一带设立岗哨，派驻有公安人员，在稽查、制止市民私自窃取城砖、石灰、黄土等方面显然更具威慑力，也更为奏效。只有当保护城墙的举措从纸面的布告转为由站岗的公安人员落实的时候，才能起到切实的保护之功。

笔者在对 20 世纪三四十年代城墙 25 次维修、保护工程进行统计的基础上，尝试对参加不同城工的勘验技术人员的来源机构、身份等进行分类分析，以期反映不同管理机构之间的合作。如表 5—2 所示。

表5—2　　　　　　　　民国时期勘验西安城工技术人员

序号	起讫时间	工程名称	姓名	来源机构	身份	《城墙档案》页码
1	1935.4.27	中正门、玉祥门守卫兵房	张丙昌	陕西省建设厅	技正	367（会同市工处总监工张羽甫）
2	1935.8	修补东关郭城女墙	杨正春	市政工程处	技佐	99（会同长安县及公安第五分局）

① 西安市档案馆编：《民国西安城墙档案史料选辑》（内部资料），西安市档案馆，2008年，第 173 页。

序号	起讫时间	工程名称	姓名	来源机构	身份	《城墙档案》页码
3	1935.9	勘查全市城墙里沿及上面破裂情形	杨正春	市政工程处	技佐	21
4	1936.6	估修补四关郭城土方工程	李海瑶	陕西省建设厅	技士	115（会同市政工程处）
5	1936.5	验收铺凿西城门洞石条工程	王焜耀	陕西省建设厅	技士	256（会同建委会专门委员沈诚及市工处主任宫之桂）
6	1936.9	验收西门瓮城水井看守房工程	王焜耀	陕西省建设厅	技士	254—255（会同该处监修工程师暨建筑工程师、建委会专门委员沈诚及市工处主任宫之桂）
7	1936.10	验收北城门洞凿石工程	赵桂堂	陕西省建设厅	技士	270（会同西京建委会专门委员沈诚）
8	1936.12	验收补修四关郭城土方工程	王梦麟	陕西省建设厅	技士	122（会同该处监修工程师暨建筑工程师验收）
9	1937.7	验收中正桥加宽暨改作洋灰桥面工程	王焜耀	陕西省建设厅	技士	403（会同建委会专门委员沈诚、工程师龚洪源及市工处总监工员张羽甫，依据合同估单、说明书、图样、保证书详细查验无异）
10	1937.12	验收修理中山门城门工程	袁敬亭	陕西省建设厅	技士	284（会同西安市政工程处技士杨正春）
11	1937.12.12	为修葺中山门外涵洞及东北哨门洞	赵明堂	西京建委会工务科	工程司	实地查勘
12	1939.3	在南门左右各辟一门	王冀纯	陕西省建设厅	技佐	429（会同西京市政建设委员会工程处）

序号	起讫时间	工程名称	姓名	来源机构	身份	《城墙档案》页码
13	1939.3	在西南城角开辟城门	王冀纯	陕西省建设厅	技佐	430
14	1939.5	开辟西北三路防空便门	王冀纯	陕西省建设厅	技佐	432—433
15	1939.8	小保吉巷拟开辟下水道实地查勘	刘国鉴	西京建委会工程处	技士	96—97
16	1939.10	建筑南四府街新辟城门工程	孟昭义	西京建委会工程处	技士	446
17	1940.1	补修中正门外城墙	李瓛	西京市政建设委员会工程处	技士	61
18	1941.5	处置中正门外棚户（中正门外城沿房屋、中正桥两旁、护城河外）	龚洪源	西京建委会	技正	418（会同西安警备司令部中校参谋姚尚武）
19	1942.7	查勘东南城墙被水冲塌情形	刘国鉴	西安市政处工务局	技士	66
20	1943.3.22	验收补修西城门楼工程	费恩霖	陕西省建设厅	技正	245（会同西安市政处）
21	1944.5.21—6.30	修筑北马道巷等五处防空便门及木架工程	王霈	市政府	技佐	456—472
22	1945.11.13—1945.12.29	修筑东城门楼楼梯工程	雷承沛	市政府	技佐	161—166（会同驻府审计人员罗志坚）
23	1946.7	掘筑各防空便门外城河两岸土阶工程	胡思修	市政府	技佐	494—495
24	1946.10	查勘小东门城墙倒塌情形	赵梦瑜	市政府建设科	技士	69
25	1948.5	开辟西门环道	雷丞沛	市政府	技佐	267

从表5—2中25次城墙维修及相关工程的勘测、会勘过程分析，技术人员有"工程司""技正""技佐""技士"等不同称谓，约略反映出其专业技能的差异和职级的高低。由于相关城墙维修工程在前期勘测乃至于施工期间，往往需要不同政府机关的技术人员相互协作，共同进行勘测、查验等，从表5—2的统计可知，这些技术人员主要来自陕西省建设厅、西京市政建设委员会工程处、西安市政工程处工务局、西安市政府建设科四所主管机关。如1937年7月验收中正桥加宽暨改作洋灰桥面工程时，就是由陕西省建设厅技士王焜耀会同西京市政建设委员会专门委员沈诚、工程师龚洪源及西安市政工程处总监工张羽甫，依据合同估单、说明书、图样、保证书等，详细查验无异。

20世纪三四十年代，由于外来难民、移民等大量涌入西安，在缺少稳固住所的情况下，他们往往因陋就简，在内外城墙根沿线私自搭建各类栖身的违章建筑，也有一些店铺或企业建盖煤厂等。这些活动既影响城墙观瞻面貌，又有种种安全隐患，给城市治安带来诸多压力。因而西安市政工程处、西京市政建设委员会、陕西省会公安局等机关屡屡采取协同取缔的方式，亦可视为是对城墙的积极保护之举。

由于北城墙临近陇海铁路和西安火车站，难民、移民便于流入、驻留，加之北城根环境相对偏僻，部分企业主私自搭建厂棚，因而这一带的违章建筑颇多。1936年8月，西安市政工程处即会同陕西省会公安局对其进行了取缔、罚办。

在取缔城根私自搭建的棚屋、煤厂等临时建筑的同时，1937年，西京市政建设委员会在会议决议中明确规定，"城墙以外、城壕以内，一律不准建盖房屋。如该民申请租地建屋营业一节，碍难照准"①。这

---

① 西安市档案局、西安市档案馆主编：《筹建西京陪都档案史料选辑》，西北大学出版社1994年版，第310页。

一"外城根禁建房屋"的决议对城墙保护亦起到了积极作用。

表5—3　　1936年8月西安市政工程处会同陕西省会公安局取缔
罚办"北城根"违章建筑各户一览①

序号	业主	承修人	违章建筑状况	罚款数额（元）
1	谦丰	李扶东	搭盖煤厂、市房，抗不领照	25
2	惠丰	张广亭	同上	25
3	利民	贾渭堂	同上	25
4	义兴	郭松山	同上	25
5	连达	郭中正	同上	25
6	鼎新	王中亭	同上	25
7	元和	孙新锐	同上	25

二　三大主管机关的若干举措

20世纪三四十年代，西京市政建设委员会、西安市政工程处与西安市政府管理科堪称城墙维修、保护的三大主管机关，在城墙相关各类修筑工程、活动和事宜中起着主导作用，分别开展了形式多样的维修、保护工作。

进入陪都西京建设时期后，由于西京筹备委员会、西京市政建设委员会等机构特别注意保护西安城乡地区和周边区域的名胜古迹，而城墙作为标志性的古迹景观，尤其得到关注。

1935年3月20日，西京市政建设委员会在第十三次会议记录中就讨论了"修整本市全城城墙，以存古迹而壮观瞻，并以保护城旁建筑物案"，并且决议："交市政工程处详加调查，报告下次会议；禁止挖取城土，交公安局严厉执行，并将办理情形报告。"② 可

---

① 《西安市工季刊》1936年第1卷第1期，第11—12页。

② 西安市档案馆编：《民国西安城墙档案史料选辑》（内部资料），西安市档案馆，2008年，第500页。

见，西京市政建设委员会不仅从文物古迹保护的角度将城墙修整工程提升到"以存古迹而壮观瞻"的高度，给予充分重视，而且要求公安局禁止民众挖取城土，也体现了行政机关和治安机构之间的通力合作。西京市政建设委员会一方面要求公安局禁止挖取城土，另一方面还积极采取措施恢复城墙面貌。1935 年 5 月 1 日，西京市政建设委员会第十七次会议记录中即提出了"用城内余土填平城根、城壁洼地、孔穴"等计划。①

随着日本侵略步伐的加快，在抗战全面爆发之前全国各地注重城防建设的大背景下，西京市政建设委员会对西安城墙的防御功能和历史地位有了更为清晰的认识。1935 年 7 月 3 日，西京市政建设委员会第二十六次会议记录收入了专门委员沈诚的提案："查城垣之用，大则可作国防，小则足御盗匪。中国城垣历史之最久长与工程之最坚固而整齐者，除北平与南京外，厥惟西安。"当时西安"城外墙堵业已修理完竣，而各城楼阁及内墙堵仍倒塌倚斜，拟请亦加以估修，以免危险，并可为将来防空设备"。这一建议力主通过维修城垣强化其防御能力。同时，沈诚还提出利用城墙顶部作为民众"观览寓目"场所的建议："又城上路面非常整齐开阔，当此市上尚未有完备之公园足供消散之处，拟请开放，藉供民众业余观览娱目，未始非计。西南城角某园圃点地约二百余亩，树木密布，土丘高低，形成天然美景。若以此辟为公园，与西南城角连接。将来南郊马路完成，此园呼应城内城外，为民众游历之中心地点，实为切要。"②沈诚对西安城墙及其周边地区的利用建议颇显超前意识，充分考虑到兼备军事防御、休憩观览、环境美化等功能。这一维修、利用建议获得西京市政建设委员会"原则通过"，旋即由沈

---

① 西安市档案局、西安市档案馆主编：《筹建西京陪都档案史料选辑》，西北大学出版社 1994 年版，第 249 页。

② 同上书，第 261 页。

诚负责调查计划，并与陕西省建设厅接洽。虽然此后由于"西安事变"的发生、抗日战争的全面爆发，城墙的军事防御性上升到最高层次，休憩观览、环境美化等设想在当时已无可能实现，但沈诚的城墙利用计划迄今看来，仍闪耀着当时管理者、规划者的智慧之光。

1934 年年底陇海铁路通车西安后，火车站、铁路等新式交通设施和工具对西安城墙及周边环境的影响随之日益凸显。1936 年，在响应中央政府号召，各地普遍开展新生活运动的大背景下，陕西新生活运动促进会致函西京市政建设委员会，"请改善中正门，以重新运"①。该会之所以提出此建议，主要是基于对中正门、火车站一带市政、环境、交通、市场状况的实地调查提出的。

陕西新生活运动促进会在《调查车站一带整清之意见》中重点指出了三方面的问题与对策。

第一，在市政基础设施规划方面，"陇海车站之建筑，庄严堂皇，令人敬肃"，因而中正门一带"宜有更精密之规划，况为观瞻所系，自属不容忽视"。该会认为，为了未来发展的需要，应当在中正门里外划定停放汽车、马车、人力车场的位置，"以免凌乱，有碍交通"。

第二，在改善车站环境和交通方面，由车站至中正门两边，"蓬门陋屋暨城壕土窑，既不雅观，复碍清洁"，应当一律拆迁，以便环城植树，开辟为环城公园。该会建议应"以现有城壕改为城河，造成环城天然风景，较之另辟公园，经济便益；城壕外岸宜修环城马路，并沿池岸添加栏杆"。这就既涉及环境美化、兴建园林，同时又有道路建设的考虑。

第三，在完善火车站北侧新市场的街道卫生状况方面，该会经

---

① 西安市档案馆编：《民国西安城墙档案史料选辑》（内部资料），西安市档案馆，2008年，第 381 页。

查勘发现，新市场"街道污秽不堪，席篷鳞次栉比，殊欠整洁，尤应亟加改善，以新市面"，为此建议应当将这一区域马路线宽度划定，以便商民建筑市房有所适从，并限制其任意搭盖席篷，使得市场和中正门、车站周边环境有所改观。对此动议，西京建委会第五十六次会议决议："由公安局、市工处工务科会同计划，报告下届会议。"①

在民国西安城墙维修、保护的相关主管机构中，西安市政工程处主持了其中较大比例的修筑项目。这些修筑项目既包括维修城墙垛口、修理城楼主体及其门窗等较大规模的工程，也包括拆除南关城北门、补修城门诸军营房、补修城门洞石条等小型工程。表5—4反映了西安市政工程处在1934年9月至1936年12月经办的杂项工程。

表5—4　　　　　西安市政工程处经办杂项工程统计
（1934年9月至1936年12月）②

序号	工程名称	工程情形或地点	开工日期	完工日期	承包人
1	修葺城垣垛口	由北门经中正门至东北城角一段	1935—1—5	1935—1—16	—
2	拆除南关北门	该门位于南关大街北端，因低狭有碍交通，故拆除	1935—2—1	—	—
3	修葺全市城门口及水道	全市城墙	1935—4—18	1935—5—18	李怀南
4	补中正门驻军房屋、厕所、厨房、围墙	中正门内	1935—4—21	1935—5—10	崔汝连
5	修葺南瓮城城墙缺口	南门瓮城	1935—5—4	1935—5—12	靳锡玉

① 西安市档案馆编：《民国西安城墙档案史料选辑》（内部资料），西安市档案馆，2008年，第381页。

② 《西安市工季刊》1936年第1卷第1期，第21—30页。

续表

序号	工程名称	工程情形或地点	开工日期	完工日期	承包人
6	修理全市城墙根及墙上破裂处	—	—	—	—
7	修理城门楼	西门及南门	1936—1—25	1936—2—29	—
8	四关城土墙	四关	1936—10—12	1936—11—30	—
9	改修玉祥门至西门水车路	玉祥门至西门	1936—4—10	1936—5—20	—
10	錾补西门洞石条	西门洞	1936—3—31	1936—4—14	—
11	修理四关哨门砖土	—	1936—3—26	1936—4—13	—
12	錾补南门洞石条	南门	1936—5—26	1936—6—26	天成公司
13	錾补东门洞石条	东门	1936—5—26	1936—7—8	天成公司
14	加补西关大街人行道及西瓮城人行道	西关	1936—5—17	1936—6—17	鸿记营造厂
15	修理东城门楼门窗	东门	1936—6—12	1936—6—27	姚月记
16	錾补北门洞石条	北门	1936—8—1	1936—9—2	—

从表5—4可知，在约2年的时间里，西安市政工程处就经办了至少16项各类规模的杂项工程。这些杂项工程的内容可谓五花八门，事无巨细。但从整体上来说，杂项工程的规模较小，施工工期颇短。

关于表5—4第15项修理东城门楼门窗工程的工程细节，可从1936年6月30日《市政工程处为修理东城门楼门窗工程呈西京建委会文》中一窥端倪。[①] 西北"剿匪"总司令部卫队第二营周文章营长曾向张学良副司令禀报，"西安各城城楼除东门外，均经重新修葺，并皆装有玻璃门窗。为保存西京古迹及顾虑本营官兵安全计，东门应速行修葺，自不待言"。为此，张学良命令该司令部马效韩处长前往陕西省政府联络此事。省政府发布第3852号训令，

----

① 西安市档案馆编：《民国西安城墙档案史料选辑》（内部资料），西安市档案馆，2008年，第143—144页。

要求西安市政工程处"设法修葺"。经过西京市政建设委员会第六十五次会议议决:"按照修理西、南城门楼单价,克速兴工,工料费用按实支领。"由于这一工程规模较小,属于"碎修工程",各大公司皆不愿承做,投价者仅两家。最终报请西京市政建设委员会第六十七次会议确定:由姚月记承办。随后订定合同,于6月12日开工,27日完工。①

关于表5—4第8项"四关城土墙"、第11项"修理四关哨门砖土"等有关四关城的工程,主要是在1936年由西安市政工程处主持,由天成公司"承做补修"②。工程次序是先由南关着手,东、西、北各关亦陆续动工,至1936年10月底,共作土方262公方。11月5日南关城墙补修完工,共作土方315公方。随后东、西、北各关亦次第完成。其中北关以"作法不良",经监工员指挥,屡加改善。至1936年11月底,四关城墙补修工程完全竣工,共作土方2000公方。③

在杂项工程之外,西安市政工程处还经办了不少与城墙相关的附属建筑工程。表5—5反映了1936年9月至1936年12月间的工程事件。

表5—5 西安市政工程处经办建筑工程统计
(1936年9月至1936年12月)④

序号	工程名称	工程情形或地点	开工日期	完工日期	承包人
1	新开中正门城洞两座,中正门外桥梁涵洞	尚仁路北首	1934—9—3	1934—12—31	—

① 西安市档案馆编:《民国西安城墙档案史料选辑》(内部资料),西安市档案馆,2008年,第143—144页。

② 《西安市政工程处二十五年十月份工作报告》,《西安市工季刊》1936年第1卷第1期,第11—14页。

③ 同上。

④ 《西安市工季刊》1936年第1卷第1期,第16—20页。

续表

序号	工程名称	工程情形或地点	开工日期	完工日期	承包人
2	新建军房	玉祥门	1934—12—5	—	—
3	中正门驻军房屋	瓦屋八大间	1935—2—17	1935—3—27	崔汝连
4	公共厕所	西门内	1935—3—2	1935—5—5	靳锡玉
5	同上	端履门北首	1935—3—2	1935—5—5	靳锡玉
6	同上	中正门外	1935—3—2	1935—5—5	刘瑞庭
7	同上	东门内	1935—3—2	1935—5—5	靳锡玉
8	添筑西北门驻军房屋	原有三大间不敷应用，拟再添六大间	1935—3—27	1935—6—11	张云岐
9	建筑大厕所	北门口	1935—6—20	1935—7—30	刘瑞庭
10	玉祥门驻军厨房	玉祥门	1936—1—14	1936—2—14	刘瑞庭
11	公共厕所	北门外	1936—3—8	1936—4—18	刘瑞庭
12	西门水井看守房	西门内	1936—4—11	1936—4—30	刘瑞庭

表5—5中所列的12次建筑工程，大多数是围绕城门兴建的驻军营房、厕所等。这类设施看似与城墙保护并无直接关系，但事实上，给长期驻守城门、城墙的驻军兴建较为完善的生活设施，以及为广大民众兴建公共厕所，能够有效减少在城根随地便溺、破坏环境等现象，从长远来看，对城墙保护具有促进之功。

1942年秋季，西安市政处工务局开展了一系列"亟待整修工程"，其中除了整修北大街马路、修筑莲湖公园东门外暗沟、修筑王家巷石子路等道路、水利设施外，还包括"修补西城门楼塌落工程"，皆分别编造预算。① 为深入、细致了解西安市政处工务局在城墙、城楼修筑工程中的角色和作用，分列表5—6、表5—7，涉及工程相关的建筑材料种类、规格与价格，以及工匠种类与工费等，以期探察西安市政处工务局城墙修筑工作的细致与繁复。

---

① 西安市档案馆，全宗号：017，目录号：5，案卷号：54，第3—9页。

表5—6 西安市政处工务局补修西城门楼陷落部分工程预算表一
(1942 年 9 月 26 日)①

种类	单位	单价（元）	数量	合价（元）	备注
前檐挡泥板	公尺	40	10	400	15×15×1000 杨木
花脊	公尺	50	10	500	
望板	公平方	30	30	900	五分厚杨木板
扶脊木	根	80	3	240	25×25×1000 杨木
青砖	千页	500	0.16	80	—
大片瓦	千页	250	3.6	900	
筒瓦	千页	500	1.6	900	下层损坏筒瓦在内
猫头	千页	750	0.12	90	—
滴水	千页	500	0.12	60	—
铁钉	市斤	12	25	300	
洋钉	市斤	70	30	2100	—
白灰	百市斤	50	3	150	
黄沙	公立方	80	1	80	
黄土	公立方	50	5	250	
麻刀（细麻丝、碎麻）	市斤	10	10	100	
麦草	市斤	0.5	50	25	
方松木椽	根	20	6	120	13×13×200
圆松木椽	根	16	6	96	
红色油漆	公平方	30	30	900	
总计	—	—	8191	—	

表5—7 西安市政处工务局补修西城门楼陷落部分工程预算表二
(1942 年 9 月 26 日)②

种类	单位	单价（元）	数量	合价（元）	附记
泥木工	工	35	30	1050	—
小工	工	25	40	1000	—

---

① 西安市档案馆，全宗号：017，目录号：5，案卷号：54，第3—9页。
② 同上。

续表

种类	单位	单价（元）	数量	合价（元）	附记
搭架费	—	—	—	500	—
小计	—	—	—	10741	—
预备费	—	—	—	2148.2	20%

在西安市政工程处之外，西京建委会工程处也是城墙维修、保护的重要机关，两者颇有并驾齐驱之意。从行政层级来看，西京建委会工程处的地位尚在西安市政工程处之上。

1940 年之前，西京建委会工程处对西安城墙上年久失修的"两沿护墙"，即垛墙和女墙派工补修，耗资巨大。至 1940 年调查发现，临近城墙驻防的大量军队对于城墙不仅未加保护，反而随意拆除，利用砖石建筑厨房、厕所或砌垒其他建筑物。在军队的这些做法影响下，"无识居民随而效之"，尤其是以开通巷、柏树林、西门城墙、中正门附近等处，居民拆除城砖的情况最为多见。西京建委会工程处痛心疾首地指出："现市政急在建设，而城墙上之护墙尤为观瞻所在，城防所系，若不急行禁止，则不惟有碍市容，且影响治安。"在此认识之下，2 月 23 日，该处向第十战区司令长官蒋鼎文呈文，请求通饬各处驻军禁拆城砖，"以维市容而固城防"[1]。由于西安城区驻军数量多，倘若不及时制止军队为生活便利等拆取城砖的行为，加之此影响极为恶劣的做法对于城区民众具有鲜明的"示范"作用，长此以往，一方面是省市政府耗费人力、物力、财力维修城墙，另一方面驻军和民众却在拆卸城砖，最终受损的不仅是西安城墙观瞻和市容面貌，更为重要的是对军事防御和城市治安均造成负面影响。在接到西京建委会工程处的公函之

---

[1]　西安市档案馆编：《民国西安城墙档案史料选辑》（内部资料），西安市档案馆，2008年，第 38 页。

后，第十战区司令长官蒋鼎文迅即"通饬临近城垣各驻军禁止拆毁城墙护墙，以重市容而固城垣"①。此举对于保护城墙景观和面貌具有积极意义。

相较于西安市政工程处的局部工程修筑，西京建委会工程处、工务科等更多是从城墙整体保护的角度提出计划、建议和保护措施。1940年，西京建委会工务科调查发现，"南外城墙、南四府街城门洞口以西之第三、第二两城垛间之砖碎裂不堪，系各军队打靶所致"，遂向第十战区司令长官部发函，要求驻军在城墙沿线"不得再有此举"。西京建委会认为，"本会对于本市城垣随毁随修，不遗余力，工款开支不计其数。该两处城垛间之城砖既被打成碎裂不堪事，自属亟应早为防止，以免倾圮"。原本此前在与第十战区司令长官部沟通之后，已由该司令部下令城厢驻军妥为保护。但是，各驻军在城墙根下打靶的情况"仍复不少"。对此，西京建委会在1940年2月29日的公函中再度强调："若不迅予制止，深恐该处城墙倾圮，此不特关瞻所系，实警卫、防御极有关系"②，明确提出要求司令部"加以保护，勿任各部队再有打靶情事"。应当说，西京建委会先后两次致函第十战区司令长官部，一再重申必须严禁驻军打靶，以免造成城砖被打碎裂的情况，已属于监管到位。不过，对驻军的管理大权属于第十战区司令部，西京建委会鞭长莫及，也只能是屡屡督催，但效果并不尽如人意。

在抗战胜利后，陪都西京的建设活动随之结束，西京建委会撤销，西安城墙维修、保护的工作在很大程度上为西安市政府建设科接管。

① 西安市档案馆编：《民国西安城墙档案史料选辑》（内部资料），西安市档案馆，2008年，第39页。
② 同上书，第40页。

　　1945 年 9 月 19 日，西安市政府响应市警备司令部 9 月 11 日第十五次扩大会议第五案决议，即"东门及中正门城楼破漏，由市政府负责整修"，批示市政府建设科办理。①由于当年市政府并无此项工程预算，因而向省政府申请拨款办理。②

　　至当年秋季，西安市政府建设科将东门城楼维修工程承包给国华营造厂，并详列预算书如表 5—8 所示，明确规定了所需的工料种类、规格、数量和价格，以及需要的大工、小工人数和工价。

表 5—8　　　　　西安市政府修筑东门城楼楼梯工程预算书
（1945 年 10 月 8 日）③

种类	形状或尺寸	单位	数量	单价：元	合价：元
青砖	1：3 压沙砌	块	7500	13	97500
石灰	—	斤	2000	12	24000
砂子	—	公方	3	4000	12000
大工	—	工	15	800	12000
小工	—	工	60	500	30000
小计					175500
预备金（10%）					17550
总计					193050

注：小工负责运除废土、夯打素土。

　　11 月 2 日，陕西省政府致电西安市政府，允许修理东城门工价 193050 元从预备金项下开支。8 日，西安市政府建设科决定由天兴、大华、华夏、国华四家厂商"比价"，以便选择最低价厂商包作。据《西安市政府修筑东门城楼楼梯工程比价单》载，此次工程需青砖 7500 块，石灰 2000 斤，砂子 3 公方，大工 15，小工若干。

　　①　西安市档案馆，西安市政府建设科，全宗号：01，目录号：11，案卷：166。

　　②　同上。

　　③　同上。

13 日，西安市政府建设科代表会同监标人罗志坚、审计室代表及参加厂商华夏营造厂等三家比价，结果国华营造厂以最低标价210500 元得标。由于工料价格上涨，12 月 9 日，西安市政府向省政府申请追加东门楼梯工程不敷款预算 17450 元。①

1946 年 1 月 5 日，国华营造厂报称，东城门楼楼梯工程已于1945 年 12 月 29 日完工，申请市政府派员验收，以便发给末期工款。1 月 9 日，西安市政府批示由技佐雷承需会同审计人员前往验收。1 月 22 日，由王文景代表具保商号保证国华营造厂修筑东门楼楼梯工程在保固期内，若出现问题，由其承担责任。②23 日，西安市政府建设科会同驻西安市政府审计室人员罗志坚等前往验收，该承包商承造尺寸及用料规定均与图说相符，并经罗志坚同意盖章，准予验收。1 月 24 日，西安市政府开具了核发工款报告单，其格式、内容颇具代表性，不妨移录，如表5—9 所示。

表5—9 　　西安市政府修筑东城门楼楼梯工程核发工款报告单
（1946 年 1 月 24 日）③

工程名称	东城门楼楼梯工程	地点	东城门楼
工程概略	已完竣，并会同本府审计室人员验收	承包人商号	国华营造厂
开工日期	1945 年 11 月 13 日	合同与承揽号数	—
预计竣工日期	1946 年 1 月 5 日	工程总价	约估 210500 元
已成工程价值	国币 210500 元		附件
已付公款次数及金额	1 次，计国币 188400 元		实做工程数量
本期做成工程价值	国币 42100 元		价值表　页

---

① 西安市档案馆，西安市政府建设科，全宗号：01，目录号：11，案卷号：166。

② 同上。

③ 同上。

续表

工程名称	东城门楼楼梯工程		地点	东城门楼
本期应发公款金额	国币 41100 元			备考 该工程因规模甚小，不定合同，以比价记录簿上列举要点以代合同
扣发预计款	预支金额 —	本期拟扣金额 —		
	已扣金额 —	代扣金额 —		
本期拟发金额	国币 42100 元			
核发金额	42100 元			
领款人	（承包商号）国华营造厂	（经理人）刘森林		

前已述及，在民国西安城墙维修、保护的主管机关之外，西安警备司令部从城防治安角度颁布的多项禁令，在保护城墙面貌等方面起到了重要作用。西安警备司令部作为城市治安机关，不仅在抗战期间配合防空司令部、第十战区司令部等军事机构，以及省市地方政府建设机关的诸多城墙修筑工作，在抗战结束后，直至新中国成立之前，也仍然延续了相关保护做法。1949 年 2 月 9 日，西安警备司令部在"为请转饬严禁市民居住及取用城墙墙土致市政府代电（参江字第 0109 号）"中述及，据陆军三十八军五十五师一六四团（三八）二月四日生副字 695 号报告称："据本团卫生连本（二）月三日报称，本连驻地（西城门楼）北端二百公尺处城墙内侧于元月廿九日午后三时许坍塌，约卅余公尺，宽约一至四公尺不等。"经警备司令部派员调查倒塌原因，确认是由于城墙防空洞内居民随意掘扩所致。当时城墙沿线各处防空洞多有居民居住，并有少数居民于城墙根挖土使用。在此情况之下，西安警备司令部建议市政府"为免城墙再度倒塌起见，拟请通令严饬市民居住及挖用城墙墙土"[1]。这一史料一方面反映了城墙防空洞的挖掘、利用对于城墙本体造成的损害，另一方面也表明治安机关和地方政府已经充分意识

---

[1] 西安市档案馆编：《民国西安城墙档案史料选辑》（内部资料），西安市档案馆，2008年，第 43—44 页。

到这一问题的严重性，并积极联合起来，采取明令禁止等措施来降低危害。虽然从根本上来说并非主动性举措，但在当时的情况下，能有此认识，并"通令严饬市民居住及挖用城墙墙土"，已属有意识的被动保护姿态，颇为难得。

三　实施群体及其主要特征

城墙维修、保护的军地管理机构，在筹划、协调、经费划拨、征调人员等方面相互协作，起着组织工程建设的核心作用。与之相应，作为维修、保护工程的承担者和实施者，民国西安的营造厂、建筑公司、工头、工匠以及民夫等，在具体建设活动中则是当之无愧的主体，具有鲜明的时代特征。

1. 营造厂与建筑公司

与明清时期相较，民国西安城墙维修、保护工程的一大区别即在于，出现了一大批组织严密、有着雄厚经济实力、具备近现代企业特征的营造厂、建筑公司。这些建设、建筑类相关企业是在西安近代化进程中逐渐涌现并发展壮大起来的，适应了国家和区域建设的要求，其管理和运作已逐步脱离了封建时代的传统模式，而打上了近现代建筑企业的烙印。在参与城墙维修、保护工程期间，这些企业通过投标、签订合同、施工等活动，与军队和地方政府之间建立了密切联系，对西安城墙景观、风貌的保存和延续起到了积极作用。同时，通过大量的工程建设活动，这些营造厂、建筑公司也随之获得政府资金而得以发展，对民国西安民营企业的整体发展具有推动之功。

在清代西安城墙的维修、建设工程中，官府招募了众多来自今北京、河北、山西、辽宁等地的能工巧匠，同时也征召了成千上万本地的工匠和民夫。虽然外省工匠有不少是在包工头的组织、带领下赶赴西安工地的，但更多的工匠并没有严密的组织，只是接受官府提供的酬劳而参加城工建设。随着营造厂、建筑公司的出现，军队和地方管理机关已经无须再像明清时期那样由官府这一管理机关直接出面雇用、征募工匠，营造厂、建筑公司在主导工程建设的管理机关与大量工匠、民夫之间充当了合宜的桥梁，使官府无须再直接面对匠夫等基层建设者。官府只需要和具有相应资质、经验的营造厂、建筑公司等专业建筑企业建立联系，签订工程建设的合同，明确工期、工费、工程内容、质量标准等内容，即可由建筑企业自行按照合同要求进行施工，这就为军队和省市管理机关节约了大量时间，也减少了直接管理工匠、民夫的烦琐事务，而交由专业的建筑公司处理。毫无疑问，作为富有城市建设经验的营造厂、建筑公司，之所以能够承担起各种规模的城工建设，一是源于其专业性，即专业的队伍和施工设备，参加过多种类型的工程建设；二是源于其雄厚的财力基础，能够在建设经费没有完全划拨的情况下进行短期垫资，这是普通的行业企业难以承受的。

当然，在建筑企业和军队、地方管理机关的关系中，也出现过纠纷、矛盾，但是由于签订合同时一般都有"保证人"（或作保的企业），这类纠纷、矛盾基本上都能得以妥善解决。笔者依据民国西安城墙修筑档案资料，对参与了 25 次维修、保护西安城墙工程的营造厂、建筑公司和承包人等进行了列表统计，如表 5—10 所示。

表 5—10 中所涉及的营造厂、建筑公司及相关投标企业多达 29 家，分别为：上海铁工厂、西京同仁、西京、郑州鸿记、豫西、豫秦、豫丰、两仪合、自立兴、协兴、大兴、天兴、天成、永合成、协成、德鑫、雪来、东来衡记、振记、新记、姚月记、三义、同义、同昌、新亚、创新、复新、国华、华夏。

在这些企业当中，既有充分彰显地域特色的命名，如上海铁工

表5—10　民国时期参与维修、保护西安城墙重要工程营造厂一览

序号	起讫时间	工程名称	投标营造厂、公司、承包人	中标人	保证人	招标额（标的/合同额）	投标额	《城墙档案》页码
1	1934.12.5—1935.2	修筑玉祥门守兵营舍工程	两仪合、自立兴、上海铁工厂、水合成及崔汝连、张文德、李金祥、张文岳、武根秀（协成公司）	崔汝连	—	—	622	313
2	1935.2.17—3.27	中正门驻军营房工程	天成公司、李怀德、崔汝连	崔汝连	—	—	2075.2	365
3	1935.4.18—6.7	修理城墙及水沟工程	—	李怀南	—	613.96	713.96	16—17
4	1936.1.25—2.29（35天）	修理西、南城门楼、门窗工程	东来衡记建筑公司	—	西安镇昌电料行	1673.12	—	216—225
5	1936.3.17—	补修四关城墙及郏门	东来公司	—	—	1046.6	—	108
6	1936.3.26—4.13	修朴四关郭城砖方工程	东来公司	—	—	—	—	118
7	1936.4.14—8.10	修筑西门瓮城水井看守房等五项工程	德鑫营造厂、鸿记营造厂、豫记营造厂、雪来工厂、三义公司、天成公司	雪来工厂（雪来公司）	—	201.48	270.08	246—255

续表

序号	起讫时间	工程名称	投标营造厂、公司、承包人	中标人	保证人	招标额（标的/合同额）	投标额	《城墙档案》页码
8	1936.5.17—6.13	西门瓮城砖铺人行道工程	郑州鸿记营造厂	—	—	1007.82	—	212—215
9	1936.5.26—6.30（实际7.7竣工）	东、南两城门洞凿石工程	天成公司	—	天津鸿昌德五金行西安支店	3234.13	—	137—141
10	1936.8.1—9.10	北门洞凿石工程	天成建筑公司	—	西安翼宁医院	1595	—	268
11	1936.10.12—11.30	修朴四关郭城土方工程	姚月记营造厂、天成公司等四家	天成公司	翼宁医院	1804.62	—	119—120
12	1936.6.12—6.30	修理东城门楼门窗工程	姚月记	—	高子久	1683.6	—	143
13	1937.3.22—7.16（90天）	修筑中正门外洞底及桥面工程（中正桥加宽暨改做洋灰桥面工程）	豫丰、三义、天成、协兴、鸿记、天兴、同仁、同义、新亚、大兴	天成公司	翼宁医院	15958.3	—	385—403
14	1937.11—11.18	修理中山门城门工程	创新营造厂	—	—	57.5	—	278—287
15	1938.12	中正桥暂铺碎石桥面	同义建筑公司	—	—	—	—	409

续表

序号	起讫时间	工程名称	投标营造厂、公司、承包人	中标人	保证人	招标额（标的/合同额）	投标额	《城墙档案》页码
16	1939.6.25—8.20（40天）	修补中正门外城墙等工程	西京同仁建筑公司	—	—	4450.2	—	52—56
17	1939.7.24—9.20（40天）	修筑南门东瓮城碎石马路及小型厕所等工程	西京同仁建筑公司	—	明记世界大旅社	2462.57	实做工程费额2068.88	182—189
18	1939.6.26—11.28（70天）	兴筑南四府街城门洞工程	同义建筑公司	—	西京良记米庄	10002.9	—	435—439；451
19	1939.10.7—（45天）	修补各处城墙工程	复新公司、同义公司、振记公司	复新公司	—	857.27（后确认为5205.33）	5205.33	29—35
20	1939.6.24—10.18	修理中正门外城墙增加之工程	西京同仁建筑公司	—	—	合同4450.2	实做工程费额5386.48	58—60
21	1939.6.26—（70天）	南四府街城门洞工程	同义建筑公司	—	—	—	—	434
22	1940.2	补修中山桥	振记公司	—	庆泰丰	—	—	504
23	1941.12	翻修南门东西瓮城碎石路工程	新记建筑公司	—	贺仙洲	12619.2	—	189—192

续表

序号	起讫时间	工程名称	投标营造厂、公司、承包人	中标人	保证人	招标额（标的/合同额）	投标额	《城墙档案》页码
24	1942.2.5—（50天）	整修北城门楼工程	豫秦营造厂	—	三合公颜料时货庄李相荣	7281.1	—	272—275
25	1942.2.5—4.16（70天）	补修西、北两城门楼损坏工程	豫秦营造厂	—	三合公颜料时货庄	20290	7571.1	226—231
26	1942.11.21—1943.2.18（20天）	修补西内城门楼塌落部分	西京同仁建筑公司	—	林盛合	12270	—	232—245
27	1944.5.21—6.30（14天）	修筑北马道巷等五处防空便门及木架工程	同仁公司、同义公司、同昌公司、西京公司	同仁建筑公司	林盛合	166986.5	257235	456—472
28	1945.8—10.28	修筑南城门东边门工程	西京同仁建筑公司	—	西京同合成木厂	126000	195000	200—202
29	1945.11.13—12.29	修筑东城门楼楼梯工程	天兴、国华、华夏	国华	—	193050	210500	161—166

厂、西京同仁、西京、郑州鸿记、豫西、豫秦、豫丰等，在一定程度上反映出其资金来源或创办者的籍贯主要来自上海、西安、郑州及河南其他地区，也有继承传统铺号特点的命名，用字吉祥，反映出创建者希望企业能够兴旺发达之意，如自立兴、协兴、大兴、天兴等，还有一些营造厂和建筑的名称反映了创办人希冀在城市发展新时期创造新事业的心愿，如新亚、创新、复新等。

从上述 29 家营造厂、建筑公司的名称可以看出，当时参与城墙维修、保护工程的建筑类企业，将"营造厂""工厂""建筑公司"等互通使用，而从事的业务实际上并无明显区分。从参与的城墙维修工程频次、工期长短以及招投标额度分析，在这 29 家企业当中，以西京同仁、郑州鸿记、豫秦、天兴、振记、同义等规模较大，先后多次参与城墙维修和建设的招投标活动。

由于每一次城墙维修、保护工程在签订合同时，均需营造厂、建筑公司委托相关企业或其法人代表为之担保，从这些担保名单上也能看出，当时的建筑类企业与相关领域企业之间的相互协作关系。从招标的陕西省或西安市（西京）政府以及军队等机构角度而言，有企业作为担保，自然能将工程风险降至最低，而从承包工程的建筑公司和担保企业的角度来看，担保这一做法事实上促进了民国时期西安建筑行业与其他行业之间的联系，在企业长远发展方面具有良性互动的特征。

从表 5—10 可知，当时作为担保企业（法人代表）的共计 10 家，分别是西安慎昌电料行、天津鸿昌德五金行西安支店、西安翼宁医院、西京同合成木厂、明记世界大旅社、西京良记米庄、三合公颜料时货庄李相荣、庆泰丰贺仙洲、林盛合、高子久。这些担保企业分属于五金业、医疗业、旅馆业、粮食业、百货业等行业，从现有资料看，应当属于当时西安城内相关行业内实力颇为雄厚的企业，能够承担起担保之责。当承担了城墙维修、保护的众多营造厂、建筑公司与不同行业的企业通过担保这一形式建立起紧密联系，不仅对于承揽工程的企业来说能够顺利推进签订合同、开展建设工作，而且通过担保这一纽带将不同行业企业捆绑在一起，实质上对于促进企业关系、加强相互协作具有客观上的积极意义。

2. 工头与匠夫

在具有近代企业特征的营造厂、建筑公司之外，民国西安城墙维修工程中还有一批被称为"包商""承包人""工头"的个体工程队组织者，他们与明清时期参与城墙修筑的包工头具有很多相同的特征。相较于规模较大、资金雄厚的营造厂、建筑公司，建筑承包商、工头往往资金实力较弱，仅能承担规模较小的建筑工程，平时并不一定像建筑公司那样有相对固定的工人队伍，而是在承揽到具体工程之后，才依据需要招募工匠。

在具体工程的投标、比价、签订合同等方面，① 作为个人的承包商、包工头需要办理的手续与营造厂、建筑公司并无二致。政府相关机构将工程交其完成，同样需要承包商、包工头先期垫付一定的资金，并且在竣工后预留一定额度的经费作为工程质量保证金。同时，承包商、包工头在承揽到相应的工程后，也需要在合同中注明由某人或某个企业为其担保，政府通过担保这一方式最大限度地降低资金和工程质量、事故等风险。

无论是营造厂、建筑公司，还是承包商、包工头，他们最终都是要将工程建设的具体任务分配给大量工匠、民夫等完成。工匠、民夫是明清以迄民国西安城墙维修、保护工程的最终承担者。如前所述，匠夫群体既包括来自外省的能工巧匠，也有大量关中本地的匠人、民夫。

---

① 西安市档案馆编：《民国西安城墙档案史料选辑》（内部资料），西安市档案馆，2008年，第8—11页。

第三节　城墙维修的经费与建材

民国西安城墙维修、保护诸多计划、举措、方案要落到实处，最终都需要通过具体的工程建设来实现，而无论是耗时较长、规模较大的工程建设，还是短时期、小规模的修补活动，都需要由省、市政府划拨相应额度的经费。资金是否充裕、能否按时到位都会在很大程度上影响城墙维修、保护的进度。

在筹备了相应经费之后，工程建设所需的大量类型多样的建筑材料就成为确保工程质量的基础之一。与明清时期相较，随着工程建设内容的增加、施工工具的进步，民国西安城墙维修、保护的建筑材料来源又有了新的特点。

一　经费来源

明清时期，西安城墙维修、保护的主要经费来源于两大类型，一是官费公帑，即由居于中央朝廷的户部或作为陕西地方官府的陕西布政司等财政主管机关依据城墙勘估经费数额划拨，属于政府的建设开支；二是官民捐款，即由官员、士绅、商民等通过"倡捐""认捐""摊捐"等不同形式捐款修城，这些款项出自个人和群体，不经由官府渠道划拨，其开支主要是由士绅监督，与公帑要经过繁杂的核销等手续有很大不同。

至民国时期，各类城墙修筑、保护工程的经费来源与明清时代相较，既有传承，又有变化。首先，来自于政府的"公费"依然是城墙修筑的主要资金来源。这从现存的民国中后期大量城建档案中的招标、投标等文献就能清楚地反映出来，众多营造厂、建筑公司等通过招投标过程，与地方政府或军队主管机关建立承揽工程的关系，并获得大量的官方资金来进行具体建设。就这一点而言，用于城墙修筑工程的"公费"与明清时期的经费性质并无二致。其次，在明清时期屡屡出现的官民捐款修城的情况，在民国时期已十分鲜见，取而代之的是地方政府和军队主管机关通过"强制摊派"等方式，向广大商户、市民征收名目不一的城墙建设费，这就与明清时期"量力捐输"的捐款原则背道而驰了，成为商民的沉重负担，因而也难以看到商民有"乐于捐输"的情形。

为了更好地分析民国西安城墙建修经费的来源，以下主要对1933—1949 年间的 9 次重要工程进行分类统计，如表 5—11 所示。

表 5—11　　　　　　1933—1949 年西安城墙重要维修工程一览①

序号	起讫时间	工程内容	负责机构	经费来源	《城墙档案》页码
1	1933.2.7 — 1934.9.12	拆除南门瓮城土基、墙垣；禁止窃取砖灰	省建设厅、省会公安局、西京建委会、西安绥靖公署、市政工程处	在修理古物费项下开支②	169—178
2	1934.9.27 — 1935.3.30	开辟中正门，修筑桥梁、守望室（火车站城门）、城壕桥梁	省政府、西京建委会、省建设厅、市政工程处	由财政厅先行垫拨，将来由市政建设委员会新市区土地售价款内归还③	329—361

① 西安市档案馆编：《民国西安城墙档案史料选辑》（内部资料），西安市档案馆，2008年。

② 1935 年 5 月 29 日《省建设厅为执行西京建委会补修城墙工程决议案给市政工程处的训令（第 965 号）》，西安市档案馆编：《民国西安城墙档案史料选辑》（内部资料），西安市档案馆，2008 年，第 19 页。

③ 1934 年 10 月 8 日《省建设厅为开辟西安火车站城门、修筑守望室给市政工程处的训令（第 650 号）》，西安市档案馆编：《民国西安城墙档案史料选辑》（内部资料），西安市档案馆，2008 年，第 351 页。

续表

序号	起讫时间	工程内容	负责机构	经费来源	《城墙档案》页码
3	1935. 10. 14 — 1937. 8. 31	修补四关郭城	省建设厅、市政工程处、省政府、西安绥靖公署	财政厅正款项下开支	101—124
4	1937. 12. 17 — 1938. 5. 6	修葺中山门外涵洞、东北稍门洞	市政工程处、西京建委会、省建设厅、长安县、省政府、省会警察局	省会警察局经收警捐项下垫付①	288—298
5	1940. 6. 17 —7. 1	修筑玄风桥，辟城门外木桥	省防空司令部、西京建委会、省政府	应需工料费由防空设备工程费项下开支②	477—479
6	1942. 1. 7 — 1943. 4	补修西、北城门楼	省建设厅、市政处工务局、省防空司令部、省政府、省审计处	由防空设备费项下开支③；市政处特别补助费项下开支④	226—245
7	1944. 12. 23 — 1945. 11. 27	修理大南门（东边门）门板	西安警备司令部、市政府、省政府	西安市政府年度修缮费	196

---

① 1938 年 2 月 9 日《省政府为修葺中山门外涵洞及东北哨门洞事致西京建委会公函（财字第 267 号）》，西安市档案馆编：《民国西安城墙档案史料选辑》（内部资料），西安市档案馆，2008 年，第 293 页。

② 1940 年 7 月 1 日《省政府为请函送修建玄风桥新辟城门外木桥估单致西京建委会公函府财一字第 68 号》，西安市档案馆编：《民国西安城墙档案史料选辑》（内部资料），西安市档案馆，2008 年，第 479 页。

③ 1942 年 6 月 12 日《市政处为请修补西城门楼工程费由防空设备费项下开支呈省政府文（市工字第 256 号）》，西安市档案馆编：《民国西安城墙档案史料选辑》（内部资料），西安市档案馆，2008 年，第 235 页。

④ 1942 年 10 月 10 日《市政处为补修西城门楼工程款由特别补助费项下支出给工务局的训令（市工字第 118 号）》，西安市档案馆编：《民国西安城墙档案史料选辑》（内部资料），西安市档案馆，2008 年，第 239 页。

续表

序号	起讫时间	工程内容	负责机构	经费来源	《城墙档案》页码
8	1945.4.16	筹征城墙防空洞费，先将损失之处予以修理；就本市各大商户分别摊认，从速解府（最终筹征50万元）	省政府、市政府、市商会、保安司令部	由市政府筹征加强费100万元①	87—88
9	1946.10.16—1947.1.9	修缮太阳庙门城墙	北平防空司令部第六区防空支部、西安市政府、省政府、省会警察局、市防护团	西安市政府自治经费项②	71—75

依据表5—11可知，经费来源或名目包括九大类：1. 陕西省建设厅修理古物费；2. 西京市政建设委员会新市区土地售价款；3. 陕西省财政厅正款；4. 陕西省会警察局经收警捐项；5. 陕西省防空司令部防空设备工程费；6. 西安市政处特别补助费；7. 西安市政府年度修缮费；8. 西安市政府筹征加强费；9. 西安市政府自治经费。

可以看出，这些经费分别来自陕西省建设厅、财政厅、陕西省会警察局、陕西省防空司令部、西安市政府、西京市政建设委员会、西安市政处等省、市多个建设、财政、治安、军事部门和机

---

① 1945年4月16日《省政府为筹征城墙防空洞加强费致市长陆翰芹代电府》，西安市档案馆编：《民国西安城墙档案史料选辑》（内部资料），西安市档案馆，2008年，第87页。

② 1946年11月20日《省政府为补修太阳庙门城墙工程各事给市政府的指令（府秘技字第1092号）》，西安市档案馆编：《民国西安城墙档案史料选辑》（内部资料），西安市档案馆，2008年，第74页。

关，一方面反映出城墙建设、维修、保护经费来源的多样性，另一方面也可见当时参与城墙工程的机关之多，彼此之间实际上都需进行紧密的合作。

从具体经费名目分析，城墙的修筑、保护主要经费为省市相关机构的公费拨款，既有新市区土地出售所获的大批款项，还有警察局经手的"警捐"，也有市政府的"年度修缮费""筹征加强费""自治经费"等，反映出省、市政府对城墙维修、保护的高度重视，将从不同渠道征收获取的大量经费投入到城墙工程上来；同时由于牵涉古迹保护、防空工程等，因而其经费既有"修理古物费"，又有"防空设备工程费"，表明当时省市政府在充分利用城墙挖掘防空洞之际，也十分重视将城墙视为文物古迹进行保护的理念和态度。

相较于明清时期，民国西安城墙修筑、保护的经费来源和名目更为多样化，这反映出管理机构层级的增加、分管任务的细化，同时"警捐""加强费"这类在封建时代未曾出现过的经费名目，也说明了民国城墙维修经费来源中有较大一部分是源于强制性征缴，而非由西安商民"乐于捐输"的捐款。值得关注的是，1934—1935年间，随着陇海铁路"潼西段"的通车，在火车站附近的城墙上开辟了两座新城门，以方便旅客出入城区。这项工程由陕西省建设厅负责主持，而经费由陕西省财政厅垫拨，此后陆续从西京建委会"新市区公地售价款"内归还财政厅。工程款共计17000余元。[①]

二　建材来源

明清时期西安城墙修筑工程中的主要建材包括城砖、石料（石灰）、木料三大类，其中城砖烧造于城郊地区的窑厂，石料主要购

---

① 《国防建设汇报：西京市建设概况》，《国防论坛》1935年第3卷第7期，第23—24页。

运自富平，木料则来自盩厔的秦岭山区。与这一重要建材来源相应，民国时期西安城墙修筑工程的建材在很大程度上延续了封建时代的来源，尤其是富平石灰在各类规模的城建工程中被大量采用。

作为传统时代的建筑材料，富平石灰的沿用对于城墙、城楼等的"修旧如旧"具有一定的积极作用。关中其他多县虽然也出产石灰，但对于工程质量要求极高的城建工程而言，选择质量优良的富平石灰，从建筑材料上就为确保工程质量奠定了坚实基础。从区域联系的角度来说，富平虽然地处渭北高原，距离西安城较远，但是省城西安的诸多建设工程离不开富平石灰、石料等原材料，两地由于建材的供给关系而建立了紧密联系。从另一角度来看，西安城墙修筑工费中有很大一部分被用于购买建材，毫无疑问富平也从这一买卖关系中获得了较大收益，对于促进富平建材产业、交通运输业的进一步发展，提升区域经济水平具有重要促进作用。1939 年 6 月，西京市政建设委员会工程处经过招标等程序，将兴修南四府街城门洞工程交由西京同义建筑公司施行。在其标单中，即载明需要富平石灰 38 万斤。[1] 1939 年 10 月，在有关补修中山桥工料费的预算表中，亦详细规定"灰以块状（产自富平者其块状最少），亦须占百分之三十以上"[2]。1942 年 11 月，西安市政处工务局委托西京同仁建筑公司承包的修理西门城楼工程《施工说明书》中同样规定"白灰用富平灰，凡受潮者不准使用"[3]。足见主管机关和工程实施方对于富平石灰极为看重，采购的数量巨大。

民国中后期渭河水运随着陇海铁路火车的开通而迅速衰落，封建时代经由渭河运输大宗木料的情况已难得一见，因而西安城墙修筑工程中所使用的木料已经不能再像明清时期那样采自盩厔县的秦

---

① 西安市档案馆编：《民国西安城墙档案史料选辑》（内部资料），西安市档案馆，2008 年，第 439 页。

② 同上书，第 300 页。

③ 同上书，第 242 页。

岭山中，而极有可能是源自西安以南的秦岭山地，采购的木料在长度、直径等方面已无法与明清时期同日而语。

　　由于史料记载的匮乏，我们无法明确指出明清时期西安城墙修筑工程所使用的沙料产自何处，好在通过民国西安城墙修筑工程中使用的沙料来源，能作一推论和追溯。据 1934 年 9 月陕西省政府为开辟西安火车站城门、修筑守望室致西京建委会公函中所附《拟开辟西安火车站大城门工料估价表》载，此次"西边门"需用沙子 8.5 方，由浐河滩运至施工地点。[①]浐河距离西安城区较近，宋元明清时期的龙首渠即由浐河引水入城，供给城区官民饮用，浐河与西安城区民众生产、生活的关系可谓至为紧密。民国西安维修城墙时，亦从浐河滩拉运沙子作为建材，强化了浐河与西安城市建设、古迹保护、风貌保存等之间的相互关系。浐河作为距离城区最近的一条水量相对丰沛、砂石资源丰厚的河流，民国西安城墙的修筑者们从浐河滩拉运沙子属于因地制宜的做法，在很大程度上能够节省工费。从这一角度来分析，明清西安城墙修筑工程所用的沙料应当也是产自浐河滩，不大可能"舍近求远"从相距更远的渭河、沣河或者灞河河滩采砂。

　　浐河河道内不仅有优质的建筑用沙，而且河滩上还有顺流而下从秦岭山中冲刷下来的鹅卵石、碎石。西安城墙修筑，除了沉重厚实的石条作为墙基、门洞基础之外，鹅卵石、碎石也是重要的建筑材料，用于铺砌道路，或作为辅助建材添加在工料中。1934 年在开辟火车站城门工程中，就因需给架设在城壕上的桥面铺砌碎石，而从浐河河滩运至施工工地，"平均铺二公寸厚"[②]。无论是来自浐河河滩的沙子，还是鹅卵石、碎石等建材，由于是

　　① 西安市档案馆编:《民国西安城墙档案史料选辑》（内部资料），西安市档案馆，2008年，第 329 页。
　　② 同上书，第 331 页。

从公有资源中获取，只需开支采掘、拉运的费用，无须就此建材支付特别的产出费用，这就在很大程度上节约了工程经费，受到政府机关和施工单位的青睐。

这一时期从秦岭获取的建筑材料除了木料之外，还有花岗岩石材。如1934年12月修筑完成的中正桥，桥栏杆本用砖块修筑，做工简单，但砖砌栏杆极易因外力损坏。有鉴于此，1935年2月，陕西省建设厅饬令西安市政工程处重新设计中正桥栏杆，将砖柱改换为28副终南山花岗石柱。[1] 这种石柱计划采用终南山花岗石，分柱座、柱身、柱顶三节，虽然最终实际采用了混凝土浇筑，但在主管机关看来，终南山花岗岩石材其实是最为合适的建材。

第四节　城门的修整与开辟

封建时代后期的明清两代，西安主城区一直延续着四座城门的格局，即东面长乐门，西面安定门，南面永宁门，北面安远门。这四座城门不仅有高大厚实的正楼、箭楼、闸楼守护，而且有四座较大规模的关城屏护，是进出西安主城区的必经通路，作为城市景观最能彰显故都西安的恢宏气势和壮阔雄姿，因而也是明清两代多次重修城墙工程中颇受关注的工段。

由于明清时代的朝廷和地方官府首先注重城墙、城楼、城门的防御能力，城内外的交通出入还居于次要的考虑地位，因而西安四座城门的格局一直延续下来。但是这种情况到了民国时期就有了显著变化，地方政府和主管机关不仅加强对原有四座城门、城楼的修缮，而且增辟了多座城门。西安的城门数量远较封建时代大为增加，这其中既有为了方便旅客出入乘坐火车而开设的中正门，也有

---

① 《重修中正门外桥栏杆说明书》《重修中正门外桥栏杆估价单》，西安市档案馆编：《民国西安城墙档案史料选辑》（内部资料），西安市档案馆，2008年，第358页。

为了便于民众出城躲避空袭新辟的防空便门。因而城门数量的增加、城门功能的多样化都是民国时期呈现出的新特征。

同时，与增辟城门相应，城门洞的完善、护城河上桥梁的修建以及城门外对应的环城道路、郊区公路的铺设，都是在民国时期逐次的工程建设活动中兴工完成的，均可视为城墙维修、保护的重要内容。

一 民国西安城门景观

民国前期的西安城门虽然长期失修，但其风骨依然，在主要功能上也延续了明清时代定时启闭以供民众出入的作用。[①] 同时，作为出入孔道，城门在民国时期也始终是驻守军兵、警察等检查人员、物资之地，兼具防御、交通、治安等功用。[②] 对于本地城乡民众来说，西安城门作为城区这座“大宅院”的大门，无论是“出城”，抑或“入城”，每天都会途经此处，寓目久了，往往对这司空见惯的城门景象不以为意，并无特别的感触，但是在外来旅行者看来，西安城门景观却具有格外厚重的意味和历史的深意。至 20世纪三四十年代，随着抗战的全面爆发，来自东部、中部地区的大量人口涌入西安，其中有很多文人、记者、学者等，他们留下了丰富的记述，对西安城墙和城门景观的记载颇能反映出时人的普遍观感和认识，也反映出特定时段原有城门和新辟城门的面貌。

1936 年，孙盈在《西安以西》的文章中记述道：

---

① 陈藻华：《西安行》，《复旦同学会会刊》1934 年第 3 卷第 6 期，第 91—93 页。
② 《申报》(上海版) 1929 年 5 月 3 日第 20156 号第 9 版，载："(西安) 城防司令部布告，旱灾奇重，各县灾黎纷纷进城就食，有障交通。城门关闭时间稍事提前，不意其党乘隙造谣。嗣后城门关仍以十钟为限，各戏园亦准照常开演"；又《西安禁货物外运》，《申报》(上海版) 1948 年 9 月 13 日第 25351 号第 2 版，载："〔本报西安十二日电〕西安市府已通令各城门岗警，货物外运除执有市府颁制之登记证者外，不予放行，以防物资逃避。"

　　自从"西安"改作"西京"，"西安"的旧姿态慢慢着便
开始在褪消，逐渐地，城墙中间多开了几个透气的门洞，马路
开始在展宽，行人道铺砌，钢骨的电线杆子竖立起来，便使这
古城电气化了。……

　　西安不愧旧都，遗留下了四门和鼓楼，令人感到伟大、浑
厚和一种东方的严肃。这姿态，除了北平以外，都难来和它比
拟。部分的改变还是破坏不了整个轮廓，我们还可以追忆到建
造时代的雄伟浩大。同时，这些大建筑上面，到处都涂着建设
西北、复兴民族的标语。

　　这都是陇海铁路二十三年底通车西安后的成绩。……①

　　虽然孙盈采用了"透气的门洞"的说法来描述新辟的城门，但
实际上是指原有四座城门过于封闭，新辟的城门不仅有益于交通，
而且从城市整体气象上来说，也增添了生机与活力。四座城门和钟
楼、鼓楼等明代胜迹一样，"令人感到伟大、浑厚和一种东方的严
肃"。这种观感正是从城市景观的角度获得的认识，堪称有文化背
景的旅行者对城墙、城门的代表性印象。

　　同一年，一位佚名作者在《中国建设》上刊发题为《西京见
闻》的行纪，在述及城门时载："城门七，东有长乐，西有安定，
南有永宁，北有安远，皆系旧门；东之中山门，西之玉祥门，则为
冯焕章驻陕时所辟；中正门为陇海路展达西京时所辟。"② 特别强调
了中山门、玉祥门和中正门的来历。如果说中山门、玉祥门的兴建
强化了西安城区东西向交通骨架，方便了城乡民众在东西方向上的
往来，中正门则不仅促进了东北城区的南北向交通，而且对于西安
城区同陇海铁路的对接、方便乘坐火车的旅客进出城区具有莫大的

---

①　孙盈：《西安以西》，《国闻周报》1936 年第 13 卷第 30 期，第 13—20 页。
②　佚名：《西京见闻》，《中国建设》1936 年第 14 卷第 4 期，第 111—124 页。

意义。中山门、玉祥门的开设在很大程度上加强了城区内外尤其是
东西方向上的联系，而中正门的开设则通过陇海铁路线将西安城区
与铁路沿线的广大区域、城镇联系了起来，标志着西安城进入了一
个崭新的发展时代。

奚青清在 1936 年《新少年》杂志上发表了《西安，一个被人
忘却了的都城》一文，用细腻的笔触描绘了旅客乘坐火车到达西
安，出站望见城墙、中正门的情形，读来极具画面感，也翔实反映
出中正门开通之初的情形：

> 到的时候是在一个早晨。当火车进站时，我们都不约而同
> 地把头伸出窗外去瞻仰这汉唐的旧都，我们民族的发祥地。
>
> 一列整齐古朴的城垣，挺直地摆在我们的面前，还有那巍
> 峨的高大城楼，屹立在城墙上面，使我们联想起远在北国的蒙
> 在灰里的故都——北平。
>
> 车站是在城的北面，距城门仅有数十步。城门是新开辟
> 的，名叫"中正门"。相连有两个孔儿，靠西的一个，城门还
> 紧紧地闭着，行人都由东边的一个进出。[①]

抗战期间，为便于城区民众出城、躲避日军飞机空袭，省、市
政府和驻军在城墙沿线陆续新辟了一系列防空便门，这些防空便门
迭有变动。至 1947 年，笔名为孤鸿的作者在《旅行杂志》上刊发
《长安访古》一文，内中载称："（西安）旧有四门，东曰长乐，西
曰安定，南曰永宁，北曰安远。民元以后，又增辟三门，一在旧东
门之北曰中山门，一在旧北门之东曰中正门，一在旧西门之北，曰
玉祥门。抗战以后，又在旧南门之西增辟一门曰南便门。现在共有

八门，比从前增加了一倍。"对于这些旧有城门和新辟城门的景观，作者印象极其深刻："长乐门三个字写得那么遒劲而秀美，底子是白石，字用绿色嵌着，镶在那建筑雄伟堪与北平城楼相媲美的城楼上，显得格外古雅。"①

二 城门的修整与新辟

西安大城的四座城门及其城楼作为城墙防御体系最重要的建筑物和节点景观，在民国多次的修筑工程中格外受到重视。

1929 年，虽然关中各县遭遇严重旱灾，饿殍遍野，但作为"以工代赈"② 工程之一，西安城四座城门、城楼、鼓楼等仍经西安市政府修竣，刊发在《申报》上的报道以"刷新中之西安市政"为题，称竣工后的城门、城楼"颇壮观"③。在三四十年代的多次城墙修筑工程中，旧有四座城门、城楼的主体建筑以及附属的门窗、楼梯等仍属于重点维修的对象。

1934 年年底，随着陇海铁路通车西安，在西安城东北隅正对火车站的城墙上开辟了中正门。12 月 19 日，西京市政建设委员会在第七次会议上决议："在南城另辟一城门，其地点与北城所辟城门相对。"④这一计划主要是从方便城墙内外交通的角度考虑的，在一定程度上表明南北方向上新辟城门已是势在必行。20 世纪 20 年代东西方向上玉祥门、中山门的开设，极大地促进了城区东西方向的交通，使从清初满城兴建以来东西向交通极其不便的状况大为改善。而随着火车站附近开设了中正门，若以之南北相对，在南城墙上增开一门，毫无疑问能够极大地促进南北向交通。在此计划之

① 孤鸿：《长安访古》，《旅行杂志》1947 年第 21 卷第 5 期，第 29—39 页。
② 《陕赈会报告陕灾之惨状》，《申报》1929 年 8 月 31 日第 20274 号第 11 版。
③ 《刷新中之西安市政》，《申报》1929 年 4 月 8 日第 20131 号第 6 版。
④ 西安市档案局、西安市档案馆主编：《筹建西京陪都档案史料选辑》，西北大学出版社1994 年版，第 239—240 页。

外，西京市政建设委员会为连接火车站、中正门等处，还在 1935
年 2 月 6 日的第十次会议上讨论了有关在北关开辟一门，并拟定路
线与火车站相衔接，以便大车货运；同时决议全城各路铺设完竣
后，即在南城另辟城门。① 2 月 20 日的第十一次会议上则决议增辟
北关城门、铺设大车马路一事列入第五期马路修筑工程。②

玉祥门是民国西安城在四座原有城门之外最早开辟的新城门，
在促进西北城区交通方面贡献巨大。进入 20 世纪 30 年代之后，围
绕玉祥门驻守兵房和军队配套设施建设开展了一系列工程活动。虽
然这些工程建设并非直接针对城墙、城楼、城门，但在城门整体景
观面貌改善和古迹保存等方面仍有其积极意义。

与西安城东北隅中正门的开通相应，玉祥门的二度开启也是
1934 年的大事件之一。据西安市政工程处向陕西省政府报告称：
"本市西大街碎石马路，早经修成，凡由西门出入之水车及各种载
重车辆，均经龙渠湾、牌楼巷南处通过。惟该两处车道窄狭，雨后
淤泥拥塞，车辆被陷，交通几为断绝。兼以陇海铁路，积极西来，
繁荣呼声，高唱入云，故本市人口，日见增加，交通更为动繁，车
马行人出入城门，肩摩毂击，常有拥挤之患。"这种交通拥挤状况
显然已影响到城市的进一步发展。西安市政工程处指出，欲解决这
一问题，就需将西安城西北隅原本开设后被封闭的玉祥门重新开
启，派兵守护，以维护治安，便利交通。由于"事关城防"，陕西
省政府将这一报告和建议转咨西安绥靖公署。该公署对此"极为赞
同"，并建议省政府在玉祥门内修筑营房数间，以便派兵驻守。③

陕西省政府旋即饬令省建设厅估修守兵营舍，并拟将玉祥门名
称改为"新西北"或"中正"。这一改名拟议是听取了西安绥靖公

---

① 西安市档案局、西安市档案馆主编：《筹建西京陪都档案史料选辑》，西北大学出版社
1994 年版，第 240 页。
② 同上书，第 243 页。
③ 《绥署赞同开启西北隅玉祥门》，《西京日报》1934 年 8 月 18 日第 7 版。

署的建议。该公署认为："该门名称如仍沿用玉祥二字，似觉不妥。……玉祥门为本市西北出入要道，值此中央暨蒋委员长注意开发西北之际，拟就'新西北'或'中正'等字样，择一命名，藉资观感。"① 1935 年 2 月，西安市政工程处在"西北门"（即玉祥门）兴建的驻军房屋工程已近尾声，而西安绥靖公署又函请该厅添筑兵房，并由陕西省政府会议通过，由省建设厅招工投标修筑。② 玉祥门增修兵房、厨房的工程建设活动一直持续至 1935 年年底尚未完竣。从西京市政建设委员会 10 月 30 日第四十二次会议记录③、11 月 20 日第四十四次会议记录来看，主要是由于该会"经费困难，无法办理"④。可见，经费短缺是制约民国西安城墙及其附属设施维修、建设的重要因素之一。

抗战全面爆发后，日军飞机空袭渐次频繁，对城区民众生命、财产造成重大危害，增辟城门，方便民众出城躲避成为当时与开掘城墙防空洞同等重要的工程措施。1939 年年初，西安市地方士绅刘定五（即刘治洲）先生就敌机空袭造成群众躲避拥挤、隐患严重一事向陕西省政府呈报：

> 每值敌机空袭，市民皆争相出城，以图掩蔽。以南城接近繁盛市区，而民众争出南门者尤夥，以致互相拥挤，途为之塞，车毁人伤。每有所闻，紧急惨苦，情殊可恤。因之群议在南门左右各辟一门，左方在与中正街成直线处，右方在与南四府街成直线处，于是东大街、南院门等处繁盛地带之民众，则一闻警报，便于疏散。

---

① 《玉祥门开启在即》，《西京日报》1934 年 9 月 1 日第 6 版。

② 《西安市政工程处最近工作概况》，《陕西建设月刊》1935 年第 2 期，第 57—58 页。

③ 西安市档案局、西安市档案馆主编：《筹建西京陪都档案史料选辑》，西北大学出版社 1994 年版，第 272 页。

④ 同上书，第 278 页。

省政府接报后，认为"该士绅等所议，尚属不无理由"，要求省建设厅等机构施行。省建设厅委派该厅技佐王冀纯会同西京建委会工程处派员查勘办理，计划在南门左右各辟一门。①

增辟城门不仅对城内民众外出躲避空袭有利，而且在平时对城外民众入城往返也颇为方便，因而开辟新城门既有军事防御上的考虑，也对沟通城乡、城墙内外具有促进作用。就此而言，居住在城内的士绅民众建议开辟城门是为了方便外出躲避空袭，而居住在城墙外围的民众要求增辟城门则更多是基于便利交通的考量。

1939年，军事委员会战时工作干部训练团第四团驻扎在西门外东北大学旧址，此处"离城较远，城内外往来交通颇为不便，且于空袭时间亦常因西城城门狭仄，疏散人民甚感困难"。为了"便利本团交通，并消弭空袭危险起见"，该团向陕西省建设厅发出公函，请求建设厅设法在该团后门西南角开出城门一道，"似属两便"。省建设厅旋即在3月30日就"在西南城角开辟城门"一事致函西京建委会工程处，指出"开辟城门关系市政建设"，因而应由省厅和西京建委会商办。② 来自政府和民间的开辟新城门的呼声越来越高涨，1939年4月21日，西京建设委员会在"为请迅饬开辟大差市城门致天水行营总务处笺函（市字第93号）"③ 中，也指出增辟城门的紧迫性："本市迭遭敌机轰炸，市民牺牲惨重，急应增辟城门，以便市民闻警躲避。"天水行营作为防空司令部的上级机关，已经命令其增辟大差市城门，也经陕西省府决议照开。

当然，增辟城门的计划和建议并未全部付诸实施，而是在当时的条件和环境之下，政府主管机关相机办理。截至1945年8月17日，西安市政府在致西安市参议会的公函中已明确提及，经建设科

---

① 西安市档案馆编：《民国西安城墙档案史料选辑》（内部资料），西安市档案馆，2008年，第429页。
② 同上书，第430页。
③ 同上书，第432页。

统计，当时城墙上共开辟 7 处防空便门，其中南城墙上 5 处，分别位于双仁府、大车家巷、柏树林、开通巷、玄风桥，北城墙上 2 处，分别位于陈家巷、雷神庙。

城墙防空便门的开设在兴工之初，一般需要省建设厅、西京建委会、西安市政府建设科等机关相互合作，而在便门建成之后，又因其关系到城防、治安、交通等诸多问题，在管理方面与四座大城门一样，需由西安警备司令部、防空司令部等治安、军事机构派驻士兵巡查稽核。

随着城门数量的增加，与之相应的城乡交通格局、体系也逐渐发生变化，可以认为，新城门的开辟带动了城区内外街巷、道路的铺设、开通。自 1934 年西京建委会成立之后，大力兴修、铺设城区内部街道，街巷面貌为之改观。抗战全面爆发后，由于敌机不时袭击，防空司令部、陕西省建设厅等军队和地方机关陆续增辟城墙便门，"接通郊外各公路，便利市民躲避"[①]。尤其是"南郊则均系住宅区域，因疏散、防空起见，于南城墙开辟防空便门，故交通更属便利"[②]。

与新辟城门、防空便门等相匹配的是护城河上的桥梁、涵洞，以及郊区的道路，这些设施的兴建、铺设也得到了主管机关的重视。1939 年 11 月 15 日，西京市政建设委员会会议记录中就记载称，据工程处呈报，中山门外有一座便桥，关系到东郊风景路的通达，交通地位十分重要，由于被雨水冲毁，亟待补修。该工程预算需国币 4696.44 元，决议交由该会工务科草拟修建办法。[③] 12 月 20 日，西京市政建设委员会第一三二次会议记录则载，当时已在"各新辟城门外施测"省市公路，即将开始兴修。而"西北三路、柏树

---

① 西安市档案局、西安市档案馆主编：《筹建西京陪都档案史料选辑》，西北大学出版社 1994 年版，第 145 页。

② 同上书，第 147 页。

③ 同上书，第 325 页。

林、崇礼路三处城门外，均有护城河之阻隔，势必修筑桥洞"，需工务科估价。[①] 1940 年 2 月 28 日，西京市政建设委员会谈话会议记录进一步指出"各新辟城门外护城河加筑涵洞"，每处需国币 1008 元。决议为"缓议"[②]，并未能立即兴工。不过，该项桥涵工程在当年仍得以修竣。西京筹备委员会及市政建设委员会在 1940 年的工作实施报告中便将"补修各路桥涵"作为工作成绩之一："中正门外中正桥及中山门外中山桥，因本年淫雨连绵，坍塌甚多，关系交通运输均极重要，故经及时兴工补修，先后完竣。又南四府街新开城门之桥涵亦由本会修建、放宽、加高。其他各路涵洞均随时修筑。"[③] 同时，由于南四府街一带"原甚窄狭，车马不能往来"，自此处新辟城门，加之环城马路开通，"实有即时修改加宽之必要"，上述两会派工程队改建加宽了南四府街连接新开城门路面，至 1940 年时"已便利多矣"[④]。

1937 年 7 月至 1940 年 12 月，西京筹备委员会在西安城郊区进行了一系列的公路建设活动，其中若干骨干道路直接与新辟城门相连通，也反映了新开通的城门对城乡公路交通网的形成具有积极影响。如西京至引驾回路，自西京新开柏树林城门起，通至引驾回路，计长 5 里；西京至子午谷路，自西京新开四府街新门起，经杜城、嘉里村，通达子午谷，计长 43 里。

1947 年，西安市政府建设科鉴于西安建市后缺乏规划，城市建设无所遵循，遂拟订《西安市分区及道路系统计划书》和《西安市道路暨分区计划草图》。其中颇为引人瞩目的举措之一为"增开城门"。这份计划书中指出，"长安古城，尚有保留数十年或数百年

---

① 西安市档案局、西安市档案馆主编：《筹建西京陪都档案史料选辑》，西北大学出版社 1994 年版，第 326 页。

② 同上书，第 328 页。

③ 同上书，第 337 页。

④ 同上书，第 337 页。

之价值，而市区发展又刻不容缓，欲求两全，惟有多辟城门"。增辟城门成为时人快速发展市区的基本认识。当时全城总计有8门，拟增15门，共为23门，"各门按其路面之宽度，均需开两洞以配合交通之需要"。根据旧城东西长、南北短的特点，南城墙增开8门，北城墙增开3门。位于干道的缺口不筑拱形门洞，城墙上如需联络可架钢桥。这一计划实际上是对抗战时期西安城墙防空便门格局的继承，但在数量上有所增加。只是由于当时内战战火越燃越旺，陕西省、西安市政府虽有此心，却无力完成这一雄心勃勃的城建计划。

三　中正门工程建设①

当今的西安火车站广场是西安最繁华的地段之一，与之对应的解放门也是现在西安诸城门中最为宽阔的城门。然而自明清至民国初期，这里并没有城门，民国中期随着城区人口逐渐增加、城乡联系日趋紧密，西安城墙在一定程度上限制了现代交通网络的发展。于是国民政府采取了增开城门的方法来解决城市道路发展和古城墙保护之间的矛盾。民国二十三年（1934），随着陇海铁路在西安建成通车，新式交通的发展使中正门的修筑成为国民政府陕西地方当局的迫切任务。

关于民国时期西安新辟城门的城建活动，学界的细致研究较少，并且散见于相关著作之中，而对于单一城门的研究主要以汉唐长安城城门为主体，以李遇春《汉长安城城门述论》（《考古与文物》2005年第6期）、肖爱玲等《唐长安城城门管理制度研究》[《陕西师范大学学报》（哲学社会科学版）2012年第1期]、何汉南《汉长安城门考》（《文博》1989年第2期）、杨鸿勋《唐长安

---

① 本节由武颖华执笔撰写，笔者进行了修订。

大明宫丹凤门复原研究》（《中国文物科学研究》2012 年第 3 期）、傅熹年《唐长安明德门原状的探讨》（《考古》1977 年第 6 期）及《唐长安大明宫玄武门及重玄门复原研究》（《考古学报》1977 年第 2 期）、杨军凯《唐大明宫"五门"考》（《文博》2012 年第 4 期）、辛德勇《唐长安宫城南门名称考实》[《陕西师范大学学报》（哲学社会科学版）1986 年第 1 期] 等为代表，而对于后都城时期单个西安城门鲜有研究。以下拟依据民国档案资料及其他文献对西安中正门的修筑工程进行探究，并进一步分析本次工程的新特点及其影响。

1. 工程缘起及命名风波

民国时期西安城门的增修大体分为两类，一类是基于人口增加和交通发展需要，如中山门、玉祥门和中正门；另一类是抗战期间开辟的防空便门，如今小南门、朝阳门、尚武门和建国门。中正门的开辟则和陇海铁路通达西安有着直接关系。陇海铁路是贯通我国东西的一条交通大动脉，1932 年 12 月，国民政府铁道部开始将这条铁路线向关中延伸。1934 年渭南通车，同年 12 月 27 日，西安站正式售票通车，这也是陕西境内的第一条铁路线。根据民国二十三年十月八日《陕西省建设厅为开辟西安火车站城门、修筑守望室给市政工程处训令》载，"当以陇海铁路将抵达西安，此项工程不宜稍缓，指令克日开工"①，可知西安中正门的修筑进程和陇海线的抵达密切相关。档案中所述"西安火车站城门"即中正门，也反映了和陇海铁路的密切联系，表明陇海铁路修抵西安是中正门开辟的直接原因。

此外，中正门的修筑也和日寇侵华的大背景不无关系。1931 年"九·一八"事变后，日本帝国主义加快了侵华步伐，国都南京受

---

① 《省建设厅为开辟西安火车站城门、修筑守望室给市政工程处的训令》，西安市档案馆：《民国西安城墙档案资料选辑》（内部资料），西安市档案馆，2008 年，第 351 页。

到威胁。1932 年，日本帝国主义在上海发动"一·二八"事变，南京及长江下游各重要市镇亦受到日本军舰的挑衅和威胁，国民政府为安全起见，决定移驻洛阳办公。同年 3 月 5 日国民党第四届中央执行委员会第二次全体会议决议："长安为陪都，定名为西京。"1934 年 7 月，国民党中央政治会议秘书处致函西京筹备委员会，明确西京应设市并直属于行政院，同时初步确定西京市区域"东至灞桥，南至终南山，西至沣水，北至渭水"。西京筹备委员会和西京市政建设委员会成为西京市政建设的直接领导机关，对西京市的多方面建设制定有详尽的规划。面对历经数百年风霜战乱而残破不堪的古城墙，再加上"陪都"西京身份的改变，城墙修复及相关的工程建设就成了当时国民政府地方机关必须解决的问题。与此相应，中正门的修筑成为城墙修复工程的重要组成部分，加上中央每月对西京市政建设 3 万元资金的支持，共同构成了西安市中正门修筑的有利条件。

正是在上述军政背景与有利条件下，为迎接陇海铁路的开通，陕西省建设厅、西安市政工程处积极启动了中正门系统工程建设，相继开展了中正门的修筑及配套工程，包括驻军营房、中正市场、中正桥、中正门外东西大街及相关维护和环境改造工程。

"中正门"的命名可谓一波三折。最初"中正门"是为当时重新开启的"玉祥门"而确定的备选名称。"该门名称如仍沿用玉祥二字，似觉不妥，相应咨请商改见复为荷。等由。准此，除以'新西北'暨'中正'两名称咨商酌定外，合行令仰该厅遵照……"① 在这种情况下，陕西省建设厅认为"新西北"三字烦琐，不便于采用，而东北门即是中山门，西北门应当命名为"中正门"，这样在政治意义上才会显得更加均衡。因此新开的玉祥门便被暂定为"中正门"。

① 《省建设厅为玉祥门改名暨修筑守兵营舍给市政工程处的训令》，西安市档案馆编：《民国西安城墙档案史料选辑》（内部资料），西安市档案馆，2008 年，第 306 页。

然而到了 1935 年，新开的火车站北门被定名为"中正门"①，原"玉祥门"被改定为"新西北门"。为何会发生这样的变化？首先，"中正门"的命名有着极强的政治意义，这一命名代表着以蒋介石为首的国民政府对西北控制力的加强。新开火车站北门地理位置重要，且是双门洞，不论在规格还是建筑上都强于西北隅单门洞的玉祥门，因此将火车站北门命名为"中正门"更加合适。其次，从时间上来讲，火车站北门的主体工程在 1934 年年底即已修筑完毕，并投入使用，而玉祥门的修缮则到 1936 年才正式开始，将"中正门"命名给已经修筑完毕的火车站北门，从实际应用上更加合理。最后，火车站北门地处交通要道，且临近中山门，将火车站门命名为"中正门"也从字面上给人以蒋介石追随孙中山先生，是中山先生继承人的象征意义，这种象征意义的表达比远在西北角的玉祥门更加适宜。

2. 工程组织管理机构及前期准备

1934 年 8 月，随着西京市政建设委员会的成立，西京各项市政建设工程均由建委会负责，因此中正门工程的领导机关即西京市政建设委员会，而具体负责工程建设的则是陕西省建设厅及其直属单位西安市政工程处。中正门工程的设计、招标、监工、验收等具体工作皆由西安市政工程处执行，具体工程建造则通过招标的方式，由承包商投标报价，出价最低者与西安市政工程处订立工程合同，进行工程的具体建造。

中正门工程的建设资金"由财政厅先行垫拨，将来由市政建设委员会新市区土地售价款内归还"②。一方面，工程所需之人工、物

---

① 《省建设厅为玉祥门添设营舍用费暨该门定名为"西北门"给市政工程处的训令》，西安市档案馆编：《民国西安城墙档案史料选辑》（内部资料），西安市档案馆，2008 年，第 320 页。

② 《省建设厅为开辟西安火车站城门、修筑守望室致西京建委会公函》，西安市档案馆编：《民国西安城墙档案史料选辑》（内部资料），西安市档案馆，2008 年，第 329 页。

料、工具、竹篱等统归承包人负担，至工程结束且验收合格后才支付工款。这种利用民间商业资本进行工程建设的方式，在一定程度上缓解了当时市政建设经费的不足。另一方面，西安市政工程处在中正门工程进行过程中只需派员监工，节省的人力资源可用于市内其他更为重要的工程建设，既保证了工期和工程质量，又节约了人力资源。

西安市政工程处对包工人的监管颇为严格。该处拟定的《开辟火车站城门及城壕桥梁合同》对工程设计图样、工料价格、工料质量、工期、工程的监管和验收等有着明确的规定，如承包人不得私自改动所规定的工料；不得使用不合格材料；工程逾期完成要按情形进行处罚等。此外还要求"工程进行时，承包人须负工人安全之责""承包人应于工作地点，日间设置红旗，夜间悬挂红灯，倘有疏忽以致发生任何意外之事，均由承包人负责"[1]。这些严格规定从工程组织管理上保证了中正门工程的正常进行。

3. 中正门主体工程建设与维护

1934 年 8 月，陕西省建设厅、西安市政工程处完成了对中正门主体工程的设计与工料估价。主要包括中正门东、西城门洞、城壕桥梁（中正桥）、城外小花园、城门守望室等工程，随后又将"城门间的距离缩小，将城门外的花园改为停车场"[2] 以便利交通。

（1）中正门的开辟

1934 年 9 月底，陕西省政府委员会第一二八次会议，通过了省政府主席邵力子开辟西安火车站城门、修筑守望室的提议[3]。与此同时，在 1934 年 9 月 24 日至 30 日，西安市政工程处迅即展开中正

---

① 《开辟火车站城门及城壕桥梁合同》，西安市档案馆编：《民国西安城墙档案史料选辑》（内部资料），西安市档案馆，2008 年，第 349 页。

② 《省政府为开辟西安火车站城门、修筑守望室致西京建委会公函》，西安市档案馆编：《民国西安城墙档案史料选辑》（内部资料），西安市档案馆，2008 年，第 330—332 页。

③ 同上书，第 329 页。

门及护城河桥等工程的招商投标，参与投标的计有雷万魁、杨兴培、刘新林、高文兴、郑志彦、陈德志、齐思财等七家，最后包工人雷万魁以5109.7元的最低标价中标，并于1934年10月2日与西安市政工程处签订了中山门及城壕桥梁合同，即日开工，限定12月1日完工。①

根据合同规定，工程所需的一切劳力、物资均由承包人雷万魁负担。修筑中正门劳力、物资主要包括：运城砖工500名、石灰6万斤、泥工3500名、石门窗4个、沙子200车。修筑中正桥所需劳力、物资包括：打桥的共2500名、石灰1万斤、砖2.2万块、桥工500名、栏杆下工50名、石条89.24米、栏杆砖3100块、铁栏杆柱64个、铁筋600斤、栏杆泥工250名、水沟立石条156.84米、水沟平石条156.84米、人行道砖1.5万块、人行道沙子50车、人行道石条工350名、马路石子460车、马路用沙子200车、人行道泥工200名、打桥芋腰40捆等。在这两项工程中，总共用工达7850人、石灰达7万斤、沙子450车、砖4.01万块等，连同中正桥、守望室等工程，在新辟城门工程中规模居于前列②。

虽然中正门工程的修筑有着详尽的规划和设计，但是在工程质量上并没有达到预期要求。由于工程师不幸遭遇意外，加之没有监工，中正门工程在工料的使用上出现了以碎砖代替整砖、用砖大小不一及券顶未完全灌浆等问题，以致工程质量粗劣，亦未能如期竣工，直到1935年1月10日中正门工程才得以全部竣工。虽然工程质量问题可以在支付工款时对于承包人有所惩罚，但也警示了西安

---

① 《各承包商为开辟火车站城门、修筑桥梁守望室呈市政工程处供料估计单》《省建设厅职员为开辟火车站城门及修筑护城河桥全部工程各标单价目给该厅厅长的签呈》《开辟城门及城壕桥梁合同》，西安市档案馆编：《民国西安城墙档案史料选辑》（内部资料），西安市档案馆，2008年，第333—347、348、349页。

② 《各承包商为开辟火车站城门、修筑桥梁守望室呈市政工程处供料估计单》，西安市档案馆编：《民国西安城墙档案史料选辑》（内部资料），西安市档案馆，2008年，第341—349页。

市政工程处在工程招标上不能单纯依靠最低标价来确定中标人，同时还应兼顾工程质量以及工期。

（2）守望室的变迁

根据规划，中正门附近需修筑一间守望室。随着陇海铁路的开通，中正门交通地位的重要性日渐上升，当局决定派驻一连士兵进行驻守。陕西省政府委员会决议"令建厅就原设计改善，克日兴工（须兼注美观，全部作一院式，分前后两部，前部作办公室，后部作卫兵驻所）"①。工头崔汝连于 1935 年 2 月 17 日开工，计划完工日期为 3 月 27 日②。有了中正门工程监管欠缺出现质量问题的教训，在修筑驻军营房过程中，西安市政工程处进行了有效监管，"所有房间（8 间）大小俱照原图修筑，工料坚实，门窗俱油绿色并装玻璃"③，工程整体质量较高。

（3）中正桥工程建设与修复

中正桥是连接中正门与火车站而跨越西安护城河的重要工程。西安市政工程处在招标过程中，将中正门工程和中正桥工程一起招标，前已述及，该工程由雷万魁以标价 5109.7 元中标。不过，随着陇海铁路西安站的建成通车，新市区日渐繁华，中正门的交通地位日趋重要，修筑完成的中正桥已不能适应当时交通的发展，故而在中正桥工程竣工后又进行了更换桥栏、加宽桥面及改修桥面为洋灰路、修复桥面等工程。

在 1934 年 10 月 2 日开工，雷万魁以标价 5109.7 元中标修筑的中正桥，长 44.62 米、宽 16 米，其中两侧人行道各宽 2 米，长

---

① 《省建设厅为在新开城门建筑驻军营房给市政工程处的训令》，西安市档案馆编：《民国西安城墙档案史料选辑》（内部资料），西安市档案馆，2008 年，第 364 页。

② 《市政工程处为报备中正驻军营房工程办理情形、开工日期呈省建设厅文》，西安市档案馆编：《民国西安城墙档案史料选辑》（内部资料），西安市档案馆，2008 年，第 365 页。

③ 《省建设厅为验收中正门、玉祥门守卫兵防工程给市政工程处的训令》，西安市档案馆编：《民国西安城墙档案史料选辑》（内部资料），西安市档案馆，2008 年，第 367 页。

78.42 米，石子马路宽 11 米、长至城门外碾路，马路两边水沟各宽
0.5 米。桥栏杆每 3 米做砖柱子一个，每米用铁柱一个，用铁筋顺
拉两道，栏杆下用麻石条一层。① 按照工期计划，该桥在 1934 年 12
月完工并验收。

然而，1934 年 12 月修筑完成的中正桥，由于桥栏杆用砖块修
筑，做工简单，极易因外力损坏。有鉴于此，1935 年 2 月省建设厅
饬令西安市政工程处重新设计中正桥栏杆，将砖柱改换为 28 根终
南山花岗石柱，并增加 4 根铁炼灯杆②。不过这份设计在招标时存
在严重问题，投标人对开凿山石及运输费用不谙计算，导致开标结
果难如人意。经过标单审查委员会审查，决定将石柱改为混凝土，
按洋灰、沙子、石子 1∶2∶4 的比例配制。

最早提出加宽中正桥建议的是陇海铁路管理局。1934 年 6 月，
陇海铁路管理局意识到，火车通抵西安后，商贾、乘客云集，必将
促进西安城市的加快发展，而只有 16 米宽的中正桥在火车到站后
车辆行人异常拥挤的情况下，容易出现交通阻塞问题。因此提请西
京建设筹备委员会加宽中正桥左右各 10 米以上③。对此提议，西
京市政建设委员会给予了积极回应，在其第二十五次会议上决议：
"由工务科会同市政工程处估计，限十日内报会。"④ 不过，当时西
京市政建设百业待兴，各方面经费严重短缺，因此希望能够将加宽
中正桥费用同陇海铁路管理局平分负担。但是两家单位分属于不同
的系统，协商沟通不足，终因经费困难，延至一年半以后的 1936

① 《各承包商为开辟火车站城门、修筑桥梁守望室呈市政工程处的工料估价单》，西安市
档案馆编：《民国西安城墙档案史料选辑》（内部资料），西安市档案馆，2008 年，第 344 页。
② 《重修中正门外桥栏杆说明书》《重修中正门外桥栏杆估价单》，西安市档案馆编：《民
国西安城墙档案史料选辑》（内部资料），西安市档案馆，2008 年，第 358 页。
③ 《陇海铁路管理局为加宽中正桥致西京建设筹备委员会公函》，西安市档案馆编：《民国
西安城墙档案史料选辑》（内部资料），西安市档案馆，2008 年，第 385 页。
④ 《西京建委会总务科委估计改建中正桥工程费用致该会工务科笺函》，西安市档案馆编：
《民国西安城墙档案史料选辑》（内部资料），西安市档案馆，2008 年，第 386 页。

年年底，西安市政工程处才开始中正桥加宽工程的招标工作。

至 1936 年，随着西安火车站一带日益繁荣，中正桥作为连接中山门和西安火车站的必经之地，原本狭窄的桥面严重制约了交通的发展，中正桥加宽工程亟待开展，因此在 1936 年 11 月 4 日西京市政建设委员会的谈话会议中，决定中正桥两边桥面各放宽 5 米。随后，西安市政工程处迅即完成中正桥面工程的设计图样、施工说明、估价单的拟定工作，并且要求参与投标的豫丰、三义、天成、鸿记等十家核准登记的营造厂商，在 1936 年 12 月 8 日晨 8 时前完成各自的投标。为了保证投标顺利进行，西安市政工程处要求投标厂商必须亲自投标，并且缴纳押金 500 元，未中标者押金如数发还，中标者在与西安市政工程处订立合同时，还需找到资本在 1 万元以上的殷实铺保一家作为保证人。

在这次的投标过程中，具备汉白、西荆、汉宁等公路土石方及桥涵工程建设经验的天成公司以最低标价 15958.3 元中标。天成公司中标不久即发生了"西安事变"，以致工程无法进行，及至 1937 年 3 月 18 日天成公司才与西安市政工程处签订《中正桥面工程合同》，将原定于 1936 年 12 月 10 日开工改为 1937 年 3 月 22 日，限定工作日 90 天完成。

"西安事变"不仅直接导致了工程的延期，更为重要的是伴随着时间的推移、国内国际局势的变化，工料价格猛涨，原本投标之时洋灰价格为每桶 10.5 元、钢筋每吨 200 元，到开工时两项单价分别上涨了 3 元、100 元。按照原本用料计算，这两项工料就使得天成公司损失 1550 元，占整个工程预算的近一成。有鉴于此，天成公司向市政工程处请求补助，西安市政工程处对此作出积极回应，其中洋灰需要约 500 桶，故设法拨给天成公司，而钢筋所需不多，物价因素导致成本增加仅 50 元，因而由天成公司自行负担。

这次中正桥加宽及道路改修工程主要包括修筑混凝土桥面、人行道、道牙、桥栏墙、灯柱及灯、涵洞等。其中桥面、人行道、道牙混凝土洋灰、沙子、碎石比例分别为 1∶3∶6、1∶4∶8、1∶2∶4。中正桥地处交通要道，其工地划分为东西两部，次第兴工，以便维持交通运转。新修桥面以坚固为第一目标，市政工程处提供新型机械化设备压路机、轻便铁轨及斗车，以便将桥面滚压坚实。修筑桥面的土方工程由市政工程处指定位置，取自附近城壕，但为了保持市容美观，市政处严令"挖掘整齐，不得零乱不整"。对于旧有桥面，采取了半幅挖开，将旧有碎石铺至桥面底层的方法。为了保证工程质量，在订立工程合同中还特别强调工程全部验收后，保固期规定为 12 个月，如有损坏之处，承包人应在该处通知后立即前往修理，否则市工处代觅工人修理，所有工料费用在保固金内扣除。①

为了保护新修路面，西安市政工程处致函陕西省会警察局，10 日内禁止车马人行，"严厉取缔铁轮大车通过桥面"②，保证了中正桥的质量。西京电厂于 1937 年 5 月完成了在桥面四角装置四盏直立式路灯及线路埋设的工作。③ 1937 年 7 月 16 日，陕西省建设厅完成对中正桥加宽暨改作洋灰桥面工程的验收，④ 标志着中正桥加宽暨改作洋灰桥面工程正式结束。

由于西安阴雨连绵以及日军对火车站附近的轰炸，中正桥出现大面积坍塌。1938 年 12 月，西安市政工程处通过招标，由同义建筑公司修筑中正桥损坏桥面，不过只是用碎石铺筑桥面。之所以在

---

① 《中正门桥面合同》，西安市档案馆编：《民国西安城墙档案史料选辑》（内部资料），西安市档案馆，2008 年，第 390—394 页。

② 《市政工程处为禁止铁轮大车通过中正桥致省会警察局公函》《省会警察局为禁止铁轮大车通过中正桥事复市政工程处公函》，西安市档案馆编：《民国西安城墙档案史料选辑》（内部资料），西安市档案馆，2008 年，第 402—403 页。

③ 《西京电厂为接洽装置路灯事致市政工程处函》，西安市档案馆编：《民国西安城墙档案史料选辑》（内部资料），西安市档案馆，2008 年，第 401 页。

④ 《西京建委会为补修中正桥桥面塌陷部分给市政工程处处长的训令》，西安市档案馆编：《民国西安城墙档案史料选辑》（内部资料），西安市档案馆，2008 年，第 404 页。

修补中不使用洋灰，主要原因在于物价昂贵，预算不足，"即做白灰三合土暂维交通桥面亦难敷用"①。

4. 中正门后续及配套工程建设

（1）修筑中正市场

1935年年初，中正门主体工程完工，西安火车站建成通车后，这一区域"行人如织，商贾辐辏"，对日用物品和饮食等物资的需求急剧上升，然而此地距离市内商业区又有数里之遥，工商人士深感不便。摊商小贩自由经营，导致交通堵塞，影响市容。有鉴于此，西京市政建设委员会委员兼陕西省建设厅厅长雷宝华提出在中正门外开辟中正市场的提案，顺利获得通过。1935年1月至4月，西安市政工程处设计出中正市场工程的方案，包括中正市场、公安分驻所、市场管理员办公室及宿舍、护城林、卫生设备及马路。②按照设计，中正市场属于招租建设，由租借人按照设计图样自行完工。其范围在中正桥左右四角各30米外，东西长各750米，南北宽各4米。③

不过这一工程并没有按照计划修建完成。1936年3月，陕西新生活运动期间调查西安火车站状况时提及，车站到中正门两边蓬门陋屋，与原本设计的市场建筑严重不符，可见中正市场建设成效有限。

（2）改善中正门环境

中正门开通后，在缓解交通压力的同时也随之出现了一系列问题。1936年，陕西省新生活运动促进会在调查中指出："查中正门

---

① 《市政工程处为中正桥暂铺碎石桥面预算呈西京建委会文》，西安市档案馆编：《民国西安城墙档案史料选辑》（内部资料），西安市档案馆，2008年，第409页。

② 《西安市中正市场工程说明及估价单》，西安市档案馆编：《民国西安城墙档案史料选辑》（内部资料），西安市档案馆，2008年，第376—377页。

③ 《中正市场租领地亩简章》，西安市档案馆编：《民国西安城墙档案史料选辑》（内部资料），西安市档案馆，2008年，第372—373页。

陇海车站一带为来往行人丛集之地，关于新运亟为重要。"① 因此致
函西京建委会，提出改善中正门办法。很快，西京建委会回函并决
定由"公安局、市工处工务科会同计划"②。随即与西安绥靖公署
协商实施开放中正门西边门洞的提议。

至1941年，抗战进入关键阶段，冀、鲁、晋、豫诸省沦陷，
各地难民云集西安。尤其在黄河决口以后，黄泛区灾民更是蜂拥而
至。这些难民进入陕西后，由东到西沿铁道线落脚栖身。中正门外
陇海车站一带东西马路大多为难民集中的"棚户区"，棚屋"毗连
排列，秩序紊乱，外观尤为卑陋"③。为此，1941年1月16日，陕
西省会警察局提议改建或拆除中正门外东西大街棚户，西京建委会
令工程处勘查讨论后决定："招商建筑市房，贫民无住所者可暂住
平民新房。"④

中正门外经历了一系列环境改造后，市容面貌确实有所改善，
但是由于接近火车站，时遭敌机轰炸，仅1938年11月至1941年5
月，日军飞机对西安火车站一带先后轰炸4次，所以中正门工程建
设一直处于不断改善之中。

5. 中正门工程建设的特点与影响

民国时期的中正门工程，以其工期之长、工匠之众、经费之
巨、用料之多堪称这一时期西安城墙新辟城门工程中最大的一项工
程，不仅与改善城墙景观直接相关，对西安城市社会发展也有较大
影响。

---

① 《陕西省新生活运动促进会为改善中正门环境致西京建委会公函》，西安市档案馆编：
《民国西安城墙档案史料选辑》（内部资料），西安市档案馆，2008年，第380页。

② 《西京建委会为改善中正门环境复陕西省新生活运动促进会公函》，西安市档案馆编：
《民国西安城墙档案史料选辑》（内部资料），西安市档案馆，2008年，第382页。

③ 《省会警察局为改建或拆除中正门外东西大街棚户致西京建委会公函》，西安市档案馆
编：《民国西安城墙档案史料选辑》（内部资料），西安市档案馆，2008年，第410页。

④ 《西京建委会为改造中正门外东西大街棚户决议案致省财政厅等函》，西安市档案馆编：
《民国西安城墙档案史料选辑》（内部资料），西安市档案馆，2008年，第414页。

（1）中正门工程建设的新特点

第一，20世纪三四十年代，由于西安特殊的城市地位，西京筹备委员会对西安的规划特别重视。"在当时国都鞭长莫及的地区，西安承担了重要的经济组织、管理和领导职能。"① 西京筹备委员会在西安开展工作期间，西安是作为国家政治因素权衡下的重要区域来进行规划的，其规划建设的出发点是"建立国家政治中心"。因此，中正门建设作为全国性中心城市都市计划之一，具备了高等级、大规模、重质量的特点。

第二，在动荡的国际国内大背景下，中正门的修建工程有其历史的局限性和鲜明的时代特征。中正门建设经历了不断的维护过程，这与当时的社会背景有着必然的联系。日军多次飞机轰炸和战乱造成中正门外火车站一带市容混乱，因而各部门调查后提议对中正门外的环境面貌进行一系列的改善。国家危难局势也造成了物价上涨和工程经费的紧绌，从而导致各项工程从设计到施工再到维护多有变化和调整。

第三，由于新生活运动的开展，国民政府在规划中注重建设市政基础设施和民生工程。规划中正市场的原因之一就在于，任由小贩自由经商不符合市政之道，而对"棚户区"进行改造前，为避免贫民流离失所，专门进行筹划，以保障贫民能够迁入新房。这一系列的规划不仅以满足城市社会生活需求为主旨，而且体现出一种朴素的人本主义思想。

（2）中正门建设的影响

首先，城门作为城墙建设中最为关键的部分，是城区连接城外最重要的通道。中正门工程包括开辟中正门、修筑中正桥、修建驻军营房、加宽中正桥暨改修洋灰路面等主体工程，使西安火车站、

---

① 任云英：《近代西安城市规划思想的发展——以1927—1947年民国档案资料为例》，《陕西师范大学学报》（哲学社会科学版）2009年第5期，第105—112页。

北关、新城区连为一体。陪都时期,西安城市交通业发展迅速,城门的开辟、城市道路的拓宽显著改变了城市内部各系统要素的相互关系。中正门的开辟不仅显示了近代工程技术的发展,也在一定程度上改变了西安城市的交通与空间格局。这种发展延伸了城市的对外联系,有助于提高西安在全国的影响。

其次,从工程影响上来讲,中正门工程承陇海铁路通车而起,交通的便利使中外商旅随火车接踵而至,也使原先冷清的西安城东北区域发生了显著的变化,火车站附近成为城市社会经济发展新的增长点,"自陇海铁路逐步西展后,因接近车站之故,地价竟步涨不已,时起地权纠纷"①,"尽管由于时局动荡,许多计划并未实施,但特殊的局势的确使原本闭塞的西部城市得到了一定程度的开发"②,加快了西安的近代化进程。

再次,中正门的开辟影响了西安近代城市布局的变化,体现出西安城市格局由军事重镇向经济中心的转变趋势。西安城墙原有东西南北四门,分别为四方进出大城区的唯一通道,这种封闭格局主要是出于军事防御的需要。抗战爆发之前,围合的城墙已经显示出对西安交通发展的限制,因此陆续有新的城门被开辟出来。中正门的开辟,其根本原因在于疏导交通,而随后却促进了城内居民向城外迁移,为城外毗邻区域的发展做出了重要贡献,所以城门之增开,"实为本市交通问题最重要之一页"③。与此同时,火车站的修建、中正门的开辟为西安东北城区的发展提供了新的机遇,这一区域在随后的十余年里,以火车站为中心,陆续发展起来一大批企业。概括而言,这一时期西安的城市化进程得以加快,移民的涌入

---

① 王荫樵:《西京游览指南》,天津大公报西安分馆1936年版,第3页。

② 阎希娟、吴宏岐:《民国时期西安新市区的发展》,《陕西师范大学学报》(哲学社会科学版)2002年第5期,第18—22页。

③ 陕西省建设厅:《西安市分区及道路系统计划书》(内部资料),1947年,陕西省档案馆。

促进了人口的增加、工商业的繁荣，相应的城市基础设施与公共服
务设施的建设也迎来了一个高潮。

最后，中正门工程的修筑采取政府机关整体设计、招商投标进
行建设的方式，堪称西安地方政府近代化市政建设的代表性工程，
是民国时期西北地区市政建设近代化的重要实践。

第五节　城墙防空洞的建设[①]

城墙防空洞，又被称为城下防空洞、城墙窑洞等，是指战时在
城墙下挖筑大小适当的洞穴供人们躲避敌机轰炸的防空措施。抗战
时期，日军对西安实施了长达 7 年（1937 年 11 月—1944 年 12 月）
的轰炸，在此期间，西安军民在应对日军轰炸时采用多种防空方
式，在城内外修筑大量防空地下室、防空洞、防空壕等，城墙防空
洞就是在这一时期大量出现的。学界对于抗战时期西安防空体系的
研究较少，对于城墙防空洞的研究更几近于无。目前所见，由肖银
章、刘春兰主编的《抗战期间日本飞机轰炸陕西实录》[②]（以下简
称《轰炸实录》）系统梳理日军轰炸西安的史实，并对其轰炸路
线、造成的损失以及防空工事等相关内容进行了总结，具有开创之
功。李宗海《抗战时期西安防空建设论述》[③] 将抗战期间西安防空
问题作为研究对象，但缺乏深入研究，对城墙防空洞也仅局限于简
单的介绍。

所幸，由西安市档案馆主编的多部档案资料如《筹建西京

---

① 本节由武亨伟执笔撰写，笔者进行了修订。
② 肖银章、刘春兰主编：《抗战期间日本飞机轰炸陕西实录》，陕西师范大学出版社 1996
年版。
③ 李宗海：《抗战时期西安防空建设论述》，硕士学位论文，西北大学，2011 年。

陪都档案史料选辑》①（以下简称《西京档案》）、《日本轰炸西安纪实》②、《民国西安城墙档案史料选辑》③（以下简称《城墙档案》）等汇集了关于城墙防空洞的丰富档案文献。其中，尤以《城墙档案》一书收录内容最为翔实，为开展研究提供了极大便利。以下将在上述成果的基础上，结合其他档案及报纸资料等，对城墙防空洞的若干问题进行探讨，以期起到抛砖引玉之功。

一 抗战时期日军对西安的轰炸

抗战期间的西安作为全国战略后方的桥头堡，战略地位十分重要。1937 年 7 月 7 日卢沟桥事变以后，大批工厂、军队等后撤到西安，国民政府此前数年又已确定西安为陪都，大大提高了西安的战时地位。日军为破坏我国抗日的有生力量和战争潜力，打击民众的抗战信心，遂对后方实施轰炸，西安亦未能幸免。自 1937 年 11 月 13 日起，至 1944 年 12 月 4 日止日军轰炸西安达 7 年之久，给西安的社会经济和民众生命财产安全造成了巨大的损失。

据统计，7 年内，日军共空袭西安 147 次，出动飞机 1232 架次，投弹 3657 枚，造成我方人员伤亡 3947 人，其中一次死伤百人者多达 6 次，共计毁坏房屋 7972 间④（参见表 5—12）。西安所受空袭次数居全省首位，死伤人数居全省第二，毁坏房屋居全省第三。⑤

---

① 西安市档案局、西安市档案馆主编：《筹建西京陪都档案史料选辑》，西北大学出版社 1994 年版。

② 中共西安市委党史研究室、西安市档案馆主编：《日军轰炸西安纪实》（内部资料），西安市档案馆，2007 年。

③ 西安市档案馆编：《民国西安城墙档案史料选辑》（内部资料），西安市档案馆，2008 年。

④ 肖银章、刘春兰主编：《抗战期间日本飞机轰炸陕西实录》，陕西师范大学出版社 1996 年版，第 17 页。

⑤ 同上书，第 6 页。

表 5—12　　　　　　　　　**日机袭击西安历年损害统计**①

年份	空袭次数	飞机架次	投弹枚数	死亡人数	受伤人数	毁房间数
1937	5	35	89	0	1	28
1938	21	234	390	162	266	313
1939	44	466	1392	1918	513	3501
1940	13	79	207	385	176	1524
1941	37	286	779	241	245	2534
1942	4	13	20	0	1	19
1943	0	0	0	0	0	0
1944	23	119	780	13	26	53
合计	147	1232	3657	2719	1228	7972

从表 5—12 来看，日军对西安的轰炸大致可以分为三个时期，
1937 年为初始期，日军主要轰炸以飞机场为中心的西郊，次数仅有
5 次；自 1938—1941 年间逐渐进入高潮，日军开始将轰炸的中心集
中在城区，少则十数次，多则三四十次，给西安民众造成了巨大的
损失；1942 年以后，日军轰炸有所缓和，其原因可能与 1941 年年
底爆发的太平洋战争有关；到 1944 年 12 月，日军结束了对西安的
轰炸。

由于抗战时期驻守西安的空军部队较少，因此在防范日军轰炸
的时候就不得不大量修筑防空洞、防空室、防空壕等设施。西安城
墙高大厚重的墙体自然是绝好的掩护，正是在这样的背景下，城墙
防空洞规模大增，成为保卫西安民众的一道坚实屏障。

---

① 中共西安市委党史研究室、西安市档案馆主编：《日军轰炸西安纪实》（内部资料），西
安市档案馆，2007 年，第 31 页。《抗战期间日本飞机轰炸陕西实录》一书第 26—27 页亦有相关
记载，但其所引档案资料相较《日军轰炸西安纪实》要少，考证分析亦相对粗略，故此采用
《日军轰炸西安纪实》一书的统计。

二 抗战时期城墙防空洞的建设

在城墙下挖筑洞穴以备军事之用，在 1926 年"二虎守长安"期间就有先例，当时守城军队挖暗堡以备藏身突袭。1936 年"西安事变"时，城墙下掘筑的防空洞已颇具规模。到抗战期间，城墙防空洞大量增加，成为军民应对日机轰炸的重要设施。

虽然有统计认为，1937 年以前，西安的公有和私有防空地道、地下室及半地下室数量少且简陋，城区仅东厅门、甜水井、大莲花池、桥梓口有地下室 4 处，共可容纳 160 人。但此时西安城内尚有"西安事变"时许多市民为防范空袭而开挖的城墙防空洞。据张配天报告称："查城墙防空洞自双十二事变时即为掘挖之始，但尔时为数尚少且所挖之洞皆宽大而不坚固。"① 《西京日报》也称："本市去岁事变时，城内外居民多掘有窑洞及地下室，意为防范空袭。"② 其中所指的窑洞有很大一部分是指城墙防空洞。这时所存留的防空洞虽如张配天所言为数尚少，但依《西京日报》之报道"本市环城墙所修之地下室栉比密极……共有三百余处"③ 来看，当时城墙下的防空洞数量颇多。

城墙防空洞是战时西安颇具特色的防空形式，但在日军轰炸的初期，城墙防空洞却并不受认可。1937 年，西安市警察局就以城墙防空洞及地下室"已属无用，深恐为匪类混迹，危害闾阎"而决定将其"一一封闭或掩填"④。同年十二月，省政府更以三十八军在南城墙根挖掘防空洞造成城墙塌陷一事而下令一律禁止挖掘城墙防

---

① 《西安警备司令部召集各有关机关讨论堵塞防空洞会报记录》，西安市档案馆编：《民国西安城墙档案史料选辑》（内部资料），西安市档案馆，2008 年，第 89 页。

② 《警局谕饬商民填垫本市城内外窑洞及地下室》，《西京日报》1937 年 5 月 17 日第 7 版。

③ 《防空协会整理环城地下室》，《西京日报》1937 年 6 月 14 日第 7 版。

④ 《警局谕饬商民填垫本市城内外窑洞及地下室》，《西京日报》1937 年 5 月 17 日第 7 版。

空洞。① 次年，西安警备司令部亦以市民"在各城脚钻挖巨孔，……影响城防甚巨"，规定"凡市民挖防空壕或地下室者，应就院内或旷地修建，不得损及公共建筑"②。可见，出于对城防的考虑，在城墙上开挖防空洞并没有得到政府的许可。尽管如此，城墙上依旧开挖了大量防空洞。如上引张配天的报告中称："自七七事变起，敌机不时窜陕窥袭，因此各机关及民众均利用城墙防空，遂大肆自由挖穿……"③ 另据西安市政工程处、西安市建委会等关于三十八军在南城根挖掘防空洞的来往公函④也可以看出这一点。但市民或机关仅是出于防空的考虑，对于其他方面则甚少顾及。因此实际修建的防空洞对城墙造成了严重破坏，有的甚至到了将城墙挖穿的地步。有鉴于此，西京建委会以及陕西省防空司令部等机构不得不对这些防空洞进行调查并予以修补。

　　对城墙防空洞的调查从 1939 年开始，之所以在这一年进行，不仅因为各私人防空洞的肆意挖筑已经到了非常严重的地步，更重要的是，自 1939 年以后，日军对西安的轰炸频次大为增加，轰炸地点又多是在商业发达、人口众多的城区。在这样严峻的形势下，出于对民众安全的考虑，西京建委会开始提议在城墙上开辟窑洞供民众避难。而首要的就是对城区已有的城墙防空洞进行调查，并制定改善措施。

　　城墙防空洞的建设此后重新展开，但操作过程有了新的变化，即由西京建委会会同防空司令部以及防护团划定地点并制作图样，

---

　　① 《省政府为一律禁止挖掘城墙防空洞致西京建委会公函》，西安市档案馆编：《民国西安城墙档案史料选辑》（内部资料），西安市档案馆，2008 年，第 47 页。

　　② 《警备司令部严禁市民登城远眺》，《西京日报》1938 年 3 月 27 日第 2 版。

　　③ 《西安警备司令部召集各有关机关讨论堵塞防空洞会报记录》，西安市档案馆编：《民国西安城墙档案史料选辑》（内部资料），西安市档案馆，2008 年，第 89 页。

　　④ 西安市档案馆编：《民国西安城墙档案史料选辑》（内部资料），西安市档案馆，2008 年，第 45—50 页。

然后由市民领取并在规定地点建设防空洞。① 从这一点来看，西安市政府逐渐开始加强对城墙防空洞的干预和管理，此后，城墙防空洞原则上不再允许民众自行开挖。这样，不仅可以保证城墙防空洞设计合理，为市民提供较为安全稳固的避难场所，同时也可以对城墙起到相对妥善的保护作用。

关于公共防空洞的建设，据《轰炸实录》称："1940 年 12 月 22 日，省防空司令部……决定增筑城墙公共防空洞，沿城墙一周，共建 625 个洞口，总长 5100.3 米，洞高 1.5 米，宽 3.1 米，全部用砖衬砌，施工期历时一年才完成。"② 《陕西省防空志（1934—1990）》中也称："1940 年 12 月，陕西省防空司令部在西安城墙构筑了公共防空洞，工程由广盛公司中标，于 1941 年完工。"③《西安市志·军事志》《日军轰炸西安纪实》等均持此说法。但迄今尚未搜检到相关档案及报纸报道，未敢轻信。

无可否认的是，1939—1940 年，西京建委会及防空司令部工务大队确实在西安城墙下修筑了诸多公共防空洞，《西京日报》1939 年 6 月 29 日报道："本市环城防空窑洞，经防空司令部招工构筑，并派员日夜督饬，已大部完竣"④，可资证明。修建方式除工务大队招工修筑外，亦采用招标的方式进行，如 1941 年 1 月 23 日陕西省建设厅就曾发出招标启事，⑤ 省防空司令部也曾就建筑防空洞口土墙进行招标。⑥ 此外，西安城墙下掘有不少专用防空洞，这些防空洞多由

---

① 《西京建委会与省防空司令部之间的若干公函》，西安市档案馆编：《民国西安城墙档案史料选辑》（内部资料），西安市档案馆，2008 年，第 76—78 页。

② 肖银章、刘春兰主编：《抗战时期日本飞机轰炸陕西实录》，陕西师范大学出版社 1996 年版，第 107 页。

③ 陕西省人民防空办公室：《陕西省防空志（1934—1990）》（内部资料），陕西省人民防空办公室，2000 年，第 97—99 页。

④ 《本市防空洞室务须保持清洁完整》，《西京日报》1939 年 6 月 29 日第 2 版。

⑤ 《陕西省建设厅挖建防空洞招标启事》，《工商日报》1941 年 1 月 23 日第 2 版。

⑥ 《防空司令部工程招标启事》，《西京平报》1942 年 2 月 27 日第 2 版。

军政机关修建，是为本机关职员提供避难场所或者军用目的而建，还有一些防空洞用作如安设电台、存放物资等其他用途，不一而足。

1941 年以后，随着日军轰炸逐渐减少，加之私挖乱建防空洞给城市治安以及城墙带来的负面影响无法消除。故此，防空司令部、警备司令部下令一律禁止开挖，并规定，如有特殊情形者，须经审核，否则军法严惩①。此后，城墙防空洞的修建活动逐渐停歇。

对于抗战时期西安城墙防空洞的数量，据报告称，至 1942 年，西安市共有公共城墙防空洞 625 个，总长 51003 公尺；私人防空洞 107 个②，公私防空洞共计 732 个。上述所引《轰炸实录》等著作中的公共防空洞数据可能来源于此。但是，这一数据并不十分准确，据调查者附文讲："城墙防空洞之尺度尚未调查清楚。"此外，据 1941 年《陕西防空业务概况》介绍："查西京市现有……城下防空洞八百余处。"③ 两相比较，亦有差额，可能是由于堵塞防空洞等工程措施导致的统计数目不一。即便如此，以西安城墙周长约 13.9 公里计，平均每 19 米就有一个防空洞，分布密度相当之大。数量众多的城墙防空洞在日军轰炸期间对于保护西安民众的生命安全起到了巨大的作用，但对城墙造成的破坏也显而易见。

三　城墙防空洞的形制与规模

一般而言，城墙防空洞在形制构造上包括以下要素，即入口、台阶、洞身、渗井、气孔等。下文依据相关调查及规定对此做一探讨。

1939 年 1 月，胡思齐受西京建委会的委派，对全市城墙防空洞进行调查，并选择其中损坏较为严重者绘制了调查表④（详见表

① 《防空司令部严令禁止私挖防空洞》，《西京日报》1942 年 1 月 20 日第 2 版。
② 冯升云：《西安市一年来之民防设施报告》，《西京日报》1942 年 11 月 21 日第 2 版。
③ 冯云生：《陕西防空业务概况》，《工商日报》1941 年 11 月 21 日第 2 版。
④ 《西安市城墙下防空洞危险情形调查表》，西安市档案馆编：《民国西安城墙档案史料选辑》（内部资料），西安市档案馆，2008 年，第 82 页。

5—13）。此调查表中记录了 24 座防空洞的长度、宽度和高度数据。其中，旧西门北边至北局门前的防空洞长、宽、高均为 0，无法进行数据分析，应予剔除。这种情形，推测可能是只在城墙下挖坑聊以躲避，并没有深入城墙，因此无法记录其长、宽与高。从后面的备考来看，此类防空洞有 25 处，数量不少。通过对其余有实测数据的 23 个防空洞分析来看，每个防空洞的高和宽都相差不大，平均高 1.67 米，宽 1.72 米。就长度而言，大致可以分为三种类型，超过 30 米以上的超长型防空洞有 3 处，长度分别为 32 米、66 米和40 米，占总数的 13.0%；长度短于 10 米的有 5 处，分别为 3 米、5米、6 米、4 米和 5 米，占总数的 21.7%；而长度为 10—20 米的共计 14 处，占总数的 60.9%；此外另有 1 处长度为 0，根据其后备考来看，可能是只在城墙上挖一入口，洞体则深入地下所致，这种情况也并不鲜见。

由此可知，防空洞的高和宽相差不多，其入口大致可以理解为方形，能够体现防空洞大小的，主要是洞的长度。长度为 10—20米的防空洞数量最多，所占比例也最高，这在一定程度上能够反映这一时期西安城墙防空洞的总体面貌，即出入口的高和宽都约略相当于一个普通成人的身高，而长度则稍小于城墙宽度，这样一来，单体防空洞都可以置于城墙的保护之下。长度较大者数量较少，可能多系机关或者军队所建，所能容纳的人数较多，对于一般家庭来说没有必要。对于机关而言，则会安排其他的用途，比如放置电台、储存物资等；长度较小者所占比例稍大，可能系一般家庭申请开凿，仅用于临时躲避之用。

此外，根据调查表中的破坏情形，我们还可以得出其他一些认识。首先，按照城墙底宽 18 米看，长度超过 30 米的防空洞已经远远超过了城墙的宽度，如果没有曲折的话，实际上相当于将城墙贯通。这样的情形就全城而言颇为常见，根据宋建庭的调查，全市防空洞中有 76 个掘透城墙，能够容人出入①。这是城墙防空洞在安全方面存在的严重问题。其次，就城墙防空洞的破坏情形来看，其中有 15 处洞顶已经裂坏，这一方面与防空洞的高度有关，另一方面也受其形制影响。因此，在后来的防空洞建设中规定洞高 1.5 米左右，开在城墙上的一般都做成拱形，以增加承压力，而对于已裂坏的防空洞，则需要加木柱以作支撑。再次，防空洞修理方法表明有 10 处需要挖渗井或修水沟，显示出防空洞排水不畅也是一个重要的问题。胡思齐在调查以后就直言："最危洞身者，莫过雨水之不利，多流入洞身之中，约占全数城洞百分之九十三四。"② 以上三类情形是私人防空最常见的问题，易于影响防空洞的安全，自然成为以后治理的重点。最后，从表 5—13 中我们还可以看出，有的城墙防空洞列有号数，分别为"洪字"和"城字"两种，推测这些防空洞可能为机关或者军队所有，为便于管理而标明序号。根据其编号，"洪字"可能是从北门开始一直向西直到西北城角；"城字"可能是从东门开始一直到北门，但具体情况尚难以断定。

表 5—13　　　　　　　西安城墙下防空洞危险情形调查③

地址	号数	破坏情形	高（米）	宽（米）	长（米）	修理方法	备考
西北城角下	洪字 29	洞顶过平，已裂坏	1.8	1.2	32	应加中柱、应挖水沟 10 米	—
北城墙下	洪字 28	入口过宽，顶平已裂	2.6	2.2	1.0	应加中柱	—

---

①《长坪路驻省办事处宋建庭为调查环城墙防空洞掘透情况给该处处长的签呈》，西安市档案馆编：《民国西安城墙档案史料选辑》（内部资料），西安市档案馆，2008 年，第 80 页。

②《胡思齐给西京市建委会工程处处长龚贤明的签呈》，西安市档案馆，全宗号：04，案卷号：356。

③《西安建委会工程处为改善城墙防空洞致省防空司令部公函（附表）》，西安市档案馆编：《民国西安城墙档案史料选辑》（内部资料），西安市档案馆，2008 年，第 82 页。

续表

地址	号数	破坏情形	高（米）	宽（米）	长（米）	修理方法	备考
北城墙下	洪字 27	同上	1.6	1.2	11	应加中柱	—
北城墙下	城字 395	同上	1.6	2.2	66	应加中柱、应挖渗井 2 个	—
北城墙下	洪字 15	洞顶已裂坏	1.6	1.2	16	应改为尖顶、应挖出水沟 8 米	—
北城墙下	城字 380	同上	1.5	1.2	16	应改为尖顶	—
北城墙下	洪字 11	洞顶过平，边墙被雨水冲坏	1.5	1.2	10	应修边墙、应改为尖顶、应挖渗井 2 个	—
北城墙下	洪字 9	洞顶过平	1.6	1.5	14	应加中柱、应挖渗井 2 个	—
北城墙下	洪字 7	洞顶过平，已裂坏	1.5	1.7	16	应加中柱、应挖渗井 2 个	—
北城墙下	洪字 5	同上	1.5	1.9	12	应加中柱、应挖渗井 2 个	—
北城墙下	洪字 3	同上	1.5	1.8	14	应加中柱	—
中正门西女子中校后门外	0	同上	1.5	1.6	12	应加中柱	—
中正门仅西边有两洞	0	同上	1.5	1.9	14	应加中柱	—
东城墙下东北角	城字 255	同上	1.6	1.6	12	应加中柱	—
中山门北边	无	雨水将洞墙冲坏	1.6	1.4	12	应砌墙、挖渗井 2 个	共 2 洞，因挖下地面过深，无法出水
旧北门向东北墙下	无	无法出水	1.6	1.3	0	应挖渗井	共 4 洞，因挖下地面约 8 米余，无法出水，洞尚坚固

续表

地址	号数	破坏情形	高（米）	宽（米）	长（米）	修理方法	备考
旧东门南边东墙下	0	入口过宽	1.5	2.0	3	应缩窄	共有 17 洞
旧西门北边至北局门前	0	洞浅又宽，城墙亦有损坏	0	0	0	应填塞	共计 25 洞，需填土 2 立方米
玉祥门南边	0	洞宽顶平，已裂坏	2	2	40	应修顶加中柱、挖渗井 2 个	—
玉祥门向南马登城南边第一洞	0	同上	1.8	1.7	15	应加中柱	—
北局南门对面	0	入口过宽，边墙已冲坏	1.8	2.5	5	应缩窄洞宽、修墙	—
同上	0	同上	1.6	2	6	同上	—
同上	0	同上	1.7	2.2	4	同上	—
同上	0	同上	1.8	2.0	5	同上	—

1939 年 4 月以后，城墙防空洞由省防空司令部拟定图样，令市民依照图样开筑防空洞，因而这些防空洞的形制较前所述要完善合理得多。虽然现在尚未检获当时的设计图件，但是根据一些防空洞改造的图样，我们依然可以看出其大致形制。下面以下马陵城墙防空洞改造图样为例，对其进行探讨。

下马陵城墙防空洞因入口过深、出水不利而需要改修，从图样中可以看出其入口位于城墙下，离城墙根尚有一定距离，入口处修筑有砖砌的口沿以防止雨水流入防空洞。自洞口至洞身由若干级台阶相连。

城墙防空洞的排水是关键问题，除了在洞口做口沿以防止雨水渗入外，还要在洞内开挖渗井，以便于排放洞内的积水。渗井直径

0.8 米，深 2 米，开挖在台阶末端靠近洞身处，在渗井靠近洞身的一侧通常也会修筑与洞口一样的口沿，这样设计的目的同样是防止雨水流入洞内。洞内排气主要依靠气孔，也称为气眼，一般从城墙洞内部斜向上穿过城墙，出口开在城墙外墙壁上。

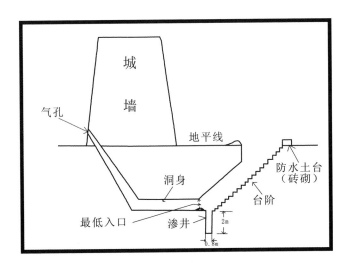

图 5—1　下马陵城墙防空洞结构示意图①

由于下马陵城墙防空洞改建工程属于对私人防空洞的改修，因此，与当局规定的城墙防空洞之形制尚有一定的区别。比如入口，1939 年颁布的《西京市建筑地下室及窑洞暂行规则》（以下简称《暂行规则》）规定："城墙防空洞须有两个以上出入口，宽度不得过于三市尺；各室出入口距离至少须二十五市尺至三十市尺，如较广，之间可设三门至四门。"② 之所以要求设置两个出入口，一方面是便于市民躲藏，另一方面则是出于对防空洞安全的考虑，如果一个洞口因轰炸而堵塞，人们依旧可以从另一个洞口进出。这在实际

---

　　① 据西安市档案馆藏《本处省防空司令部工程大队令发防空法本市修建地下室办法城墙防空洞工程地点概图》（全宗号：04，案卷号：352）所绘。
　　② 《西京市建筑地下室及窑洞暂行规则》，西安市档案馆，全宗号：04，案卷号：468。

操作中也得到了贯彻执行。1939 年陕西省防空司令部对全市防空设施进行检查时发布的注意事项中就明确规定，城墙地下室须有两个以上出入口①。此外，入口的设置也有不同，有的入口如图 5—1 所示，开在城墙根处，有的则直接开凿在城墙墙体上，不一而足。

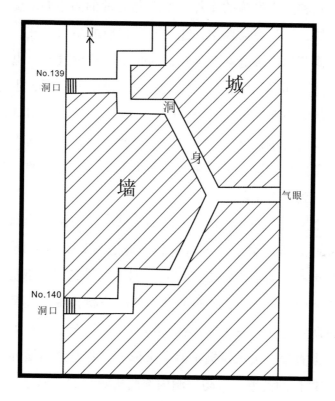

图 5—2 城墙防空洞示意图②

除此之外，《暂行规则》明确规定了防空洞的深度和高度，要求深度至少须十六市尺，高度以五尺五寸为限，宽度以三市尺至四市尺为限。并规定如果城墙防空洞大小逾限时，须用砖箍或木柱支

① 《检查地下室应注意事项》，《工商日报》1939 年 2 月 12 日第 2 版。
② 据《社会处第 139 及 140 号防空洞改装防毒设施略图》改绘，原档藏陕西省档案馆，全宗号：90，目录号：3。

撑。洞口应有积土等，以免雨水流入洞中。因此，其形制大致如图5—2所示（公共防空洞的形制也与此相仿）。根据图中所示标号，可以推测东城墙上的防空洞编号是自北向南依次排列。

由上可知，1939 年以后的城墙防空洞相较之前而言，最大的变化在于气孔和防水设施的完善。1939 年之前的防空洞多属个人或机关私自修筑，设计有欠周密，往往缺少相应的防水设施，防空洞由于雨水浸渗等原因裂缝甚至废弃；同时由于缺少气孔，也容易因洞口堵塞而造成通风不畅，甚至发生不测。1939 年以后，由防空司令部等设计的防空洞充分注意到了防水和通风问题，在洞口和洞内都设置了相关的防水设施，在城墙上也开凿了气孔，有利于洞内空气流通，以免发生危险。虽然在实际使用中仍有些微问题，但至少在设计上考虑到了若干隐患。

虽然上文所言使我们约略可以知晓城墙防空洞的形制，但这不过是纸面上的情形罢了，实际遵照此规定修筑的城墙防空洞并不多。尤其是私人防空洞，更是如此。据西安警备司令部称："敌机屡扰本市，防空当局为谋趋避便利，特准公私各城关人民于城垣之下，开掘防空地洞……但为兼顾治安计，曾经绘有图样，任人索阅。乃迭据查报，沿城所掘不但多未依照，甚至通达城外，可行车马。"[1] 在这样的乱象下，防空洞内部曲折蜿蜒的情形更加复杂。这就容易使人对防空洞的形制产生错觉，如今人编著《西安城墙》中就称："西安城墙中防空洞，依其在墙体断面中所处的位置，大致可以分为三种，即外侧上部、外侧下部与内侧下部。"[2] 实际上，当时在开筑防空洞时并没有这样的规定。造成这种认识的原因在于，城墙防空洞的气眼以及出口的开设形制不一，致使开在城墙外侧的

---

① 《警备司令部布告城垣防空洞应安门窗》，《西京日报》1940 年 8 月 2 日第 2 版。

② 丁晨：《城墙上的防空洞》，朱文杰主编：《西安城墙（文化卷）》，陕西科学技术出版社 2012 年版，第 47 页。

气眼有时看起来就像是防空洞的出入口，而掘透城墙的事实也易于造成这样的假象。由此也反映出城墙防空洞建设之混乱，开挖之随意。

四　城墙防空洞的维护与管理

防空洞的管理，是战时防空的一个重要组成部分。抗战时期，西安防空司令部下设有工务大队，负责防空洞等相关防空工程的建造与维护；西京市政建设委员会[①]作为市政建设的重要机构，也参与修筑城墙防空洞。此外，西京市防护团[②]下设之避难管理大队承担维持城墙防空洞清洁与使用的责任，[③] 警备司令部也会对事关城市治安等方面的问题加以管理。

城墙防空洞在长期使用的过程中会由于敌机轰炸、雨水冲刷等遭到破坏。同时，许多私人防空洞不按规定而随意开挖，其质量自然难以保证。除此之外，由于经费不足，有的防空洞即使按照图纸施工建设也会存在各种各样的质量问题，需要不断进行维护。这一工作主要由上述机构负责。维修内容包括加固裂缝，堵塞城外出口，改良排水，整修气眼等。

相对于防空洞的维护，当局对防空洞的管理更为重视。相关机构对于防空洞的管理，主要从三方面进行。

第一，从城墙防空洞的建设来看，从1939年5月22日开始，所有西安市内机关及民众在修筑地下室或者城墙防空洞之前，都必须经过西京市政建设委员会工程处的审查，领取执照后才能修筑，否则会被视为违法[④]。这一政策的出台，主要是基于民众大肆开挖

---

① 西京市政建设委员会于1942年1月撤销，同年西安市政处成立，亦负责一部分防空建设事宜。

② 1944年9月改为西安市防护团。

③ 冯升云：《西安市一年来之民防设施报告》，《西京日报》1942年11月21日第2版。

④ 《西京市政建设委员会工程处通告》，西安市档案馆，全宗号：04，案卷号：468。

防空洞造成损害城墙、危害治安的严重后果而制定的，标志着政府加强了对城墙防空洞的监管。根据《西京市修筑地下室及窑洞暂行规则》的规定来看，修筑一座城墙防空洞，一般需经过以下六个步骤，即：1. 绘制图纸、造具估价单等文件；2. 填写申请表，申请领取执照；3. 建委会审查勘验；4. 领照动工；5. 缴照并申请复勘；6. 签注执照，签名盖章并发还业主。经过这些程序，一座完整的防空洞才能投入使用。如此看来，对于城墙防空洞的开凿有一系列的措施保障其修筑合规，不致危害城市治安及防空安全。虽然这一政策的实施效果尚不清楚，但至少表明城墙防空洞从建造之日起就处于安全监管之下，有相应的质量保障。

第二，从防空洞的维护来看，随着时间的推移，防空洞的配置逐渐完善。1940 年，警备司令部下令城内各机关及民众在城墙防空洞的各个出口（包括气孔）安装门窗；[①] 1941 年，防空司令部在各防空洞出入口加装了木门，[②] 并配备铁锁等；1941—1942 年，又在各公共城墙防空洞口增筑了土墙，以避免炸弹碎片对防空洞造成破坏。[③] 除此之外，为了应对日机投掷毒气弹，又特地在各公共城墙防空洞内加装了防毒设备。为了保障防空洞的清洁，西京市政建设委员会在防空洞周边修建了若干公共厕所，[④] 以解决市民如厕难题。通常情况下，防空洞都有专人予以管理。省防空司令部、警备司令部等都曾派专人管理防空洞，省防空司令部亦专门设置避难管理大队，负责管理城墙防空洞。[⑤] 防护团团员亦负责防空洞的巡查管理，指导避难等。[⑥] 这些管理人员掌管防空洞钥匙，负责保护城墙防空

---

① 《警备司令部布告城垣防空洞应安门窗》，《西京日报》1940 年 8 月 2 日第 2 版。
② 冯升云：《陕西防空业务概况》，《工商日报》1941 年 11 月 21 日第 2 版。
③ 《各公共防空洞口将增筑土墙》，《西京日报》1941 年 12 月 22 日第 2 版。
④ 冯升云：《西安市一年来之民防设施报告》，《西京日报》1942 年 11 月 21 日第 2 版。
⑤ 同上。
⑥ 《防空部为便利市民避难，开辟环城防空路线》，《西京日报》1939 年 3 月 1 日第 2 版。

洞不受破坏，同时特别注意防空洞的通风、排水等情况，以免在日军轰炸时发生不测。当然，这都是针对公共防空洞来说，对于机关或者私人防空洞来说，政府仅在修建或者使用时给予明确规定，具体操作则由各机关或个人自行办理。

第三，在防空洞的使用方面，为了保证城墙防空洞能够最大限度地发挥作用，保护民众生命安全，每当空袭警报发出以后，专门负责市民躲避空袭的避难指导小组以及防护团避难管制班均会派人在城墙防空洞附近疏导民众，指导避难事宜，以维护正常的防空秩序。在政府颁布的《市民防空须知》① 中，对防空洞的使用做了若干规定，如让老弱妇孺先进、进洞后靠一边坐下、不准遮蔽窗口及气眼、禁止大小便等，这些规定虽然未必能够起到足够的规范作用，但至少对保障防空秩序、便利市民利用防空洞发挥了积极作用。

综上所述，相关部门在城墙防空洞的维护和管理上投入了大量精力，制定了许多规章和政策。虽然在实际操作过程中，这些规章和政策并未完全发挥出最初设想的效能，但在维护城墙防空洞的正常使用、保障市民安全方面功不可没。

五　城墙防空洞的作用及影响

毫无疑问，抗战期间城墙防空洞在保护民众生命安全、减少人员伤亡方面起到了巨大的作用。虽然发生过五岳庙门天水行营防空洞被炸，死伤百余人的惨剧，但是，城墙防空洞在保护西安市民生命安全方面的贡献值得肯定。

据1942年的统计数据来看，当时西安城区有公共防空洞625个，可容纳102006人；私人防空洞107个，可容纳12340人，两者

① 《省保安司令部调整防空设施》，《西安晚报》1944年5月10日第1版。

共计可容纳 114346 人。而西安包括防空洞等在内的所有防空设施共计可容纳 294203 人，[①] 城墙防空洞可容纳人数约占总容纳人数的 39%。虽然这一数据可能有误差，但大致可以反映城墙防空洞在整个西安防空体系中所起的重要作用。

从防空洞的实际使用情况来看，当空袭警报发出后，向城墙防空洞疏散躲避是很多市民的首要选择。这不仅体现在官方的指导策略中，也体现在民众的选择上。1944 年警备司令部曾指导："市民一闻警报，应即向城墙防空洞或郊外疏散。"[②] 可见，城墙防空洞属于官方大力倡导的避难设施。对于民众而言，在城墙脚下躲避空袭更像是一种习惯。据连战先生回忆："我至今记得西安城墙下的许多防空洞……在西安作秀小学念书时，上的最多的课，就是跟着老师跑防空洞。"李香普也忆及："1939 年 4 月 2 日，突然听到防空警报，城里居民纷纷走出家门，急向南城墙根跑去。当时在城墙根挖有很多防空窑洞，供居民使用……一般情况下，只要能来得及，就向城墙根跑。"[③] 这虽然是隔年久远的回忆，却是轰炸留给人们的深刻记忆，足见城墙防空洞在西安城市防空中的巨大作用。

城墙防空洞之所以深受民众信赖，是由于其本身依托城墙开凿而成，相较于地下室以及防空壕，更为坚固，不易为敌机炸弹毁坏。尤其是在城内地下室遭到敌机轰炸伤亡颇多的情况下，城墙防空洞就愈加成为民众的首选之地。如《西京日报》称："事实告诉我们，自西大街地下室震塌后，街市上的防空洞地下室多已无人问津。"[④] 而上引李香普的回忆中也提道："机关内虽也挖有防空洞，

---

① 冯升云：《西安市一年来之民防设施报告》，《西京日报》1942 年 11 月 21 日第 2 版。

② 《各城墙辟防空门》，《西京日报》1944 年 2 月 13 日第 2 版。

③ 李香普口述，刘金凯、苗芬整理：《日机轰炸西安目击纪实》，《碑林文史资料》第 2 辑，1987 年，第 10 页。

④ 过客：《长安市上》，《西京日报》1940 年 10 月 10 日中央周刊·西京航空版。

但人多洞少，远不如城墙根防空洞坚固。"① 由此可见，城墙防空洞确实已经成为民众躲避日机轰炸的首选之地，在西安防空体系中发挥了非常重要的作用。

不过，我们应该审慎看待城墙防空洞的实际效果。首先，虽然城墙防空洞在开挖时考虑到了诸多因素，设计也相对周全，但是由于资金、技术等方面的问题，加之缺乏监管，实际开凿的防空洞其实存在很多问题。许多防空洞由于设计不合理而逐渐废弃，有的则在使用过程中因维护失当而不能继续发挥作用。这些因素或多或少地降低了城墙防空洞的实际效能。

在防空洞的使用过程中，由于监管不力，经常会发生防空洞被霸占，市民无法使用的现象，这是整个防范空袭时期一直存在的严重问题。关于此种情况，有人总结出以下几种形式："①城墙洞外筑围墙，门上用铁锁者有之；②洞口站卫兵，入洞索出入证者有之；③有几个私人霸占，不许民众入内者有之（实则门外五六人而门内空阔）；④以公冒私，而声称有太太在内，不许民众避难者更有之。"② 此种情形经省防空司令部严厉禁止，并规定："当敌机到达之际，所有公私防空壕洞，应一律开放，以备人民趋避。"③ 西安市各大报纸也纷纷发文批评这种行为，但其结果是"谈者自谈，霸者自霸"④。虽然不能将责任完全归咎于霸占者，毕竟部分民众在防空洞中确实也有违悖防空道德的行为，但是在生死关头仍计较一己之私，殊属不当。

除了少数人霸占防空洞以外，部分民众对防空秩序的漠视也是防空洞使用过程中的一大问题。有的人占据防空洞门口的位置，造

① 李香普口述，刘金凯、苗芬整理：《日机轰炸西安目击纪实》，《碑林文史资料》第 2 辑，1987 年，第 10 页。
② 严盛儒：《关于防空洞的话（三）》，《西安晚报》1940 年 7 月 29 日第 1 版。
③ 《防护团请开全市防空壕》，《新秦日报》1940 年 7 月 26 日第 1 版。
④ 《街谈巷议》，《西安晚报》1941 年 5 月 29 日第 1 版。

成防空洞口拥挤，有洞不得入；有的人虽然进入洞中，但遮挡气眼，造成洞内空气流通不畅；还有人乘机做一些违法勾当，甚至故意制造事端。诸种情况不胜枚举，使本来就狭窄逼仄的防空洞空间更显局促。

以上所述诸种情况，一方面使城墙防空洞难以有效发挥自身作用；另一方面，则间接地造成了更多的人员伤亡。空袭期间，大量民众集中于城墙下，倘若不能顺利进入防空洞，当敌机来临时就很容易成为日军轰炸的目标。《益世报》曾直言："敌寇知我防空洞均在城墙后，专炸城墙。"① 防空洞在城墙下修筑，甚为坚固，日军如果专炸城墙，恐非易事。但如果大量民众因防空洞遭强占或者其他原因不能及时进入防空洞，那么日军轰炸城墙，就很容易造成伤亡，而民众由于慌乱以致"踩到妇孺，伤及摩登"② 之事，就更数不胜数了。正如当时报纸所评论的一样："查同胞所以伤亡者，其故多端……甚有不获寻得安全地带，以致惨遭伤亡者，比比皆是……只以城墙洞主峻拒殊严，或采消极之封锁，或以积极之驱逐，故逃难者，极多徘徊通衢，不得其地，因致惨遭伤亡，情殊可怜！"③

虽然城墙防空洞确实在抵御日军轰炸时起到了巨大的作用，但是此类事件的存在使得防空洞的价值在无形中打了折扣，实属遗憾。但核实而论，城墙防空洞毕竟对保护西安民众生命安全发挥了积极作用，同时也对西安的城市建设和发展产生了深远的影响。

首先，城墙防空洞是抗战时期西安城市防空体系的重要组成部分，极具地域特色。城墙防空洞的修筑是城墙防御功能在热武器时代的一种扩展，在保护西安民众生命安全方面起到了巨大的作用。

---

① 转引自《日军轰炸西安纪实》（内部资料），西安市档案馆，2007 年，第 114 页。
② 《街谈巷议》，《西安晚报》1941 年 5 月 27 日第 1 版。
③ 郭濂蕙：《痛论城墙防空洞之急宜彻底开放》，《西安晚报》1940 年 8 月 28 日第 1 版。

其次，防空洞的开挖给城市治安和管理带来了诸多负面影响。如前所述，在日军轰炸初期，出于城防的考虑，城墙防空洞的价值并不被普遍认可。事实上，防空洞与城防（包括城内治安以及战争时期的防守等方面）之间的关系一直是西安城墙防空洞建设中面临的一对矛盾。城墙防空洞的建设虽然有利于加强城市防空能力，却对城市的治安和管理造成了不良后果。尤其是在城墙防空洞肆意开凿，不按规定修筑的情况下，这种矛盾一直得不到有效解决。这也是当局一直到日军轰炸进入高潮的 1939 年才大力提倡利用城墙作为防空避难场所的原因。

城墙防空洞影响城市治安的表现之一就是掘透城墙所造成的城内外相通。据张配天的调查报告称："城洞穿透城外者甚多，不设门窗而甚至能以通行车马，宵小遂乘隙潜踪出入，奸商购运私货趋避于查，亦多由洞门偷运城内。"① 这里提到的走私事件实有其事，如 1942 年 10 月，避难管理大队就查到豫丰染厂工人通过防空洞向外偷运布匹，以便工厂逃税的事情。② 对此，省防空司令部"特饬避难管理队，实弹荷枪，昼夜加强巡查，如有拿获，除没收货物外，定予送交主管机关严惩"③。因此，为了维护治安，除加强巡查外，当局要求在防空洞上加装门窗和木门，均是出于防范目的。对于那些掘透城墙，直通城外的防空洞及时予以堵塞。此外，每年冬天，西安城都会开展例行冬防事宜，以加强治安防范，城墙防空洞属于其中重要的关注对象。到 1942 年，随着日军轰炸频次的减少，陕西省防空司令部遂下令禁止私挖防空洞④。这一举措无疑也是出于加强城市治安的考虑。

---

① 《西安警备司令部召集各有关机关讨论堵塞防空洞会报记录》，西安市档案馆编：《民国西安城墙档案史料选辑》（内部资料），西安市档案馆，2008 年，第 89 页。

② 《城墙防空洞发现偷运布匹》，《工商日报》1942 年 11 月 20 日第 2 版。

③ 《防空洞走私货物没收人员法办》，《西京日报》1942 年 12 月 29 日第 2 版。

④ 《防空司令部严令禁止私挖防空洞》，《西京日报》1942 年 1 月 20 日第 2 版。

再次，城墙防空洞建设对城市景观的影响也很突出。抗战时期，作为后方城市，西安城中聚集了大批来自河南、河北、山西等地的难民，这些难民一方面由于西安城内住房紧张，居无定所；另一方面迫于生活压力，无力建房，便多借住在城墙防空洞内。1946年年初，河南善后救济分署署长马杰记录其在西安所见情形时提到："豫籍义民流落陕境独多，即就西安市一地，城关内外不下数十万人……或在城关空地搭盖席棚，或在防空洞以及城边土窑，借避风雨，土地潮湿，疾病流行，死亡率甚高。"① 另据田克恭回忆："在抗日战争中，东南隅的居民在城墙上挖有很多大小不同的防空洞……当时有些由河南逃来的难民也在墙上挖洞住家。"② 日军轰炸结束以后，滞留下来的难民以及部分西安民众也将防空洞改建为自己的住所，有的地段甚至形成了贫民窟。如平山在《西安漫记》中记录中正门附近的防空洞情形时谈道："现在已有人民利用（城墙防空洞）作为房子了……住的未必全是穷人……远看齐过去，好像蜂房，又好像鸽笼，也好像洋房！"③ 可见，城墙脚下密布的防空洞已经显著改变了城墙附近的城市景观。

最后，当前城墙防空洞虽已难寻其踪，却留在了许多老西安人的抗战记忆当中，而战时城墙防空洞的利用则为古城西安城墙文化增添了厚重内容。

城墙防空洞是抗战时期西安城市防空体系的重要组成部分，对于缓解防空压力、保卫西安市民生命安全起到了积极作用。不过，城墙防空洞在修筑时的随意性对城市治安和管理产生了重大影响，在日军轰炸最严重的阶段，防空司令部选择了加强管理等方式来抵消防空洞造成的诸多不良后果。战后的城墙防空洞成了民众的栖身

---

① 《善后救济总署河南分署周报》第 15 期，1946 年 4 月 22 日出版，转引自郑发展《民国时期河南省人口研究》，人民出版社 2013 年版，第 260 页。

② 田克恭：《西安的建国路》，《西安文史资料》第 10 辑，1986 年，第 160 页。

③ 平山：《西安漫记》，《茶话》1946 年第 5 期，第 29—36 页。

之所，有的地段则逐渐转变成了贫民区，改变了西安城市的景观面貌。无可否认，城墙防空洞在日军轰炸期间保卫了西安的民众，并使城墙的防御功能得到拓展，同时也赋予了城墙以新的历史和文化内涵。

第六节　民国后期城墙防御体系的建设

1945 年抗战胜利后，国家局势很快转入国共内战阶段。西安这座西北军政重镇，不仅在抗战期间作为陪都西京发挥了极其重要的桥头堡作用，而且在内战时期由于其与中国共产党陕北根据地相距较近，也受到国民政府的高度重视，因而围绕西安城墙、护城河等进行了一系列军事防御设施建设。虽然这一阶段仅仅三四年时间，但相关军事设施的兴建在很大程度上强化了西安城墙的军事防御功能，属于特殊阶段的城墙维修活动。

在抗战即将取得伟大胜利之际，1945 年 4 月，第一战区司令长官司令部下发命令，要求城郊各机关、部队不得拆毁城墙，并须加以保护。若有违反，由警备司令部上报法办。此令亦由陕西省政府、西安市政府转发。[①] 足见经过抗日战争的洗礼，城墙经受住了日军飞机的轰炸，城墙防空洞为数十万民众提供了避难之地，军队系统上下对城墙的军事防御能力有了更为全面的认知和感受，因而要求地方行政和治安机关切实加强对城墙的保护。虽然这一主动性措施并不一定是基于文物古迹保护的角度而做出的，更多的是为了能使城墙在此后持续发挥防御功能，但对此命令的积极意义仍需要肯定。

在国共内战时期，西安城墙军事防御体系的建设主要由西安市

---

① 西安市档案馆，全宗号：01 - 8，案卷号：107 - 2。

防空设备暨城防修建委员会、西安市城郊军事工程委员会等机构主持领导。这两个兼具军事和城建性质的委员会在1947—1948年间召开了一系列重要会议，部署了城墙防御设施建设的重要事项。

1947年8月29日上午，在西安警备司令部会议厅召开的"西安市防空设备暨城防修建委员会第十二次会议"① 讨论了五项重要事宜，均与城墙、瓮城和城防建设相关。

第一项，对于西安市政府修筑城门哨所工程的计划，决议：（一）此项工程费暂定4亿元，由西安市防空设备暨城防修建委员会电请市商会负责统筹，向商户捐募，限一星期收齐，并由商会先向银行贷款3亿元，交修建委员会备用。（二）工程部分由修建委员会工程组统筹，择商投标承办，并限星期日（31日）开标兴工。

第二项，对于王友直市长提议"四门瓮城所住商民等户，应限期迁移，以利防空"一案，此次会议决议：由市政府会同警局"调查催迁，如有违抗者，须勒令腾出"。

第三项，对于王市长提议"城墙防空洞前经堵塞，有被军队擅行挖拆"，决议由警备司令部会同警察局派员调查办理，以重城防。

第四项，对于王市长提议"城墙防空洞所住难民情形复杂，应亟查处"一案，决议由警察局负责调查清楚后，登记户口，编组保甲，统筹勒迁外县，以防止意外。

第五项，对城墙防空洞洞内进行清除，先用土堵塞，以便保管，由工程组统筹速办。

1947年10月2日下午3时，西安市城郊军事工程委员会在警备司令部会议厅召开会议，参加代表来自西安绥靖公署、省财政厅、省保安司令部、省党部、市党部、市政府、市支团部、省会警察局、

---

① 西安市档案馆，西安市政府军事科，全宗号：01，目录号：6，案卷号：380。

参谋处、砖瓦公会等政府、军事机构和民间公会。据此次会议记录可知，西门外工程及机枪掩体由工程组统筹办理；工程组动议，西安外壕工程预计 40000 余米，约用民夫 50000 余名。截至当时已完成 6000 余米。若民夫充足，可在一周内全部完成。

　　10 月 3 日下午 3 时，西安城郊军事工程委员会在西安市警备司令部会议厅继续召开会议，参加代表来自陕西省参议会、西安市参议会、陕西省党部、西安市党部、青年团陕西支团、西安市分团部、西安市政府、砖瓦业同业公会等党政部门和民间机构。议题为"评定砖瓦价格，以备呈报"。

　　西安城郊军事工程委员会下设有工程组、征购组、运输组、监察组等部门，负责采购工料、监督价格等事宜。西安市砖瓦业同业公会所估青砖种类、价格，以及监察组评定价格如表 5—14 所示。

表 5—14　　　　　　　　1947 年西安军事工程相关砖价一览

种类	单砖重量（斤）	砖瓦业同业公会估价 （万元/10000 块）	监察组评定价格 （万元/10000 块）
甲种	6.5	720	620
乙种	5.5	586	520
丙种	4.5	489	420
丁种	3.5	362	320
最次	—	—	270
机制红砖	—	—	390

　　与上述砖价相应，瓦价为砖价的一半。西安城郊军事工程委员会需砖 1000 万块，瓦 50 万块，由砖瓦业同业公会统筹交足。砖瓦价款于 10 月 8 日先付总额的 1/3，其余 10 月底付清。① 10 月 6 日下

---

① 西安市档案馆，西安市政府军事科，全宗号：01，目录号：6，案卷号：380。

午 4 时，西安市城郊军事工程委员会在西安市警备司令部会议厅召开的会议中决定：城郊建筑高碉 240 座，每座碉堡应用材料优先使用砖灰；建筑所用沙土由西安市政府军事科转饬当地保甲，派民工运至工地。①

关于此次城防工程所需经费之大、资金来源等情况，1947 年 11 月 19 日《申报》载称："关中初雪，长安古城今一片皑白，至午积雪七公分，面贵市缺，冬令救济已争不容缓。……西安市城防工程正加紧进行，市长称已支出三五□亿，然尚需一倍以上始可完工，决于外销陕棉每包附征十万元。"② 表明城防工程耗资巨大，市政府通过加征商税的方式解决建设资金问题。

1948 年 1 月 17 日，西安绥靖公署主任胡宗南致函西安市政府称，由于西安市防御工事所挖外壕尚有数处不能连接，无法使用，应从速开工增建，请市政府派员于 1 月 21 日会同"西安城郊军事工程委员会工程组"详为侦察、兴修。③ 3 月 3 日，西安城郊军事工程委员会回复西安市政府称，经办城关据点工事费所需各项开支，计共国币 109398250 元。其中部分款项来自"修建城门哨所余款"④。4 月 29 日，西安城郊军事工程委员会致函西安市政府，称该会计划在西安东、南、西、北四郊修筑伏地碉 102 座、匣室 30 座，需用黄沙 889.5 立公方；请市政府转饬当地保甲代为雇车，运送备用；运费方面，东城每立公方 48 万元，南城 36 万元，西城 26 万元，北城 48 万元。⑤

① 西安市档案馆，西安市政府军事科，全宗号：01，目录号：6，案卷号：380。
② 《西安一片皑白》，《申报》（上海版）1947 年 11 月 19 日第 25059 号第 2 版。
③ 西安市档案馆，全宗号：01，目录号：6，案卷号：224。
④ 同上。
⑤ 同上。

表5—15　　1948年4月西安城郊军事工程委员会计划修筑四城碉匣数量位置[1]

序号	工事位置	承筑营造厂	工事种数及需沙数量（立公方）				合需沙
			匣室	需沙	伏地碉	需沙	
1	大西门至西南角	合新	4	24	9	54	78
2	西南角至大南门	亚兴	4	20	14	112	132
3	大南门至东南角	振记	—	—	11	60 *	60
4	东南角至大东门	天成	2	10	13	97.5	107.5
5	大东门至东北角	建国	2	10	7	73	83
6	东北角至中正门	同昌	4	20	9	72	92
7	中正门至老北门	义和	6	30	10	80	110
8	老北门至西北角	东亚	3	15	16	96	111
9	西北角至西门	东儒	5	25	13	91	116
10	合计	9	30	154	102	735.5	889.5

　＊原文此处似为七七，今按照总计等数字，改为60，方才符合。

　　1948年5月13日下午3时，西安市城郊军事工程委员会在西安市警备司令部会议厅召开会议。决议包括：1. 各匣室需用建筑材料，由工程组填列提单，交由运输组赶运，并通知各承包营造厂商派员接收；2. 城墙外围工事由即日起，限15天完成；3. 城内匣室统限5月底完成；4. 改建伏地碉位置及需用材料由工程组列具图表，交由运输组起运材料；5. 老南门至城东南角匣室需用材料，运卸外壕边缘，由承包厂商取用。[2] 从这些决议可以看出，当时在城墙外围和城郊地区大量兴建用于军事防御的匣室、伏地碉和工事，有将城墙"武装到牙齿"的意味。若从军事攻击和防御角度而言，这一时期的城墙防御体系堪称城墙矗立以来最为严密的形态。

　　① 西安市档案馆，全宗号：01，目录号：6，案卷号：224。
　　② 西安市档案馆，西安市政府军事科，全宗号：01，目录号：6，案卷号：380。

第 六 章

民国西安护城河的疏浚、
引水与利用

古人以"金城汤池""城高池深""固若金汤"等词汇描摹军事重镇、要塞等防御体系，说明在充分发挥军事防御功能方面，巍峨高大、壮阔雄伟的城墙、城楼离不开环绕围护的城壕（护城河）。在作为城市景观方面，两者也是相互依凭，互为增色。

明清时期，西安护城河分别经由龙首渠、通济渠从城东、西两侧的浐河、潏河引水，除为城区官民供给饮用水外，亦为大城城壕、秦王府城壕等提供灌注用水，既增强了城池防御力，又有改善城区微观水环境之功。只是由于两渠引水的稳定性受气候、土岸、水量等诸多因素影响，稳定性相对较差，供水充裕时即呈现出护城河的滋润面貌，供水短缺或完全断绝时护城河就成了干涸的城壕。民国时期，虽然护城河在热兵器时代的远距离、高烈度战争中防御效能已相对减弱，但是陕西和西安地方政府仍然在可能的情况下，沿袭清代自城西引水入城的做法，多次修建引水渠道，将河水引入城壕、城区，对改善城壕和城区水环境、景观面貌等具有重要作用，值得深入查考。

第一节　民国前期的西安城壕

在清代后期，由于从城西引潏河水的通济渠长期处于失修状态，虽然在 1900 年前后因慈禧太后、光绪皇帝"西巡"西安期间，渠水畅通，但很快又复断绝，护城河缺少来水，干涸无色。经过辛亥鼎革，进入民国前期，陕西地方政局动荡，政府无暇关注护城河引水之事，因而在 20 世纪的前 20 年，护城河长期处于无水或少水的干涸状态，成为名副其实的"城壕"。

作为军事防御性工程，城壕在缺水的情况下依旧发挥了引人瞩目的防御作用，这一点在军阀刘镇华率军围困西安城的过程中表现得十分明显。1926 年，刘镇华率领镇嵩军自农历三月五日开始攻城，其攻势虽猛，但是西安守军防守极严，数月未破，镇嵩军不得已改变战略，遂采取围困措施，"环城掘七十里之战壕，高一丈五，宽二丈，外筑土城，以资掩护"。至农历十月二十四日解围，共计围城达七个月又二十日。在此期间，"长安居民二十万，死于此役者，三分之一"[1]。

实际上，与刘镇华镇嵩军在城外挖掘长达 70 里的战壕针锋相对的是，守城的李虎臣、杨虎城两位将领也采取了扩掘城壕、引水灌注、强化西安城防的一系列措施。关于当时挖掘城壕、引潏河水灌注的兴工史实，鲜见记载。幸赖时人胡文豹《挖城壕（续秦中吟十首之四）》[2] 一诗对其中诸多细节有极为形象生动的记述，不妨录引如下：

挖城壕，挖城壕，通渠开闸引潏水，费尽人工不惮劳。高

---

[1]　洪涛：《西安围城纪要》，《中国公论》1939 年第 1 卷第 5 期，第 36 页。
[2]　胡文豹：《西安围城诗录二》，《学衡·文苑》1926 年第 59 期，第 94—95 页。

屋建瓴我何逸，金城汤池足自豪。城头士卒太辛苦，街头暂将市人招。东街伙伴被捉去，官家力役谁敢逃。归来垂涕向人语，能将往事说连宵。长官驱得市人去，犹将笑语作解嘲。操戈捍卫仗老子，区区差徭赖尔曹。荷锸负版泥没髁，宛如鸟鹥水中飘。眼中少觉不称意，鞭箠交至声咆哮。昨夜敌军冒死出，云梯冲车风怒号。城上戍卒挟弹丸，千粒万粒空中抛。莫仗健儿好身手，通天火光在周遭。血肉横飞发毛脱，肢体残毁肌肤焦。城中偷得一息安，城外哭声上云霄。挖城壕，挖城壕，雍州之固本天骄。①

分析这首极具写实性的纪事诗，有助于我们对 1926 年的护城河（城壕）状况有更为深入的了解。很显然，李虎臣、杨虎城为增强城墙、护城河的防御力，通过"拉壮丁"的方式征募了大批市民充当劳力，所谓"城头士卒太辛苦，街头暂将市人招。东街伙伴被捉去，官家力役谁敢逃"描述的正是这一情形。在围城之役开始前似乎已经动用了大量人力将城壕挖深掘宽，并且设法从城东浐河引水灌注护城河，以此增大敌军攻城的难度。对于普通市民来说，挖掘城壕确属"官家力役"和"差徭"，但是在大敌当前的情况下，大量士兵需要坚守城垣，与敌人作殊死搏斗，挖掘城壕这样的城防工程也确实只能动用民力完成，当属特殊时期的非常手段。退一步讲，倘若城池落入刘镇华镇嵩军之手，城区市民所受磨难可能就远较为挖掘城壕而出工出力要付出更大代价。

有关这次挖掘城壕的施工方式、管理方法等，诗中载："荷锸负版泥没髁，宛如鸟鹥水中飘。眼中少觉不称意，鞭箠交至声咆哮。"表明是采用了挖掘土方的传统方式，被征民工站在没过脚踝

① 胡文豹：《西安围城诗录二》，《学衡·文苑》1926 年第 59 期，第 94—95 页。

乃至膝盖的淤泥中施工，而军队派遣了士兵加以监工，倘若民工稍微有一点儿不满或者牢骚、抱怨，就会受到监工的呵斥和鞭打，以此加快工程进度。毫无疑问，这些民工付出的劳动并不会从军队获得报酬，完全属于强制性的义务劳动。应当说，这种强征民工、强迫劳动的施工方式是在特殊战争状态下出现的，并非西安城墙、护城河修筑工程中的常态。

值得注意的是，关于此次护城河的引水水源，胡文豹在诗中称"通渠开闸引浐水"，表明护城河水来自浐河。但是从明代中后期至清代末期，原本自城东引浐河水的龙首渠水势衰微，已经被城西的通济渠所取代。20世纪三四十年代，引水入城工程均是经通济渠旧道，未再利用过龙首渠引浐水。以此分析，胡文豹所载"浐水"似为"潏水"之误。当然，关于护城河引水来源及施工过程，今后应当继续挖掘相关史料，加以细致考证。

经历过围城之役的惨烈战火之后，到1929—1930年，陕西各地遭遇严重旱灾，西安作为省会之区，也是大量灾民云集之地，城壕一带就是各地灾民群集、栖居乃至葬身之所。1930年6月11日《益世报》即报道称："西安护城壕已成陕饿莩葬身之所。"[1] 同日《大公报》亦载华洋义赈会代表贝克赴陕视察灾情的报告，称"西安护城壕沟满葬饿莩"[2]。这些骇人听闻的情况一方面反映出当时灾情严重、民众大量饿毙的苦况；另一方面也说明城壕干涸无水，有大量灾民在壕岸挖掘窑洞、搭盖棚屋或露天居住，饿死者往往就被随意葬埋在城壕里。应当说，这是在大旱灾、大饥馑情形下最悲惨的城市景观。

与明代西安护城河水源最为充裕的时期，即护城河中种植莲花、养鱼，两岸栽种树木的优美水景相比，这一时期的护城河无疑

---

① 《益世报》（天津）1930年第5059期。
② 《大公报》（天津）1930年第9659期。

成了西安城的"伤心地"，承载了无数灾民的苦痛忧戚，显现出区域社会发展最低谷时期的城市凄凉景象。

第二节　民国中后期的护城河

从军事防御工程的角度而言，西安护城河（城壕）在民国中后期作为城防体系的重要组成部分，虽然在抗战期间日机轰炸西安过程中并未发挥显著的防御之功，但是在抗战胜利后的内战时期，国民政府为配合城墙防御体系的兴修，在护城河（城壕）及其周边开展了一系列的建设活动，极大地增强了护城河（城壕）的军事防御功能。

从城市景观的角度而言，作为昔日城墙外围最具美化意义的护城河，20世纪三四十年代的陕西、西安地方政府通过多次的水利兴修、引水入城工程，将潏河水沿明清时代的通济渠（民国称龙渠或西龙渠）旧道灌注护城河，在一定程度上丰富了民国西安的水环境景观，使护城河（或其部分段落）在若干时段内呈现出水波盈动的生机勃勃的景象。

一　1934—1938年西龙渠的疏浚与引水灌注城壕

作为20世纪30年代西安城市水利兴修工程的重要内容，龙渠（即明清时期的通济渠）的重新疏浚与修建街巷排水沟、整治下水道等建设活动主要是由陕西省建设厅、西京筹备委员会、西京市政建设委员会、西安市政工程处等机构主持开展，对西安城区引入河水、排泄污水、改善环境卫生状况、美化城区园林环境等具有重要意义。

1934—1935年，陕西省建设厅、西安市政工程处、西安市园林管理处等对城外西南郊硓磑堰、城区西举院巷、牌楼巷、莲湖公园及其周边等处龙渠渠道进行修整。在此期间，如 1935 年 11 月前后，出现过将龙渠渠水"引注城壕"的情况。不过，核实而论，这是为了修浚城区龙渠渠道，暂停渠道引水，因而灌注城壕只是临时之举，"以便该处动工"①，并非工程重点。1935 年 12 月 3 日《西京日报》以"西京市政建委会计划整修龙渠"为题，报道称："西京市政建委会计划整修龙渠，旧渠分南北两道，灌注城内，因年久失修，现已倾颓不堪。"②

　　据该报记者调查，旧有龙渠分南北两道，均由西门墙下流入城内，一沿举院巷、西仓门、北院门，入新城西门，出北门，流出城外；另一沿西城墙、双仁府南端等地，折入南院门。龙渠"流域极广，唯因暗沟较多，故鲜有人注意；且历次修筑马路，遇有龙渠即行填实，致中断及埋没之处甚多"。因而在记者调查之际发现龙渠渠线"除少数外，大部已非昔日龙渠之真面目。现各街仅存渠道，亦因年久失修，倾颓不堪，一遇天雨，洪水四溢，行人裹足，交通几为断绝"。正是由于龙渠在下雨时接纳雨水，排泄不及，反而造成雨水外溢，阻碍交通。在这种情况下，该渠沿线居民联合呈请当局，请求疏浚、兴修。西京市政建设委员会"以该渠关系本市园林、灌溉至巨，决定加以整理"。③

　　从记者的调查结果看，原本是引水入城的龙渠此时却成了接纳雨水的排污渠道，这也是为何会造成雨水四溢的根本原因。引水入城的龙渠渠道干线与支线原本是按照地势高低设计的从城外向城内引水的设施，与雨水宣泄的方向相反，这自然会造成雨水难以顺畅通过龙渠渠道疏散、消解。

　　1936 年，水利工程专家王季卢先生在其所撰《西安市龙渠工

---

① 西安市档案馆，全宗号：017，目录号：2，案卷号：238。

② 《西京市政建委会计划整修龙渠》，《西京日报》1935 年 12 月 3 日第 7 版。

③ 同上。

程报告》中就指出，龙渠工程与下水道建设有两大不同之处：其一是下水道系由城区向城外出水的排水沟渠，而龙渠系由城外向城内引水的渠道；其二是下水道为排泄城区雨水，并须备宣泄秽水外出而设，属于一种合流系，而龙渠是引导潏河清洁之水入内，及宣泄雨水灌注莲湖及建国公园，以点缀风景为目的，是一种分流系。①这就从专业角度阐释了龙渠缘何会造成雨水排泄不畅的根本原因，同时也一针见血地指出了龙渠和普通下水道建设宗旨截然不同，因而在后续重修中自然需要采取针对性的工程措施。

王季卢在实地勘查当中，"博采旁询龙渠之沿革，惜能道其详细者寥寥无几"，不过，在邂近"一二老土著"后，从其口中对龙渠来历"稍知梗概"。据称，"囊昔长安市龙渠所到甚远，非仅一渠，四通八达，所在多有。惟年代久远，湮没无存"。光绪二十六年（1900）义和团运动之际，平津失陷于英法联军，慈禧太后驾狩西安时，曾经重修过一次，是为"新龙渠"。需要说明的是，此应为后世"西龙渠"转音的源头。"新龙渠"一股顺西城墙北趋，达玉祥门一带；一股蜿蜒曲折，注入莲湖。②

西京市政建设委员会在收到龙渠沿线居民呈请后，议决："以财力关系，除新渠外，只能酌用旧料翻修旧渠，其不足者，始可以新料补之。"③这一建设决议说明当时建设经费紧张，只能通过主要使用旧建筑材料的方式，节省开支，新旧建材混用也成为这一时期大量维修、建设工程的特点之一。

在工程进展方面，《西京日报》等西安本地报刊媒体十分关注，进行了连续性的追踪报道。1936年1月27日《西京日报》即载："本市重要水道龙渠即兴工疏浚，下水道工程处已派员测量，仍经

---

① 王季卢：《西安市龙渠工程报告》，《北洋理工季刊》1936年第4卷第3期，第49—53页。

② 同上。

③ 同上。

西马道巷等处入莲湖。"① 2 月 8 日该报记载更为详细："西京市政建设委员会下水道工程处为早日完成全市下水道工程,除北大街下水道干沟即将全部告竣外,旧龙渠翻修昨已兴工,计长一百三十五公尺。由西马道龙渠□北岸起,经西大街、牌楼巷北行,至西举院巷东行,经建国公园门口,转至早茨巷,经一中门前,迳向东行,再达洒金桥明沟,转注莲湖。"② 2 月 25 日,该报报道称:"本市下水道工程处积极修筑龙渠,土工进展甚速,已抵建厅门前","据监工人员谈,本年四月底全渠准可竣工"③。

1936 年 4 月 6 日,龙渠干沟工程竣工。④ 修浚后的龙渠成为复合型、多功能的引水、排水体系。4 月 7 日西安大雨如注,龙渠迎来第一次大考验。据 4 月 8 日《西京日报》报道:"昨竟日大雨,本市马路积水,直入下水道内,新修龙渠干沟水流畅通。"⑤ 表明此次龙渠工程在排水方面收效显著。

新修龙渠不仅在排泄雨水方面收到了极佳效果,而且在引水入城、改善城区园林风景方面也大放异彩。1936 年 5 月 8 日《西京日报》以"龙渠干沟完成,日内实行放水,园林管理处即将塞口开放"为题,报道称:"渠道路线,为由西护城壕起入城,至牌楼巷、建厅门前、东举院巷、洒金桥等处,而入莲湖。现因时届夏初,亟应引潏河之水入湖,以资点缀风景。"⑥ 5 月 13 日亦以大幅标题载"点缀莲湖公园,龙渠干沟昨放水"⑦。可见龙渠确实经过了西护城壕,在满足城区莲湖公园等地风景用水之余,很有可能也为护城河

① 《本市重要水道龙渠即兴工疏浚》,《西京日报》1936 年 1 月 27 日第 7 版。

② 《本市旧龙渠昨已兴工翻修》,《西京日报》1936 年 2 月 8 日第 7 版。

③ 《本市下水道工程处积极修筑龙渠》,《西京日报》1936 年 2 月 25 日第 7 版。

④ 《本市下水道龙渠干沟今竣工》,《西京日报》1936 年 4 月 6 日第 7 版。

⑤ 《西京日报》1936 年 4 月 8 日第 7 版。

⑥ 《龙渠干沟完成,日内实行放水,园林管理处即将塞口开放》,《西京日报》1936 年 5 月 8 日第 7 版。

⑦ 《点缀莲湖公园,龙渠干沟昨放水》,《西京日报》1936 年 5 月 13 日第 7 版。

注入渠水。

由于这次工程重点在于疏浚龙渠在城内的渠道，限于本研究主题关系，对于城区渠线流路、施工技术、窨井与横沟设计、建筑材料使用等详细内容兹不赘述，仅将新旧龙渠长度列表如下，以反映工程规模。

表 6—1　　　　　　　　1936 年疏浚龙渠各段长度一览①

类型	渠段	长度（米）	合计（米）
旧渠	南马道巷	155	625
	西大街	105	
	牌楼巷	170	
	西举院巷西首	50	
	大新寺巷	145	
新渠	西举院巷	262	575
	早慈巷南首	38	
	东举院巷	275	
支渠	建国公园内外	453	633
	早慈巷北首	180	
合计		1833	

注：下游明沟及以后加添者不在其内。

实际上，龙渠在城内的渠线长度相较于西安西南郊的渠线而言，只占很小的比例。郊区龙渠渠道的维护对于保障渠水稳定引入城壕、城区至关重要。

龙渠沿岸维护得到了陕西省水利总局以及沿渠各村乡约等基层管理者的重视。1935 年 11 月 30 日，解家村乡约葛福元向陕西省水利总局报称，该村村民权猪娃每日放羊 200 余只，均在"龙渠两岸

---

① 王季卢：《西安市龙渠工程报告》，《北洋理工季刊》1936 年第 4 卷第 3 期，第 49—53 页。

放卧，而将岸边踢坏，实系不堪"。虽经该乡约禁止，但权猪娃不但不听，且出言不逊。乡约无奈之下，只得向水利总局禀告。[①] 12月26日，陕西省林务局西安园林管理处要求警察石生善尽快赶赴解家村，督催权猪娃立刻补修被羊踏坏的渠岸；若其顽抗不修，即会同乡约葛福元、甲长刘石碌将其扭交就近岗警局究办。

1937年3月5日，西安市园林管理处在致西京市政建设委员会下水道公务所公函中称，由于西门外南火巷以东龙渠损毁，渠水不能入城，"所有细流尽溃泄于城壕"。造成渠水汇入城壕的原因是，自南火巷北口以东渠线经穿西关正街南边各商铺后院，而各商铺以渠水穿流院内，"恶其淹塌房屋，不时偷抛垃圾，堵塞渠道"[②]。5月6日，陕西省林务局致陕西省政府、西京市政建设委员会的公文中亦指出，城内龙渠经下水道公务所于1935年冬动工翻修数次，1937年春初竣工，当时即放水，却由于西关龙渠损坏，渠水不能入城。究其根源，龙渠自南火巷北口起，渠线向东经穿西关正街南边各商铺后院，始折南，循城墙约十余丈，复折东，穿城墙基下，入城内南马道巷，为暗渠；又折北至西大街东流，迂回入湖。但各商民以渠水穿经院内，恶其淹塌房屋，不时偷抛垃圾，堵塞渠道，因而此段渠水"遏积无路，尽旁泻于城壕"[③]。

1938年2月28日，西京市政建设委员会下水道公务所在致西安市园林管理处公函中指出，"龙渠上游居民因春耕用水，致将渠槽挖断十余处。如将来莲湖再行用水之时，必发生诸多障碍，但事关民生未便阻止"[④]。反映出农田灌溉用水与储水防灾、园林绿化之间的矛盾。3月7日，西安市园林管理处在回复西京市建委会下水道公务所公函中指出："敝处有时以湖水尚有积蓄，偶尔放任。但

---

① 西安市档案馆，全宗号：017，目录号：2，案卷号：238。
② 同上。
③ 同上。
④ 同上。

现值抗战时期，若任该居民挖断渠槽，湖内积蓄之水不几日即漏干见底，恐于防空影响甚大。似宜虑重缓轻，报请防空司令部，迳派工队迅速修渠，并严饬沿渠各村联保主任，嗣后须永久负责护渠，或由防空司令部严令长安县政府，转饬沿渠各村联保主任制止截水，负责护渠，以备引水防空。"① 可见龙渠引水入城与防空事务亦有紧密关联。

二　1940 年西城墙龙渠涵洞的修缮

龙渠从城外引潏河水入城，其最重要的节点和工程难点在于如何将渠道穿越护城河、城墙。从明清时期通济渠的做法来看，引水渠道在经过护城河时，极有可能采取了"架槽飞渡"的建筑技术，即在护城河上架设木槽或者石槽，渠水从中流过，进而穿越城墙上的"水门"或者后世所称的"涵洞"，引入城中。

20 世纪三四十年代，在将龙渠引入城区的工程当中，大致也采取了类似做法，尤其是在城墙上开凿有"涵洞"，以便渠水从中流入城区。

1940 年 2 月 17 日，陕西省会警察局第三分局指导员徐德明带领防护团员打扫城墙根沿线各处地下室。行至西门城墙地下室时，发现其中有积水，当即调查渗水来源。查勘发现，西门外有龙渠，其水势自西向东流至西门城壕边。该处安装有木闸，木闸开启，渠水则流入城壕；木闸关闭，则渠水由城墙下穿，经南马道等处，注入莲湖公园。南马道一带地下龙渠水沟系用三合土筑成。由于水沟损坏，渠水溃溢，渗入城墙地下室。徐德明当即派警员赴莲湖公园与管理员佟粟田接洽，将西门城壕边木闸开启，使渠水注入城壕，不再向城内流引。同时请市政工程处派员前往会同勘查。市政工程

① 西安市档案馆，全宗号：017，目录号：2，案卷号：238；全宗号：04，案卷号：295；全宗号：04，案卷号：155；全宗号：04，案卷号：432。

处要求警察第三分局将木闸拆去，并将地下室的积水抽干，再由该处派工修理。在地下室积水被抽干后，西京市政建委会工程处发现，城墙根部的土被水浸润，已经松软，而南马道路面暨地下室已暴露塌陷痕迹。一旦路面和地下室塌陷，城墙亦有坍塌之虞。"不独危险堪忧，亦于城防有莫大关系"①。

西门内南马道巷原筑有龙渠沟道，为引水入莲湖必经之路。警察第三分局曾饬令防护团掏挖地洞，由南马道花园横穿龙渠渠身之下，通出城墙，但施工前并未通知市政工程处。由于这段沟渠地基空虚，"被水冲坍，流入城洞。墙身为水浸蚀，呈现裂缝。所有城楼及平台南部下陷甚巨，势颇危险"。2月17日下午，市政工程处会同警察第三分局采取了汲出洞内积水、将洞身填塞等措施，"以免险象再行扩大"。自2月18日起，市政工程处在致函陕西省防空司令部、陕西省警察总局的公函中指出，随后市政工程处一面将龙渠渠水断流，一面抓紧维修渠沟。同时考虑到城楼墙台压力过大，"洞内土泥有继续下坠"的可能，因而请陕西省防空司令部、陕西省警察总局"赶速烧干全洞泥土，随将全洞填塞，逐层夯实"。之后再由市政工程处将所有裂缝加以切实修补。② 2月20日，西京市政建设委员会工程处致警察第三分局函称，此前由于"西门内南马道巷地洞被水渗入，浸及城洞、墙身，危险堪虞"③，警察第三分局函请工程处派工修理。工程处一面将渠水断流，一面由该处"沟工队"加紧修渠外，又致函防空司令部、警察总局等机构，希望其配合将"全洞泥土烧干，随后填塞夯实"。工程处后续亦将所有裂缝、淤土修理勾补，以期坚固。

2月23日，西京市政建设委员会要求市政工程处在西门城墙外

① 西安市档案馆，全宗号：04，案卷号：231。
② 同上。
③ 西安市档案馆，全宗号：04，案卷号：432。

龙渠上筑一小涵洞，并筑土路一段，通达大油巷城门。该处随即派查勘员林儒华详为查勘。2 月 29 日，林儒华在实地查勘基础上报告称，土路全长 452.55 米，宽 3 米，"略加修理，即可通车"，而沿路须伐椿树、榆树共 19 根；该段龙渠长 107.7 米，需筑涵洞高 1 米，宽 3 米（砖台石条盖），共需青砖（利用拆西稍门砖）5.38 公立方（约 2421 块），石灰 700 斤，沙子 1.5 公立方，石条 8 块（拆西稍门石条）。从这一报告可以看出，此次工程还与拆毁西稍门工程有关，[1] 如表 6—2 所示。

表 6—2　　1940 年 3 月 2 日西京市政建设委员会工程处西城墙
龙渠涵洞材料单价预算[2]

种类	单位	单价（元）	数量	合价（元）	附记
青砖	页	—	2421	—	利用拆西稍门青砖，料价不计
石条	块	—	8	—	利用拆西稍门石条，料价不计
黄沙	公立方	450	1.5	675	—
石灰	百斤	580	700	4040	—
合计				4735	
附注	用本处工队砌做，工资不计				

三　1940—1941 年西京市引水工程计划

20 世纪 30 年代在重新疏浚龙渠之后，潏河水曾被引入城壕、城区，但由于引水稳定性较差，在给西安城壕、城区供水方面时断时续，有时甚至难以为继。

1940 年夏，西京筹备委员会、黄河水利委员会、陕西省建设厅及水利局等机构有鉴于"本市已饮料缺乏，空气干燥"等水环境恶

① 西安市档案馆，全宗号：04，案卷号：432。
② 同上。

劣状况，计划导引大峪河、沣河河水进城，并合组设计测量队，为制订详细计划开展前期工作。勘测队于 1940 年 6 月成立，中旬出发勘测，施测至 9 月底，野外工作次第完竣。经测路线及给水区域分别是：1. 引大峪渠线；2. 引大峪并入浐河渠线；3. 引沣河渠线；4. 引潏河渠线；5. 给水区域为西京市护城河及市内各重要街道，计长 23 公里。[①] 这一计划明确提出了护城河（城壕）是此次引大峪河、沣河水灌注的重要地区，而不再如 30 年代龙渠疏浚主要是为了向城区供水、排泄雨水，城壕只是偶尔兼及的给水区域。

关于此次引水进城计划的前期筹备和方案，《西京日报》等报刊亦倍加关注，1941 年 7 月 9 日以 "各机关商讨决定引水进城设计案" 为题，对此做了专题报道。

从该报道分析可知，自 1940 年 9 月底结束野外勘查测量之后，直至 1941 年 7 月，西京筹备委员会、黄河水利委员会、陕西建设厅及水利局等机构仍在商讨引水入城方案。若从 1940 年 6 月测量队合组成立算起，这一工作在持续了一整年之后，仍处于完善方案、讨论工程内容的阶段，足见当时主管机关对于这一工程的重视。毕竟，若这一工程最终建成使用，"西安即成水城"，"不仅四郊傍水农民均受其益，城壕满注河水，沿东西南北四大街均有清流，干板之西安将变为江南之水乡"[②]。记者对此工程计划前景的生动描绘，给当时的政府和民众提供了无尽的想象空间。

1941 年 7 月 5 日，西京筹备委员会、黄河水利委员会、陕西省建设厅及水利局举行第五次会议，商讨设计方案和工程施工办法。决议如下：1. 东线导引大峪河；2. 西线利用沣惠渠，另建吸水设备及水塔；3. 整理旧龙渠；4. 城西北辟排水渠；5. 共需款约 500 万元，由省政府筹款，并由西京筹备委员会会同黄河水利委员会向

① 西安市档案馆，西京市政建设委员会工程处，全宗号：04，案卷号：558。
② 《各机关商讨决定引水进城设计案》，《西京日报》1941 年 7 月 9 日第 2 版。

中央请款。①

可以看出，这份引水入城方案就建设项目而言，显得雄心勃勃，远超明清以迄20世纪30年代任何一次城市水利建设规模，不仅计划从城东、城西两线双向引水，而且要整修明清时代的通济渠旧道及其城内渠线，还要在地势较低的城西北开辟排水渠道。若这些工程能够一一落实，不仅护城河能够得到持续性的灌注，改变城壕干涸的面貌，而且城区公共园林池沼用水、居民生活用水、污水和雨水排泄等问题将会得到较为彻底的解决。

当然，这项庞大的工程计划要付诸实施，面临着诸多问题和困难，尤其是很多技术难题有待克服。例如，1941年7月17日，西京市政建设委员会工务科即提出质疑：1. 本市引水进城，四关、城壕各种原有之桥涵能否合用，抑或需要改建；2. 城墙四周下部各防空洞是否在原设计水平线下，对各防空洞有无影响。②

由于当时正处在抗日战争最为艰苦的阶段，受敌机轰炸、经费短缺、技术难题等因素的制约和影响，最终上述计划并未能一一落实。不过，这一阶段西京引水工程计划的测量、讨论等活动，提出了不少具有前瞻性的思路和认识，为后续相关引水入城工程的勘测、建设提供了参考数据，其意义仍值得肯定。

四 1943—1944年龙渠引水入城工程

由于1940—1941年的西京引水计划未能付诸实施，西安城区用水困难、城壕无水灌注的情况依然严峻，陕西省政府、陕西省建设厅、西安市政工程处等主管机关始终未放弃从城外引水解决城区、城壕用水难题的想法，并进行了一系列的调查、建设活动。

---

① 《各机关商讨决定引水进城设计案》，《西京日报》1941年7月9日第2版。

② 西安市档案馆，西京市政建设委员会，全宗号：03，案卷号：676；全宗号：04，案卷号：39；全宗号：017，目录号：5，案卷号：20-2，20-3。

1943 年 4 月 10 日，陕西省西安市政工程处在致工务局的训令中，提出自距城约 30 里的碌碡堰引潏河水，沿旧龙渠入莲湖公园，"以增园景"①。随后工务局派员对丈八头至碌碡堰水流情形、渠道长度等进行了实地查勘。4 月 15 日，工务局职员在对龙渠踏勘后，就丈八头至西城门处渠道情形报告称：

1. 由西门外至桃园村渠段，渠底高出耕地 1 米左右，因年久失修，渠坡形态与尺寸大多不合规定；渠内有较多抛掷的瓦砾，所幸渠中淤土较浅，破坏之处较少；西关一带居民倾倒生活垃圾，以致将渠身填塞；由于西城墙入口处兴筑防御工程，掘出之土将该处渠身"淤塞填实"。

2. 由桃园村至姚头渠段，渠身内面多被沿岸居民"肆意松虚，似有耕种之势"，渠底高出耕地 0.5—1 米，"破坏之处甚少，淤塞甚轻"。

3. 姚头至丈八头渠段，渠身完好，可放水灌田。工务局代表踏勘之际，当地苗圃正在放水灌溉。

4. 丈八头至碌碡堰渠段，因天雨未能实地踏勘。而据该代表询诸乡老，获悉潏水分流入龙渠之水甚少。龙渠在丈八头的流速平均每秒 1.5 米，流量约每秒 1 公立方（每小时 3600 公立方）。

针对全段渠身情况，工务局代表提出治标、治本两种办法：

1. 关于治标的办法，由于龙渠引水入城有不敷应用的问题，因而应由政府相关机构"责令沿渠线居民不得偷用渠水灌溉田园、苗圃"，制定严格的管理规则。而在水量充足时，则允许农民分流灌溉。"惟沿渠农民偷水已成惯例，施行禁止确为一大问题"。同时，将渠身明渠部分的坡度加以修整，对损坏冲塌的渠岸修复夯实，暗渠部分则将淤塞渠段的淤土挖出。

---

① 西安市档案馆，全宗号：017，目录号：6，案卷号：76。

2. 关于治本的办法，欲使渠水流量充裕，除"节流"外，可采取"开源"之法，即从潏河大量分水进入龙渠。同时，应将明渠段落高出耕地的渠身加厚，以减少渗水损失，而暗渠段落应设法检查漏水处，用洋灰浆或白灰浆勾抹。①

相较而言，上述两种办法前者较为节省，后者较为靡费。因而工务局代表建议，在此经济拮据时期，应采用前法，毕竟"洋灰昂贵，白灰恐不耐时"。在具体施工方面，郊外明渠可责令民工修理，工务局派监工人员督修；城内暗渠部分或承包，或自修。全部工程约计 1 个月可告完竣。②

4 月 18 日，西安市政处工务局报告修整龙渠工程开支分为四部分，如表 6—3 所示。

表 6—3　　　　　　　　1943 年修整龙渠工程开支一览③

工程类别	内容	开支（元）
渠道疏浚	明渠（仅将冲毁处填塞、淤积处挖平）	80000
	暗渠（仅将其中淤泥挖出、运除）	80000
渠道修整	将暗渠损坏处补修完竣	30000
桥涵修整	修补涵洞一座、搭建简单道路桥一座	30000
其他	测量等费	20000
合计		240000

1943 年 5 月 31 日，陕西省政府秘书处技术室技正孟昭义奉派查勘龙渠引水工程。考察情况如表 6—4 所示。

---

① 西安市档案馆，全宗号：017，目录号：6，案卷号：76。

② 同上。

③ 同上。

表6—4   1943年5月龙渠引水工程现状与拟修措施一览①

序号	段落/位置	长度（米）	现状	拟修措施
1	城墙至西门口	100余	因垃圾、土砾堆积，多有堵塞，计40—50公立方	派工挖除
2	西门口至土城墙	200余	一部分在民房内，一部分有积土，计30—40公立方	应行整理
3	土城下原有涵洞	—	年久损坏，尚有一半堪用	亟须修补
4	米家桥	—	原有石桥一座，以前由于修筑马路，亦被拆除，惟石料堆路旁	可利用旧料修砌1米方形涵洞，以利交通
5	土城至丈八头	7000	原有渠道如旧，惟杂草丛生，间有防空洞及小沟	需派工整理，计50—60工
6	丈八头以上渠道	—	水流通畅，惟约有20余米渠岸崩溃	需打木桩帮修，以免河水横流
7	丈八头至碌碡堰	8000—9000	沿渠因水田甚多，需水灌溉，故支渠过多	渠道应稍加疏通，必要时派工堵塞支渠渠口
8	碌碡堰	—	原有木闸门2个，业经遗失1个	亟须添做木闸门1个（长约1.6米，宽约0.8米，厚约0.05米）
9	碌碡堰闸口	—	内外砂草淤积，计30余公立方	派工挑挖
10	城内渠道	—	暗沟有淤塞之处，马神庙巷一段明渠垃圾堆积	派工清除

孟昭义在查勘中获悉，丈八头、碌碡堰两处原有水夫头各一名，陕西省水利局曾雇用其管理放水达30余年之久。1938年每月津贴15元，若计划长期放水，可继续雇用。

1943年6月11日，西安市政处技士黄怀仁会同陕西省建设厅技正陈兴章前往龙渠沿线实际踏勘，② 并于6月18日提交考察报

---

① 西安市档案馆，全宗号：017，目录号：6，案卷号：76。

② 同上。

告。该报告详细地汇报了龙渠自取水口至城内各段的情况，并对杜曲至韦曲之间的潏河河道进行了考察，对了解当时龙渠、潏河状况具有十分重要的价值。6月21日，陕西省政府建设厅致西安市政处公函重述了上述报告。① 8月，市政处撰拟了《整修龙渠测量队预算书说明书》，指出龙渠总长约20公里。②③ 当年，西安市政处工务局派遣沟工队，对龙首渠城外渠段淤塞不畅的段落进行了疏浚、修整，以确保将潏河水引入莲湖。④

1944年5月30日，西安市政处工务局致市政处稿称，已派技士刘国鑑会同水利局派员，就"引潏河水沿龙渠流入莲湖公园湖内一案"进行了查勘。⑤

刘国鑑在《龙渠整理计划书》中报告称，龙渠系由杜城村西南碌碡堰引水，经闸口、丈八沟等村，至西安城内，而入莲湖。过去因管理不善，及上游农民截水灌田，致中途水涸，渠水无法入城。拟将上段两岸渠堤薄弱处加以培修，免其冲决，并增修斗门四个，于莲湖水满时启门，供给两旁农田灌溉之需，绝对禁止决堤灌田。下段由闸口至西安城墙洞，数年来无水，失于养护，暨市区内明暗渠道淤积损坏，应分别疏浚、培修。龙渠穿过之大车路四道，旧有桥梁多数破坏，亦应重修，估计修筑斗门四座，桥梁四座，暨上段培修土堤土方8000公立方，下段土方17097公立方，以及市区内明暗各渠整理费与工程意外、受理杂项等费，估计共需公款350万元。⑥ 有关此次龙渠工程的工料、造价、做法等，可从表6—5、表6—6中略窥一二。

① 西安市档案馆，全宗号：017，目录号：6，案卷号：76。
② 同上。
③ 西安市档案馆，全宗号：017，目录号：2，案卷号：44-1。
④ 西安市档案馆，全宗号：017，目录号：6，案卷号：76。
⑤ 西安市档案馆，全宗号：017，目录号：2，案卷号：169。
⑥ 同上。

表 6—5 　　　　　　1944 年 5 月补修关墙下涵洞工程估价①

种类	单位	单价（元）	数量	合价（元）	备注
打灰土基础	公立方	1200	0.3	360	3：7 灰土
砌青砖	公立方	2700	1.73	4671	1：3 白灰沙浆砌
砌拱上土坯	公立方	500	4	2000	用黄泥浆砌
共计				7031	

表 6—6 　　　　　　1944 年 5 月整修龙渠工程预算②

种类	单位	单价（元）	数量	合价（元）	备注
斗门	座	10000	4	40000	——
桥梁	座	29000	4	116000	——
培修上段土堤土方	公立方	50	8000	400000	长约 8 公里，每米平均 1 公立方计
整修下段土渠道 土方	公立方	40	17097	683889	挖填土，平均每公立方 以 40 元计
整修市内明暗渠道	——	——		1441546	
意外费	——	——		278565	
杂项	——	——		270000	
管理	——	——		270000	
总计				3500000	——

　　从此后档案、报刊等记载大为减少的情况来看，整修龙渠工程可能只实施了部分渠段，并未能按照上述计划，投入巨大经费对其进行彻底整修，因而最终引水效果可能并不尽如人意，向城壕灌注河水的情况或只短暂出现过，在整体上并未能改变城壕的干涸面貌。

---

① 西安市档案馆，全宗号：017，目录号：2，案卷号：169。
② 同上。

五 1946年修筑城壕工程

抗战胜利后，和平时期并未延续多久，陕西地方当局旋即开始强化西安城防，以求在与中国共产党领导的人民解放军的对决中立于不败之地。城壕作为城墙外围的配套防御设施，能够与城墙高下相倚，构建立体火力网，也能增大攻城部队进攻的难度。为此，陕西地方当局采取了迁移城壕附近难民、修筑城壕的防御措施。

1946年3月23日，西安市政府将《抄送本市城壕两岸窑洞堵塞工作会议记录（市建字第219号）》转知陕西省政府社会处、西安市警备司令部、陕西省政府、陕西省会警察局，就有关"堵塞西安城壕两岸窑洞，维持地方治安一案"指出，西安市议会动议，请保安司令部"封闭城墙防空洞"。保安司令部拟完计划后，移送西安警备司令部，要求西安市政府与该部洽商。西安市政府指出，"城壕两岸窑洞，并非城墙防空洞"。陕西省政府社会处等机构认为，堵塞西安城壕两岸窑洞，可保障地方治安。陕西省政府委员会第九十二次会议决议由西安市政府会同社会处、警察局、警备司令部商讨。西安市政府派建设科外勤人员前往勘查窑洞数目及难民人数，于1946年2月23日上午九时，召集市政府、社会处、警备司令部、警察局等机关代表，在西安市政府会议室会商结果，决议办法七项，抄呈省政府。其主要内容包括以下几方面。

1. 由警备司令部、宪兵团、警察局对城壕两岸窑洞居民劝导迁移。

2. 由省政府函请（中央）救济分署派陕专员协助解决城壕两岸难民迁置问题。

3. 经勘查，城壕两岸窑洞共计1504个，体积合计35307公立方。堵塞窑洞所需工费，每方以600元计，约需国币21184200元。城壕两岸窑洞居民共计11210人，迁移费每人以500元计，约需

5605000 元。以上两项费用总计 26789200 元，由财政厅与会计处设法统筹。

4. 城壕两岸窑洞内的陕籍难民交由陕西省救济院设法救济，促其早日离开城壕。

5. 堵塞城壕窑洞工作实施之先，应通知警备司令部派员指导，以免破坏国防工事。

6. 堵塞城壕工作应采用以工代赈办法。

7. 该项工程由社会处、警察局、警备司令部、财政厅、会计处及市政府合组 "城壕两岸窑洞堵塞委员会"，办理有关事宜。①

1946 年 12 月 14 日，"西安城壕修筑第二期工程管理委员会第八次会议"在西安市商会召开，查用钧先生报告了当时 "警备司令部接办修筑城壕尾工情形"。鉴于该工程已竣工，决议自 12 月 17 日上午九时开始验收，验收人员自警备司令部集合出发，由警备司令部、西安市商会、西安市政府代表组成验收小组。这次会议还决定，竣工验收的城壕工程，如有余款，拨抵西安市冬赈捐款，"以轻民负"②。12 月 31 日下午，由西安市政府、西安警备司令部、西安市商会代表召开的 "西安城壕修筑第二期工程管理委员会第九次会议"在西安市商会举行。决议城壕工程结余公款 520551 元全部移交市商会保管。③

六 1947—1948 年扩掘城壕工程

在城墙外围的军事防御体系构架中，城壕（即护城河的干涸形态）占据着至关重要的地位，对于阻碍敌方军队进攻、构建己方火力网络能够发挥独特作用，因而在 1947—1948 年间，陕西地方政

---

① 西安市档案馆，全宗号：01，目录号：11，案卷号：146。

② 同上。

③ 同上。

府和军队调动了大量人力对城壕进行了针对性的扩掘、加固等工程。由于这一时期人民解放军的进攻步伐大为加快，在全国各主要战场连续取得重大胜利，西安作为国共军队必争之地，极有可能发生激烈战役。在这一紧迫局势下，陕西当局再度对城壕进行扩掘工程，相较于 1946 年的修筑城壕工程，此次规模更大，动用人力更多。

1947 年，西安、广州、沈阳、武汉四大城市被国民政府升格为行政院直辖市（简称"院辖市"），6 月，国民党中常会决议由王友直担任西安院辖市市长。1947 年 7 月 1 日，王友直就任西安市市长。十多天后，胡宗南在陕北作战失利，担心后方空虚，旋即致电西安绥靖公署，指示修筑西安城防工事，以防不测。西安绥署公署立即召开军事会议进行部署。参加会议的人员包括西安警备司令、西安警察局长、陕西省保安司令部参谋长等。随后，"西安城防工事委员会"成立，由西安警备司令部司令曹日晖兼任主任，西安市市长王友直和陕西省建设厅厅长陈庆瑜兼任副主任。城防工程规模越来越大，既要扩建西安城壕，又要在飞机场周围修筑碉堡。在这种情况下，仅靠西安市的人力、财力等已负担不起，胡宗南要求祝绍周协助，祝绍周便调派西安周围各县的民工赶赴工地，修筑城防工程。

拓宽城壕工程的主要任务是"将旧有城壕、战沟放宽至十八公尺"①，同一时期，城壕规模又有"宽须五丈，深须掘至见水三尺"②之说，还有一种说法是"城壕就原来的规模扩大之，要阔五丈，深五丈。在这样深的情形下，是早已见水数尺了"③。修筑城壕作为当时城防工程的重要组成部分，土方量堪称巨大，耗资多达

---

① 张一文：《请看西安》，《观察》1948 年第 4 卷第 11 期，第 12 页。
② 文若：《城防储粮与人心》，《舆论》1949 年第 2 卷第 2 期，第 16 页。
③ 蒙若：《风雪长安》，《展望》1948 年第 3 卷第 11 期，第 10 页。

300 多亿元。1948 年 4 月 16 日《申报》载称："西安市府负责部分之城防军事工程，三五日内即可全部完成，包括城壕浚深，及机场外壕等项艰巨工事。土方四十万方，耗资三百余亿。由西郊机场进城之西城门，决议早扩宽，并开辟新城门与盘旋形环道。"①

实际上，这项庞大工程并未能在短期内完成，一直持续至当年年底尚在兴工之中。

1948 年 11 月，西安市第四区区公所奉命修筑城壕工程，经区代表会组织"城壕工程委员会"。公推刘海亭、孟钰先、李精一、白慎修（时任第四区区长）、郝立绪（时任副区长）、卢振亚、马旭初、郭清荣、于原建、马如龙、焦藩东（砖瓦业同业公会代表）等 11 人为委员，刘海亭为主任委员，焦藩东、白慎修、郝立绪为副主任委员。② 除了城壕工程委员会的领导群体之外，据 1948 年 11 月 7 日《申报》报道："西安城防工程已开工，民夫数万均已到齐，刻在城周修筑外壕。"③ 可见此次征调民夫数量之多，当时就有一种说法，"普通民家每户要负担二十个工，以此为准，凡动用民工达八十万个以上！"④ 据《申报》载，这些"民工""民夫"来自 18 个县市。⑤ 虽然目前无从考证 18 个县市的具体名目，但可以推论的是，这些民工、民夫的来源地应当以关中各县域为主。毕竟修筑城壕工程的技术要求、工程做法相对简单，不像清代建盖城楼、卡房、马面等需要雇聘外省的能工巧匠。

参加城壕工程的民工群体往往要长途跋涉前往西安，其劳作环

---

① 《西安城防工事即可全部完成》，《申报》（上海版）1948 年 4 月 16 日第 25202 号第 2 版。

② 西安市档案馆，全宗号：01-8，案卷号：645。

③ 《西安修筑城防，民夫数万到齐》，《申报》（上海版）1948 年 11 月 7 日第 25405 号第 1 版。

④ 蒙若：《风雪长安》，《展望》1948 年第 3 卷第 11 期，第 10 页。

⑤ 《陕省设两守备区·西安城防工程月底可竣工》，《申报》1948 年 12 月 25 日第 25453 号第 1 版。

境、居住条件非常艰苦、简陋："百姓从数十里，甚而百里以外，扛东带西的来执行上级的命令。白天工作，晚间无处居住，无可奈何，只得将城壕内过去曾住难胞而为当局挖塌的烂窑，重行掘开，以作栖身之地。但不凑巧，上天又复多雨，烂窑洞终于不能住了，又只得迁居遥远的破庙之中。他们白天吃不饱，晚间睡不好。"① 进入冬季后，民工扩掘城壕的劳作环境更加恶劣："民工们便在这风雪齐作的天气，把身体浸在冰块泥浆中，掘城防，掘城防。至于掘来干什么用场，他们却很可以不知道。"②

民工们不但劳作环境、生活条件差，而且没有酬劳。当时的一则评论文章即载："这巨大的工程全系民工，市民普通家庭须出工五十名，商号则超过一百名，不过均须每名以金元券廿元代之缴上。实力由西安附近县份派出，前来工作。然而工作并无代价。口号是'有钱出钱、有力出力，完成戡乱大业！'"③ 也有时人记载称，当时民工有90%是从难民群中雇来的，由西安市80万市民负担这笔工钱；另外10%是派来的工，"这些人多半是做小本生意，如卖油条的，派工派到自己头上，出钱出不起，便只好硬着头皮自家来干了，虽然因而误了生意，饿了肚皮，也无如之何"④。反映出修建城壕工程一方面可能通过雇用难民，支付少量报酬，进而达到"以工代赈"的效果；另一方面对参加工程的城市小商贩群体并不支付酬劳，对其生计、生活均有负面影响。

由于城壕内外居住有大量难民，所以修筑城壕也就意味着要驱散这些无处栖身的民众。1946年陕西地方政府就曾驱逐过居住在城壕一带的河南难民。当年4月10日，陕西省政府发出布告，限7月1日以前困居西安城壕之河南流亡难民十余万人离境，否则即行

① 张一文：《请看西安》，《观察》1948年第4卷第11期，第12页。
② 蒙若：《风雪长安》，《展望》1948年第3卷第11期，第10页。
③ 文若：《城防储粮与人心》，《舆论》1949年第2卷第2期，第16页。
④ 蒙若：《风雪长安》，《展望》1948年第3卷第11期，第10页。

填壕驱逐。河南旅陕知识界请求陕西省政府悯情优容，以待泛区复兴后资遣回籍。①虽然已过 2 年之久，但 1948 年时城壕及其周边仍为大量穷苦者的栖居地。1948 年 12 月 6 日《申报》报道称："西安城防工程积极进行，有关方面已决定令饬居住于工程地带之难民，限三日内迁出。"② 这一包括城壕修筑在内的城防工程持续至12 月底竣工，"市民为慰劳其披雪冒风之苦，已筹备于竣工之日演映剧影慰劳"③。

　　与 1946 年修筑城壕的情况相似，1948 年扩掘城壕期间，也强制驱离了大量无家可归的贫民，尤其是在寒冬腊月，造成了严重的社会民生问题。蒙若在《风雪长安》中记载道：1948 年 12 月 "物价飞涨，寒流突袭，清贫的公教员固然苦了，无告的乞儿难民就更叫苦不迭。古城长安本来就是个难民窟，几乎除了繁华的四大街外，无处没有草架席棚。而聚集得尤其多的地方则是火车站、外城壕。如今，由于挑掘城防，后一所在的贫民更纷纷走向火车站，火车站有人满之患。天寒地冻，饥肠千转，数万贫民一淘儿钻进自家的破巢等死！"④原本群集栖居在城壕沿线"草架席棚"中的数万贫民，由于扩掘工程的开展，不得不迁移至火车站暂时栖身，加剧了当时本已严重的城市治安、环境卫生、民众生计等问题。

　　这一时期包括城壕等在内的大量城防工事的兴建、扩掘，耗资巨大，因而这些工程在很大程度上推进了当时所谓"戡建经济"的发展。当然，归根究底，这些建设经费主要是由政府向民众摊派

---

①　王天奖、庞守信、王全营等：《河南近代大事记 1840—1949》，河南人民出版社 1990 年版，第 449 页。

②　《要闻简报》，《申报》（上海版）1948 年 12 月 6 日第 25434 号第 2 版。

③　《陕省设两守备区·西安城防工程月底可竣工》，《申报》1948 年 12 月 25 日第 25453 号第 1 版。

④　蒙若：《风雪长安》，《展望》1948 年第 3 卷第 11 期，第 10 页。

"戡建捐""城防捐"① 予以征收。总数按"商七民三"分配。商人按营业税的 23 倍缴纳，民宅按房间多少捐献。前者动辄数千万，后者亦达数百万。"此外还有什么壮丁费，粮草费，杂七杂八的款子，多的无以复加，简直使人喘不过气来。"②

对于城壕扩掘工程等城防建设经费来源的记述众说纷纭，蒙若就指出："西安市这一次的城防工作，在王市长刻意经营之下，的确是做得有声有色的。而工程之伟大，花费之巨大也的确前所未见。且不说由政院拨来的款项，光就地征收的款项，也平均每一个市民廿元整。征收办法是商六民四。"③ 这虽与上述"商七民三"的征收比例有所不同，不过，同样说明商人、商户是征收款项的主体，而民户承担的比例相对较小，属于辅助款项。

关于此次城防工程修建的工期，据《西安市志》载：1948 年 2 月，经西安市参议会通过，西安市政府从是月起开征"戡乱建国费"。从 3 月 18 日开始，分段挖掘西安城壕，修筑城防工事，5 月初完工，耗资 218.65 亿元。20 日动工，分段开挖西安机场外壕，4 月 27 日完工，耗资 68.88 亿元。④ 实际上，这只是其中一个阶段的城防建设，后续城防工程一直持续到 1949 年春季。时任西安市市长王友直回忆称："本来我满腔热情地要做市政工作，没想到上任仅十多天就被绑在城防工事上了，一直修到西安解放的前几天才停下来。这样，我还有什么市政可言呢？"⑤ 从史料记载来看，情况确实如此。1949 年 1 月 13 日，胡宗南指示陕西省政府主席董钊、西安市市长王友直、西安警备司令钟松，"迅速加强西安城防，应以

① 文若：《城防储粮与人心》，《舆论》1949 年第 2 卷第 2 期，第 16 页。
② 张一文：《请看西安》，《观察》1948 年第 4 卷第 11 期，第 12 页。
③ 蒙若：《风雪长安》，《展望》1948 年第 3 卷第 11 期，第 10 页。
④ 西安市地方志编纂委员会编：《西安市志》第一卷《总类》，西安出版社 1996 年版，第116 页。
⑤ 王友直：《我任国民党西安院辖市市长的前后》，《雁塔文史资料》第 3 辑，1989 年，第13—15 页。

非常时期手段，达成非常目的，限于 2 月 15 日完成之"①。而从实际进展看，城壕扩掘等城防工程确实持续到了解放前夕。② 但无论护城河修得有多么宽深，也无法阻挡人民解放军的前进步伐。1949年 5 月 20 日，古都西安解放，西安的发展自此进入了一个崭新的阶段。

① 经盛鸿：《胡宗南大传》，团结出版社 2009 年版，第 306 页。
② 韩光琦、王友直：《胡宗南逃离西安前夕的罪行片段》，《陕西文史资料选辑》第 8 辑，1980 年，第 183—189 页。

结　　语

　　通过以上基于工程史、城市史、历史地理等学科视角对明清民国时期西安城墙维修保护史实、修筑工程的探究，不仅从宏观上梳理了城墙、护城河等城防设施与城市景观在近六百年间的变迁历程，而且对不同阶段的城墙、护城河修筑个案进行了具体、微观的考证，论述了 14—20 世纪西安城墙、护城河面貌和景观的盛衰、兴替，藉此也堪以反映西安这座城市从封建时代后期向近代转型期嬗变过程中的发展轨迹。

　　作为"中观"的研究视角，本项研究主要采取了"工程史"切入角度，能够最大限度地兼顾以往城市史、历史地理等学科的宏观论述优势和空间分析特长，同时吸收规划史、建筑史等学科注重微观视角和探究工程细节的做法，在充分挖掘各类史料，尤其是清代、民国档案的基础上，将明清民国时期西安城墙维修保护的各项活动、史事视为规模不等、层级不一、主旨各异的修筑工程事件，依照工程建设的一系列环节，包括动议、筹划、勘测、实施、验收、影响等，对明清民国西安城墙修筑工程的来龙去脉、实施细节、后续影响等进行了深入细致的考订。采取这一做法使我们有可能从根本上阐释西安城墙、护城河等随着岁月流逝、时局变动而显现出的诸多变化，而不是简单复原特定时段城墙、护城河的静止状况。

　　从工程史的视角来理解、复原和阐释明清民国时期城墙、护城河的修筑工程计划、方案、活动、事件等问题时，最大的优点不仅在于能够将原本内容极其繁复的修筑过程和史事依照工程建设的时序分解为诸多环节进行细致讨论，而且能够使我们充分关注到城墙修筑活动的各类规划者和参与者、建筑材料、工程经费、施工分期、技术特点等研究要素。

　　同时，基于工程史的视角进行分析，不难看出，城墙、护城河作为军事防御设施和城市景观，其维修保护活动、修筑工程也是明清民国时期西安城乡众多建设工程中的一部分，是时人为加强城防、改善环境、防御空袭、便利交通等采取的或主动或被动的措施，无不带有时代的烙印，具体探讨、评价之际应当从历史背景、情境、时空出发，而不能完全站在今人角度对前辈先贤的维修保护思想、举措进行"强求古人"式的品评。

　　明清民国时期，西安城墙、护城河经历过众多建设、维修活动，包括数十次重大城工，这些工程建设一方面牵涉不同时期的军事防御、政治考量、经济发展、赈灾救济、环境卫生等问题；另一方面，就工程建设自身而言，也属于重要的政治、军事、经济、民生活动。城墙、护城河等城防体系的维修，既是保护历史胜迹、"以存古迹"的做法，也是从心理上震慑西北、西南边疆地区权力阶层、"以壮观瞻"的策略，更是强化城高池深的防御体系、"捍患御侮"之举，此外还是"以利民生"的社会经济活动。正鉴于此，西安城墙维修、保护举措、修筑工程绝非简单的城防建设，而是与区域社会政治、军事、经济、文化等多领域关联的综合性活动。

　　就明清民国时期西安城墙修筑工程的参与群体而言，既有中央朝廷和地方官府的大量官员、技术人员主持领导、勘测估算、竣工验收，又有成千上万的本省和外省籍工匠、民夫等参与施工、勤苦劳作，也有大量难民迫于生计应征或被迫参加城工，以求暂渡难关，还有大量慷慨解囊、为城工捐款的士绅商民，以及参与城工建设的驻地军队。从这一角度来说，城墙的修筑绝非某些著名官员的一己政绩，其中凝结了无以计数的本地和外地官员、士绅、工匠、民夫、军人的智慧与劳动，完全属于集体性的工程建设成就。尽管得以千秋万世留在史册上的，仅仅是少数主政官员的姓名，而那些成千上万的城工参与者，其中绝大多数人的姓名却湮没在历史的尘埃之中，但他们对西安城的贡献不应该被忘记。

就城墙修筑工程的经费来源而言，主要有官帑公费、官民捐款两大类。从时段上看，明代至清代中期，以来自朝廷和陕西布政司库的公帑开支为主，反映出在国家和地方政府财力相对充裕的时期，城墙修筑经费并不仰赖于民间力量；而从清代后期开始至民国时期，来自官员、士绅、商民的主动捐款或被动征捐成为城工建设的重要经费来源，在某些时期甚至成为主要来源，反映出在国家和地方财力捉襟见肘的时期，城墙修筑工程进入了勉力支撑的阶段，也在一定程度上反映出关中地区士绅群体在区域建设事务中地位上升的趋势。相较来看，明清时期大量的城工捐款主要基于"自愿"的原则，而在民国后期修建城防工事、拓掘城壕工程期间，地方政府不仅采取"强迫捐款"的方式，而且在征调民力方面，也不乏"强迫劳动"的情况。当地方政府已经不顾民众生计，采取强迫手段进行城墙、城壕的修筑时，虽然从军事防御角度来说，城防工事颇为牢靠，但民心已失，当局终归还是难逃"失道者寡助"的宿命，反而在城墙、城壕最坚固、深阔的时期迅速倒台。

就城墙修筑工程的经济效应来看，由于在城工进展期间，从朝廷和地方政府划拨了大量建设经费，用于购买建筑材料、采购工粮、支付工匠酬劳和运输费用等。通过这些具有显著商品交易特色的经济活动，大量钱款通过建设环节从官府国库流入不同行业的劳动者、从业者手中，最终刺激、推动了区域经济的发展，例如砖瓦业、木材业、石灰业、粮食业、运输业等。同时在一定时段内提高了相关行业从业者的收益，改善了其生活、生计状况，官府还采取"以工代赈"的形式救助了数以万计的灾民、难民，进而在社会诸多领域显现出良性效应。

就城墙修筑工程所用的建筑材料来源而言，通过建材的大量采购、运输，从而在关中不同区县、不同行业之间建立起了紧密的联系，西安城墙的修筑也就不单是西安一城的事情，而且是关中多县官民关注和支持的重点城工。当来源于盩厔县的木料、富平县的石灰和石料、西安城郊的城砖、浐河滩的砂石等大宗建材源源不断地运往西安城墙、护城河工地的时候，区际之间在经济、环境等方面的联系和沟通就大为加强，西安城工因此也就与秦岭山地植被的采伐、富平一带石灰的烧制、采石场的采掘、西安城郊窑厂的发展、浐河水文环境的变化等原本看似无关的诸多要素之间建立起了千丝万缕的联系。

纵观明清民国时期西安城墙修筑工程的风雨历程，处处凸显古人在勘测估算、组织管理、实施兴工、军民合作等方面的闪光智慧，值得当今和以后在城墙维修保护、开发利用方面参考和借鉴。以上仅是基于西安城墙修筑工程众多个案总结的若干初步认识，尚属浅易，今后仍需继续搜集史料，进行细致研读和分析，以期获得更多崭新见解。

参考文献

一　方志舆图

1. （元）骆天骧撰，黄永年点校：《类编长安志》，中华书局 1990 年版。

2. （明）赵廷瑞修，马理、吕柟纂：《陕西通志》，西北大学图书馆藏明嘉靖二十一年（1542）刻本。

3. （明）李思孝修，冯从吾等纂：《陕西通志》，陕西省图书馆藏明万历三十九年（1611）刻本。

4. （明）何景明：《雍大记》，四库全书存目丛书，史部，184/1，齐鲁书社 1997 年版。

5. （明）曹学佺：《陕西名胜志》，四库全书存目丛书，史部，168/1，齐鲁书社 1997 年版。

6. （明）李贤：《大明一统志》，三秦出版社据明天顺刻本影印 1990 年版。

7. （清）贾汉复修，李楷纂：《陕西通志》，陕西师范大学图书馆藏清康熙六年（1667）刻本。

8. （清）刘於义修，沈青崖纂：《陕西通志》，陕西师范大学图书馆藏清雍正十三年（1735）刻本。

9. （清）梁禹甸修纂：《长安县志》，陕西师范大学图书馆藏清康熙七年（1668）刻本。

10. （清）黄家鼎修，陈大经、杨生芝纂：《咸宁县志》，陕西师范大学图书馆藏清康熙七年（1668）刻本。

11. （清）蒋廷锡等纂：《古今图书集成·方舆汇编·职方典》，巴蜀书社1986年版。

12. （清）舒其绅等修，严长明等纂：《西安府志》，陕西师范大学图书馆藏清乾隆四十四年（1779）刻本。

13. （清）毕沅：《关中胜迹图志》，上海古籍出版社1993年版。

14. （清）张聪贤修，董曾臣纂：《长安县志》，清嘉庆二十年（1815）刻本。

15. （清）高廷法修，陆耀遹等纂：《咸宁县志》，清嘉庆二十四年（1819）刻本。

16. （清）王志沂：《陕西志辑要》，清道光刻本。

17. （清）焦云龙修，贺瑞麟纂：《三原县新志》，清光绪六年（1880）刊本。

18. （清）樊增祥修，田兆岐纂：《富平县志稿》，清光绪十七年（1891）刊本。

19. （清）刘懋官修，周斯亿纂：《泾阳县志》，清宣统三年（1911）铅印本。

20. （民国）杨虎城、邵力子修，宋伯鲁、吴廷锡纂：《续修陕西通志稿》，民国二十三年（1934）铅印本。

21. （民国）翁柽修，宋联奎纂：《咸宁长安两县续志》，民国二十五年（1936）铅印本。

22. （民国）张道芷等修，曹骥观等纂：《续修醴泉县志稿》，民国二十四年（1935）铅印本。

23. （民国）赵葆真修，段光世等纂：《鄠县志》，民国二十二年（1933）铅印本。

24. （民国）赵本荫修，程仲昭纂：《韩城县续志》，民国十四年

（1925）石印本。

25. （民国）庞文中修，任肇新纂：《盩厔县志》，民国十四年
（1925）铅印本。

26. （民国）刘安国修，吴廷锡、冯光裕纂：《重修咸阳县志》，咸
阳市秦都区城乡建设环保局编印 1986 年版。

27. （民国）佚名编：《鄠县乡土志》，北京大学图书馆藏光绪末年
抄本。

28. 陕西省地方志编纂委员会编：《陕西省志》第 2 卷《行政建置
志》，三秦出版社 1992 年版。

29. 陕西省地方志编纂委员会编：《陕西省志》第 79 卷《人物志》，
三秦出版社 1998 年版。

30. 陕西省地方志编纂委员会编：《陕西省志》第 29 卷《商业志》，
陕西人民出版社 1999 年版。

31. 西安市地方志编纂委员会编：《西安市志》，西安出版社 2000
年版。

32. 长安县地方志编纂委员会编：《长安县志》，陕西人民出版社
2000 年版。

33. 陕西省地方志编纂委员会主编，曹占泉编著：《陕西省志·人
口志》，三秦出版社 1986 年版。

34. （清）洪亮吉：《乾隆府厅州县图志》，《续修四库全书》史部
第 625—627 册。

35. 《陕西省城图》，光绪十九年（1893）陕西舆图馆测绘本。

36. 清《陕西全省舆地图》，光绪二十五年（1899）石印本。

37. 民国二十四年（1935）《西京胜迹图》（1∶100000）。

38. 史念海主编：《西安历史地图集》，西安地图出版社 1996 年版。

39. 国家文物局主编：《中国文物地图集·陕西分册》，西安地图出
版社 1998 年版。

二 史书文集

1. （明）朱元璋：《皇明祖训》，四库全书存目丛书，史部，264/165，齐鲁书社1997年版。

2. （明）胡广：《明太祖实录》，江苏国学图书馆传抄本。

3. （明）胡广：《明宪宗实录》，江苏国学图书馆传抄本。

4. （明）胡广：《明孝宗实录》，江苏国学图书馆传抄本。

5. （清）张廷玉：《明史》，中华书局1974年版。

6. （民国）赵尔巽：《清史稿》，中华书局1977年版。

7. （清）谷应泰：《明史纪事本末》，中华书局1977年版。

8. （清）托津等辑：《明鉴》，清嘉庆二十三年（1818）精刊本。

9. （明）申时行等修：《明会典》，中华书局1989年版。

10. （清）龙文彬：《明会要》，中华书局1956年版。

11. （明）陈子龙选辑：《明经世文编》，中华书局1962年版。

12. （清）官修：《八旗满洲氏族通谱》，清文渊阁四库全书本。

13. （清）鄂尔泰等纂修：《钦定八旗则例》，清乾隆武英殿刻本。

14. （明）于慎行：《穀城山馆文集》，明万历于纬刻本。

15. （明）吴甡：《柴庵疏集》，清初刻本。

16. （明）冯从吾：《少墟集》，清文渊阁四库全书本。

17. （明）毕自严：《石隐园藏稿》，清文渊阁四库全书补配清文津阁四库全书本。

18. （明）张四维：《条麓堂集》，山西大学图书馆藏明万历二十三年（1595）张泰征刻本。

19. （明）朱诚泳：《小鸣稿》，四库全书集部，1260—169。

20. （明）陆容：《菽园杂记》，中华书局1985年版。

21. （明）赵崡：《访古游记》，（宋）程大昌撰，杨恩成、康万武点校：《雍录》附，陕西师范大学出版社1996年版。

22.（明）朱国祯：《涌幢小品》，中华书局1959年版。

23.（明）张瀚：《松窗梦语》，上海古籍出版社1986年版。

24.（明）都穆：《游名山记》，丛书集成第2999册。

25.（清）毕沅：《关中金石记》，清乾隆经训堂刻本。

26.（清）毕沅：《灵岩山人诗集》，清嘉庆四年（1799）经训堂刻本。

27.（清）李元度辑：《国朝先正事略》，清同治八年（1869）序本。

28.（清）潘耒：《遂初堂集》，清康熙刻本。

29.（清）钱陈群：《香树斋诗文集》，清乾隆刻本。

30.（清）钱仪吉辑：《碑传集》，清光绪十九年（1893）江苏书局刻本。

31.（清）王先谦辑，周润蕃等校：《东华录·顺治朝》，清光绪十三年（1887）撷华书局铅印本。

32.（清）赵希璜：《研栖斋文集》，清嘉庆四年（1799）安阳县署刻本。

33.（清）杨应琚：《据鞍录》，清宣统间江阴缪氏刻本。

34.（清）徐栋辑，丁日昌选评：《牧令书辑要》，天津图书馆藏清同治七年（1868）江苏书局刻本。

35.（清）董醇：《度陇记》，周希武著：《宁海纪行》，甘肃人民出版社2000年版。

36.（清）王庆云：《石渠余纪》，北京古籍出版社1985年版。

37.（清）刘蓉：《刘中丞奏议》，清光绪十一年（1885）思贤讲舍本。

38.（清）邵亨豫：《雪泥鸿爪四编·后编》，清光绪间常熟邵氏刻本。

39.（清）张祥河：《小重山房诗词全集·关中集》，清道光刻光绪增修本。

40. （清）樊增祥：《樊山集》，清光绪十九年（1893）渭南县署刻本。

41. （清）樊增祥：《樊山续集》，清光绪二十八年（1902）西安臬署刻本。

42. （清）路德：《柽华馆全集》，复旦大学图书馆藏清光绪七年（1881）解梁刻本。

43. （清）李元春选：《关中两朝文钞》，清道光十二年（1832）守朴堂藏版。

44. （清）严如熤：《三省边防备览》，清光绪刻本。

45. （清）卢坤：《秦疆治略》，清道光刻本。

46. （清）臧励龢编：《陕西乡土地理教科书》（初等小学堂第一学年用），陕西学务公所图书馆，清光绪三十四年（1908）。

47. ［日］足立喜六：《长安史迹考》，杨炼译，中国西北文献丛书编辑委员会编：《中国西北文献丛书》第113册《西北史地文献》第38卷，兰州古籍书店1990年版。

48. ［德］福克：《西行琐录》，《小方壶斋舆地丛钞》第6帙。

49. （清）伍铨萃：《北游日记》，吴湘相主编：《中国史学丛书》，中国台湾学生书局1976年版。

50. （清）唐晏撰，刘承幹校：《庚子西行记事》，《中国野史集成》第47册，巴蜀书社1993年版。

51. （清）赵怀玉：《收庵居士自叙年谱略》，清道光亦有生斋集本。

52. （清）罗正钧：《左文襄公年谱》，清光绪刻本。

53. （清）有泰撰，吴丰培整理：《有泰驻藏日记》，中国藏学出版社1988年版。

54. （清）叶昌炽：《缘督庐日记钞》，民国二十二年（1933）石印本。

55. （清）赵钧彤：《西行日记》，民国三十二年（1943）铅印本。

56. （清）徐珂：《清稗类钞》，中华书局 1984 年版。

57. ［日］吉田良太郎、八咏楼主人编：《西巡回銮始末记·两宫驻跸西安记》，台湾学生书局 1973 年影印本。

58. （清）陕西清理财政局编：《陕西清理财政说明书》，宣统元年（1909）排印本。

59. （清）佚名：《陕甘水陆转运备览》，北京大学图书馆藏本。

60. （民国）卞文鑑：《西北考察记》，中国西北文献丛书编辑委员会编：《中国西北文献丛书·西北民俗文献》第 127 册，兰州古籍书店 1990 年版。

61. （民国）刘安国：《陕西交通挈要》，中华书局 1928 年版。

62. （民国）鲁涵之、张韶仙编：《西京快览》，西京快览社 1936 年版。

63. 长安县政府编：《长安经济调查》，《陕行汇刊》1943 年第 7 卷第 1 期。

三　档案报刊

1. 中国第一历史档案馆藏清代朱批奏折、录副奏折、户部题本等档案。

2. 中国台北"中研院"史语所藏明清档案、近代史所藏民国档案。

3. 中国台北"故宫博物院"藏清代档案。

4. 陕西省档案馆藏民国档案。

5. 西安市档案馆藏民国档案。

6. 西安市档案局、西安市档案馆编：《筹建西京陪都档案资料选辑》，西北大学出版社 1994 年版。

7. 陕西省图书馆藏《西京日报》《西安晚报》《西北文化日报》

《工商日报》等。

四　英文文献

1. S. Wells Williams, *The Middle Kingdom*; *A Survey of the Geography*, *Government*, *Education*, *Social life*, *Arts and Religion of the Chinese Empire and Its Inhabitants*, New York & London: Wiley and Putnam, 1848.

2. John Kesson, *The Cross and the Dragon*: *With Notices of the Christian Missions and Missionaries and Some Account of the Chinese Secret Societies*, London: Smith, Elder, and Co. , 65 Cornhill, 1854.

3. A. Wylie, On the Nestorian Tablet of Se-gan Foo, *Journal of the American Oriental Society*, Vol. 5, 1856.

4. Alexander Williamson, *Journeys in North China*, *Manchuria*, *and Eastern Mongolia*; *With Some Account of Corea*, London: Smith, Elder& Co. , 15 Waterloo Place, 1870.

5. John Meiklejohn, *Fifth Geographical Reader*, Standard VI, London and Edinburgh, William Blackwood and Sons, 1884.

6. William Woodville Rockhill, *Land of the Lamas*: *Notes of A Journey Through China*, *Mongolia and Tibet*, London: Longmans, Green, and Co. , 1891.

7. A. H. Keane, *Asia*, Vol. 1, *Northern and Eastern Asia*, London: Edward Stanford, 1896.

8. Archibald R. Colquhoun, *China in Transformation*, New York and London: Harper & Brothers Publishers, 1898.

9. Clive Bigham, *A Year in China 1899 – 1900*, London: Macmillan and Co. , Limited, New York: The Macmillan Company, 1901.

10. Francis Henry Nichols, *Through Hidden Shensi*, New York:

Charles Scribner's Sons，1902.

11. Wilbur J. Chamberlin，*Ordered to China*，New York：Frederick A. Stoked Company，1903.

12. Paul Carus，Alexander Wylie，Frits Holm，*The Nestorian Monument An Ancient Record of Christianity in China*，Chicago：the Open Court Publishing Company，1909.

13. William Edgar Geil，*Eighteen Capitals of China*，Philadelphia & London：J. B. Lippincott Company，1911.

14. John Charles Keyte，*The Passing of the Dragon*；*the Story of the Shensi Revolution and Relief Expedition*，London，New York：Hodder and Stoughton，1913.

15. John Stuart Thomson，*China Revolutionized*，Indianapolis：the Bobbs-Merrill Company，1913.

16. Frederick McCormick，*The Flowery Republic*，New York：D. Appleton and Company，1913.

17. Eric Teichman，Notes on A Journey Through Shensi，*The Geographical Journal*，Vol. 52，No. 6，1918.

18. Reginald John Farrer，My Second Year's Journey on the Tibetan Border of Kansu，*The Geographical Journal*，Vol. 51，No. 6，1918.

五 日文文献

1. ［日］山口晁：《清国遊歴案内》，石塚书店，1902 年。

2. ［日］安东不二雄编：《支那帝国地志》，普及舍，1903 年。

3. ［日］小山田淑助：《征尘录》，中野书店，1904 年。

4. ［日］波多野养作：《新疆视察复命书》，外务省政务局，1907 年。

5. ［日］高岛北海：《支那百景》，画报社，1907 年。

6. 〔日〕塚本靖：《清国工艺品意匠调查报告书》，农商务省商工局，1908年。

7. 〔日〕日野强：《伊犁纪行》，博文馆，1909年。

8. 〔日〕川田铁弥：《支那风韻记·长安的感慨》，大仓书店，1912年。

9. 〔日〕西山荣久：《最新支那分省図》，大仓书店，1914年。

10. 〔日〕福田眉仙：《支那大观·黄河之卷》，东京金尾文渊堂，1916年。

11. 〔日〕内藤民治：《世界美观》第12卷《支那·暹罗》，日本风俗图绘刊行会，1916年。

12. 〔日〕东亚同文会编：《支那省别全志》第7卷《陕西省》，东亚同文会，1917—1920年。

13. 〔日〕青岛守备军民政部铁道部：《调查资料》第9辑，青岛守备军民政部铁道部，1918年。

14. 〔日〕日本青年教育会：《世界一周》，《青年文库》第1编，日本青年教育会，1918年。

15. 〔日〕松本文三郎：《支那佛教遗物》，大鐙阁，1919年。

16. 〔日〕东亚同文书院编：《粤射隴游》，东亚同文书院，1921年。

17. 〔日〕东亚同文书院编：《虎穴竜颔》，东亚同文书院，1922年。

18. 〔日〕东亚同文书院编：《金声玉振》，东亚同文书院，1923年。

19. 〔日〕东亚同文书院编：《彩云光霞》，东亚同文书院，1924年。

20. 〔日〕东亚同文书院编：《黄尘行》，东亚同文书院，1927年。

21. 〔日〕一色忠慈郎：《支那社会の表裏》，大阪屋号书店，

1931 年。

22. ［日］国际经济研究所编：《空軍支那の秘密》，国际经济研究所，1934 年。

23. ［日］结城令闻等：《昭和十年度北支旅行报告》，载《东方学报》第 6 册《别篇》，东方文化学院东京研究所，1936 年。

24. ［日］野村瑞峰：《长安行》，日华佛教研究会编《日华佛教研究会年报》第 2 年《支那佛教研究》，1936—1940 年。

25. ［日］常盘大定、关野贞：《支那文化史迹》第 9 辑，法藏馆，1939—1941 年。

26. ［日］支那省别全志刊行会编：《新修支那省别全志》第 6 卷《陕西省》，东亚同文会，1941—1946 年。

27. ［日］地质调查所编：《支那地质鑛物调查报告》第 4 号，北支那开发调查局，1942 年。

28. ［日］桑原骘藏：《桑原骘藏全集》第 5 卷《考史游记·长安の旅》，岩波书店，1968 年。

六　文史资料

1. 马长寿等：《同治年间陕西回民起义历史调查记录·西安市长安县调查记录》，《陕西文史资料》第 26 辑，1988 年 8 月。

2. 西安市政协文史资料编辑委员会编：《西安文史资料》第 2 辑，1982 年 6 月；第 4 辑，1983 年 6 月；第 5 辑，1983 年 12 月；第 6 辑，1984 年 6 月；第 7 辑，1984 年 12 月；第 9 辑，1986 年 6 月；第 10 辑，1986 年 12 月；第 11 辑，1987 年 6 月；第 12 辑，1987 年 12 月；第 15 辑，1989 年 5 月。

3. 西安市碑林区政协文史资料编辑委员会编：《碑林文史资料》第 1 辑，1987 年 3 月；第 2 辑，1987 年 12 月；第 3 辑，1988 年 10 月。

4. 西安市莲湖区政协文史资料编辑委员会编：《莲湖文史资料》第

1 辑，1986 年 12 月；第 2 辑，1987 年 12 月；第 3 辑，1988 年 12 月。

5. 西安市新城区政协文史资料编辑委员会编：《新城文史资料》第 6 辑，1989 年 3 月；第 7 辑，1989 年 11 月；第 11 辑，1992 年 11 月。

6. 西安市雁塔区政协文史资料编辑委员会编：《雁塔文史资料》第 2 辑，1987 年 10 月。

7. 西安市灞桥区政协文史资料编辑委员会编：《灞桥文史资料》第 3 辑，1989 年 11 月。

8. 西安市未央区政协文史资料编辑委员会编：《未央文史资料》第 4 辑，1988 年 12 月。

9. 西安市莲湖区地名办公室编：《西安市莲湖区地名录》（内部资料），1984 年。

10. 西安市地名委员会、西安市民政局编：《陕西省西安市地名志》（内部资料），1986 年。

七 今人论著

（一）著作

1. 侯仁之主编：《北京城市历史地理》，北京燕山出版社 2000 年版。

2. 戴应新：《关中水利史话》，陕西人民出版社 1977 年版。

3. 王崇人：《古都西安》，陕西人民美术出版社 1981 年版。

4. 马正林：《丰镐—长安—西安》，陕西人民出版社 1983 年版。

5. 武伯纶：《西安历史述略》，陕西人民出版社 1984 年版。

6. 李兴华、冯今源编：《中国伊斯兰教史参考资料选编》，宁夏人民出版社 1985 年版。

7. 辽宁省编辑委员会编：《满族社会历史调查》，《民族问题五种丛书》，辽宁人民出版社 1985 年版。

8. 北京图书馆金石组编：《北图藏中国历代石刻拓本汇编》，中州古籍出版社 1989 年版。

9. 王开主编：《陕西古代道路交通史》，人民交通出版社 1989年版。

10. 周生玉、张铭洽编：《长安史话·宋元明清分册》，陕西旅游出版社 1991 年版。

11. 定宜庄：《清代八旗驻防制度研究》，天津古籍出版社 1992年版。

12. ［韩］任桂淳：《清朝八旗驻防兴衰史》，生活·读书·新知三联书店 1993 年版。

13. ［法］让·德·米里拜尔：《明代地方官吏及文官制度：关于陕西和西安府的研究》，郭太初等译，陕西人民出版社 1994年版。

14. 一丁等：《中国古代风水与建筑选址》，河北科学技术出版社1996 年版。

15. 向德等主编：《西安文物揽胜》（续编），陕西科学技术出版社1997 年版。

16. 秦晖、韩敏、邵宏谟：《陕西通史·明清卷》，陕西师范大学出版社 1997 年版。

17. 马正林：《中国城市历史地理》，山东教育出版社 1998 年版。

18. 朱士光：《黄土高原地区环境变迁及其治理》，黄河水利出版社1999 年版。

19. 张永禄主编：《明清西安词典》，陕西人民出版社 1999 年版。

20. 陈景富编：《大慈恩寺志》，三秦出版社 2000 年版。

21. 田培栋：《明清时代陕西社会经济史》，首都师范大学出版社2000 年版。

22. ［美］施坚雅主编，叶光庭等合译：《中华帝国晚期的城市》，中华书局 2000 年版。

23. 薛平栓：《陕西历史人口地理》，人民出版社 2001 年版。

24. 史红帅：《明清时期西安城市地理研究》，中国社会科学出版社 2008 年版。

25. 史红帅：《西方人眼中的辛亥革命》，三秦出版社 2011 年版。

26. 史红帅：《近代西方人视野中的西安城乡景观研究（1840—1949）》，科学出版社 2014 年版。

27. ［美］弗朗西斯·亨利·尼科尔斯：《穿越神秘的陕西》，史红帅译，三秦出版社 2009 年版。

28. ［美］罗伯特·斯特林·克拉克等：《穿越陕甘：1908—1909 年克拉克考察队华北行纪》，史红帅译，上海科学技术文献出版社 2010 年版。

29. ［丹麦］何乐模：《我为景教碑在中国的历险》，史红帅译，上海科学技术文献出版社 2011 年版。

30. ［英］台克满：《领事官在中国西北的旅行》，史红帅译，上海科学技术文献出版社 2013 年版。

（二）论文

1. 马得志：《西安元代安西王府勘查记》，《考古》1960 年第 5 期。

2. 李健超：《汉唐长安城与明清西安城地下水的污染》，《西北历史资料》1980 年第 1 期。

3. 马正林：《由历史上西安城的供水探讨今后解决水源的根本途径》，《陕西师范大学学报》（哲学社会科学版）1981 年第 4 期。

4. 王长启：《明秦王府遗址出土典膳所遗物》，《考古与文物》1985 年第 4 期。

5. 吴永江：《关于西安城墙某些数据的考释》，《文博》1986 年第 6 期。

6. 景慧川、卢晓明:《明秦王府布局形式及现存遗址考察》,《文博》1990 年第 6 期。

7. 祁恒文:《秦王·秦王府·新城》,陕西省文史研究馆编:《三秦文史》1990 年第 3 期。

8. 马正林:《汉长安城总体布局的地理特征》,《陕西师范大学学报》(哲学社会科学版) 1994 年第 4 期。

9. 王翰章:《明秦藩王墓群调查记》,《陕西历史博物馆馆刊》第 2 辑,三秦出版社 1995 年版。

10. 史念海、史先智:《说十六国和南北朝时期长安城中的小城、子城和皇城》,《中国历史地理论丛》1997 年第 1 辑。

11. 刘清阳:《明代泾阳洪渠与西安甜水井的兴建》,陕西省文史研究馆编《史学论丛》,陕西人民出版社 1998 年版。

12. 史念海:《汉长安城的营建规模》,《中国历史地理论丛》1998 年第 2 辑。

13. 王其祎、周晓薇:《明代西安通济渠的开凿及其变迁》,《中国历史地理论丛》1999 年第 2 辑。

14. 王社教:《论汉长安城形制布局中的几个问题》,《中国历史地理论丛》1999 年第 2 辑。

15. 吴宏岐:《论唐末五代长安城的形制和布局特点》,《中国历史地理论丛》1999 年第 2 辑。

16. 吴宏岐、党安荣:《关于明代西安秦王府城的若干问题》,《中国历史地理论丛》1999 年第 3 辑。

17. 陕西省考古研究所北门考古队:《明秦王府北门勘查记》,《考古与文物》2000 年第 2 期。

18. 李昭淑、徐象平、李继瓒:《西安水环境的历史变迁及治理对策》,《中国历史地理论丛》2000 年第 3 辑。

19. 尚民杰:《明西安府城增筑年代考》,《文博》2001 年第 1 期。

20. 史红帅:《清代后期西方人笔下的西安城——基于英文文献的考察》,《中国历史地理论丛》2007 年第 4 辑。

21. 史红帅:《清乾隆四十六年至五十一年西安城墙维修工程考——基于奏折档案的探讨》,《中国历史地理论丛》2011 年第 1 辑。

22. 史红帅:《清代灞桥建修工程考论》,《中国历史地理论丛》2012 年第 2 辑。

23. 史红帅:《清乾隆五十二至五十六年潼关城工考论——基于奏折档案的探讨》2016 年第 2 辑。

后　记

　　屈指算来，笔者以"后都城时代"西安城为研究对象，已逾十八年之久。其间曾重点对明清时期西安城市地理、中西交流等内容进行过若干探讨，获得了一些较为深入的认识，并有幸得到学界同行与相关管理机构的肯定和重视。城墙作为西安城市空间、景观的重要组成部分，是研究西安历史地理、城市史等领域不可或缺的重要内容，前辈学者亦曾撰写过多种论著，进行过多方面的探究。笔者在以前的相关研究论著中虽然也对城墙进行过专门论述，但终究难成体系，一直引以为憾。现如今，终于能从更为微观、系统的工程史视角对城墙修筑历程进行研究，撰述成为置放在案头的这本项目成果，长久心愿，终得释怀。

　　2014 年 4 月，在有幸获得陕西师范大学中央高校基本科研业务费专项资金项目资助后，笔者开始主持推进《明清民国西安城墙修筑工程研究》课题。核实而论，在西安城墙历史变迁领域，前辈学者已进行了长期的研究和论述，所获成果颇丰，但就研究深度而言，由于缺乏对原始文献，诸如明清民国中央和地方档案、清代民国历史报刊、相关文集和外文文献等多元史料的挖掘、搜集和整理，不少研究论著存在浮于表象、陈陈相因等问题，诸多认识和结论仅止于整体、宏观概述，而一旦涉及具体、微观的细节问题，则难以复原和阐释，这种研究状况与西安城墙的历史地位、重要作用显然难以匹配。

　　笔者在过去的十余年间，基于从事西安城市史、中西交流史研究的客观需要，利用在美国、日本、德国、英国留学、访问，以及纂修《清史·生态环境志》等机会，从海内外搜集到了大量稀见清代民国档案和外文史料，为突破前辈研究局限、推进城墙史研究奠定了较为扎实的基础。在本项研究当中，笔者和研究团队充分使用了搜集自北京中国第一历史档案馆，中国台北"故宫博物院"文献处、中国台北"中央研究院"历史语言研究所、近代史研究所，陕西省档案馆，西安市档案馆，以及相关大学图书馆收藏的档案、报刊等中文史料，并在部分章节重点利用了英文、日文等外文文献，由此对西安城墙的修筑工程史事、人物、群体以及工程本身有了更为接近历史真相的了解和认识，在研究的深度和广度上，已在此前研究基础上推进了一大步。

　　在这项课题开展过程中，笔者亦结合前期研究成果，参与了相关宣传普及工作，以期为西安城墙历史文化传承添砖加瓦，为西安城墙申报世界文化遗产略尽绵薄之力。2014 年 11 月 20 日、21 日，中央电视台 10 套"探索·发现"栏目播出《西安城墙》上、下集纪录片，笔者在其中作为访谈嘉宾重点对明清西安城墙的若干历史进行了讲解。2015 年 5 月 26 日，应西安城墙历史文化研究会之邀，笔者在南门箭楼就"明清民国西安城墙维修保护历程"向城墙管委会相关工作人员做了报告，增进了管理人员对城墙历史的了解。6 月，笔者依据清代档案撰写了《清乾隆五十二至五十六年潼关城工考论》一文，着重对与西安城墙修筑工程前后相接的乾隆后期潼关城工进行了细致讨论。该文撰成后，即获潼关县委、县政府之邀，8 月 4 日赴潼关"金城大讲堂"为该县约千名干部、文化人士等进行了报告，反响极为热烈，渭南市、潼关县多家网站予以报道，潼关县电视台也进行了采访报道。9 月 16 日，应西安博物院之邀，笔者在该院"乐知学堂"做了题为《捍患御侮：明清民国西安城墙修筑工程及其影响》的讲座，与西安博物院、含光门博物馆等处专家、学者和工作人员进行了有益交流。这些宣传普及工作是在前期研究的基础上进行的，因而所论有坚实的史料支撑，通过相对通俗易懂的方式讲述、展示出来，能够为课堂、学界以外的更多人士了解，有助于发挥历史地理学研究"有用于世"的作用。

在西安城墙历史变迁研究领域，有多位前辈学者给笔者留下了深刻印象。西北大学张永禄教授是我本科阶段的授课老师，曾在多次会议期间殷切勉励笔者深入开展西安城市史与城墙史研究，令笔者深有启发，亦增动力；西安交通大学俞茂宏教授曾专门来信，交流讨论西安城墙的变迁问题，虚怀若谷的科研作风令人感佩；西安含光门博物馆王肃研究员曾为其著作中引用笔者前期成果未加注明，而专程送来出版社开具的引用证明，严谨规范的做法更加强了彼此的学术交往。

这项课题能够顺利推进、完成，首先感谢陕西师范大学社科处、西北历史环境与经济社会发展研究院诸位领导、同事为此付出的劳动和心血，他们对学术研究的高度重视、对工作的一丝不苟都殊难忘记。其次感谢研究团队成员贺琦、郑瑞、汪秋萍、张换晓、刘兆、武颖华、武亨伟、郭世强等博士生、硕士生，他们在档案整理、地图绘制等方面做了很多值得重视的工作，尤其是郑瑞，在民国西安档案、报刊的搜集和地图重绘方面，花费了大量时间和心力；武颖华、武亨伟还执笔撰写了第五章第四节和第五节的相关内容，特此说明。各位同学在这项课题开展当中，通过史料的搜集和研读，在学业上也收获颇丰，祝愿他们在今后能取得更大的成绩。最后衷心感谢中国社会科学出版社张林编审的细致编校和严格把关，令拙作大为增色。

"明清民国西安城墙修筑工程"是一项涉及内容头绪繁杂、资料细碎零散的课题，虽然目前书稿已约 30 万字，但是限于时间、篇幅等因素，仍有诸多问题未能完全解决或有待进一步展开，殊为憾事。不过，笔者今后仍会就此论题继续蒐集史料，坚持探索，以期获得更多崭新的认识，进一步为西安城市史和历史地理研究添砖加瓦。

史红帅

2019 年 4 月 20 日